DEUXIÈME COURS

D'ARITHMÉTIQUE

PRATIQUE

COMPRENANT UNE THÉORIE SIMPLE ET CONCISE
ACCOMPAGNÉE D'EXERCICES GRADUÉS SUR CHAQUE RÈGLE,
DE PROBLÈMES MODÈLES A ÉTUDIER ET DE PROBLÈMES A RÉSOUDRE

A l'usage des premières divisions des écoles et des pensionnats,
des classes d'enseignement spécial et des écoles normales primaires

Par F. DUDOT

INSTITUTEUR PUBLIC A SAINT-QUENTIN
OFFICIER D'ACADÉMIE.

PARIS.

IMPRIMERIE ET LIBRAIRIE CLASSIQUES

De JULES DELALAIN et FILS

RUE DES ÉCOLES, VIS-A-VIS DE LA SORBONNE.

ARITHMÉTIQUE PRATIQUE.

DEUXIÈME COURS.

On trouve à la même librairie :

Grammaire pratique des Écoles, avec des exercices sur chaque règle, à l'usage des classes primaires, par *M. B. Subercaze*, ancien instituteur, inspecteur de l'instruction primaire; in-12,

Éléments de Grammaire française, par *Lhomond*, annotés et complétés par *M. Deltour*, professeur agrégé au lycée Saint-Louis, 21e édition ; in-12.

Exercices français, gradués sur la Grammaire de Lhomond et spécialement sur l'édition annotée par M. Deltour, par *M. W. Rinn*, professeur agrégé au collège Rollin : 4e édition; in-12.

Petit Dictionnaire portatif et usuel de la Langue française, rédigé conformément à l'orthographe de l'Académie, par *M. J. Auvray*, ancien inspecteur de l'académie de Paris : 3e édition; 1 vol. in-32.

Petite Histoire Sainte, pour le premier âge, avec questionnaire, par *M. G. Beleze*, ancien chef d'institution à Paris : 34e édition ; in-18, *avec gravures et carte.*

Petite Histoire de France, pour le premier âge, avec questionnaires, par *M. G. Beleze*, ancien chef d'institution à Paris : 27e édition; in-18, *avec portraits des personnages célèbres et carte.*

Petite Géographie de la France, pour le premier âge, par *M. G. Beleze*, ancien chef d'institution à Paris; in-18; *avec planisphère.*

Géographie élémentaire des Écoles, enseignée sur les cartes et sans livres à l'aide de questionnaires, par *MM. Th. Lebrun*, ancien inspecteur de l'instruction primaire à Paris, et *A. Le Béalle*, professeur de travaux graphiques à Paris; ouvrage tenant lieu de géographie et d'atlas et divisé en deux cours; grand in-8°. Chaque Cours se vend séparément.

Géographie des Écoles : Atlas A, composé de sept cartes, avec questionnaires et notions géographiques : 34e tirage; 1 vol. grand in-8e double.

Géographie des Écoles : Atlas B, composé de quatorze cartes, avec questionnaires et notions géographiques : 12e tirage; 1 vol. grand in-8° double.

DEUXIÈME COURS

D'ARITHMÉTIQUE

PRATIQUE

COMPRENANT UNE THÉORIE SIMPLE ET CONCISE
ACCOMPAGNÉE D'EXERCICES GRADUÉS SUR CHAQUE RÈGLE,
DE PROBLÈMES MODÈLES A ÉTUDIER ET DE PROBLÈMES A RÉSOUDRE.

A l'usage des premières divisions des écoles et des pensionnats,
des classes d'enseignement spécial et des écoles normales primaires

Par F. DUDOT

INSTITUTEUR PUBLIC A SAINT-QUENTIN
OFFICIER D'ACADÉMIE.

PARIS.

IMPRIMERIE ET LIBRAIRIE CLASSIQUES

De JULES DELALAIN et FILS

RUE DES ÉCOLES, VIS-A-VIS DE LA SORBONNE.

1871

Les contrefacteurs ou débitants de contrefaçons seront poursuivis conformément aux lois; tous les exemplaires sont revêtus de notre griffe.

Jules Delalain et fils

AVERTISSEMENT.

Cette deuxième partie de notre Arithmétique pratique, ainsi que l'indique son titre, est destinée aux élèves des premières divisions des écoles primaires et des pensionnats, à ceux de l'enseignement spécial et des écoles normales primaires. Il complète les connaissances obligatoires de calcul enseignées dans les classes du degré élémentaire, et qui ont été exposées dans la première partie. Par suite, il comprend : les règles de trois, d'intérêt, d'escompte, les méthodes pratiques usitées dans le commerce, dans l'industrie et dans les banques. On y trouve en outre la manière de déterminer l'échéance moyenne de plusieurs effets commerciaux, d'établir des comptes-courants d'intérêt, les opérations relatives aux fonds publics, aux caisses d'épargnes, d'après la méthode pratique de calcul des intérêts anticipés et des intérêts rétrogrades, et aux assurances ; la règle de partage, de société, de mélange ou d'alliage et le mouillage des vins, et aussi les opérations ayant rapport au poids spécifique ou densité des corps, à la valeur des objets d'or ou d'argent et au change des monnaies. Enfin, la racine carrée, la racine cubique, les proportions et des problèmes choisis de récapitulation terminent la deuxième partie de notre Arithmétique pratique.

La méthode que nous avons suivie dans la rédaction de ce volume nous a été inspirée par nos observations faites, pendant plus de trente ans, dans l'enseignement public. Nous avons toujours remarqué que l'enfant, essentiellement imitateur, ne peut travailler avec succès qu'à l'aide d'un guide simple et sûr. C'est cette féconde remarque qui nous a déterminé à donner pour chaque matière du programme, et même pour les classes du degré supérieur, des problèmes modèles à étudier avec solutions raisonnées et des problèmes à résoudre sur ces modèles. Pour obtenir de bons résultats au moyen de cet ouvrage, on devra d'abord faire apprendre aux élèves ces problèmes, après les leur avoir *préalablement expliqués*, et s'assurer au tableau noir qu'ils en possèdent très-bien les solutions; puis on leur donnera à faire, sur ces modèles, les problèmes proposés. De cette manière, ils ne perdront plus leur temps à tâtonner, feront une étude fructueuse et arriveront, en très-peu de temps, à résoudre convenablement toutes les questions usuelles de l'arithmétique.

En terminant, nous appellerons l'attention de nos bienveillants confrères sur le soin que nous avons mis à rappeler les principes sur lesquels repose la solution des règles de trois, à exposer la méthode de réduction à l'unité, et enfin sur un nouveau procédé, qui indique aux élèves dans quel cas ils doivent écrire la *donnée au-dessus* ou *au-dessous* du *trait horizontal* employé dans ces sortes de questions : c'est là un procédé certain, très-avantageux, dont, nous l'espérons, les professeurs nous sauront gré, puisque désormais leurs jeunes auditeurs auront un guide sûr pour arriver à une solution exacte. Pour la solution des problèmes sur les intérêts, ils remarqueront en outre que nous avons employé pour la même question, alternativement, un procédé arithmétique et un procédé algébrique, en vue d'exercer les élèves à résoudre les formules élémentaires, et de leur donner ainsi le moyen de vérifier l'exactitude du premier résultat obtenu. D'ailleurs, n'est-il pas bon de les préparer de bonne heure à l'étude si utile de la géométrie pratique, de l'algèbre, voire même de la trigonométrie? Ils pourront aussi constater la clarté et la simplicité des méthodes usitées dans le commerce, dans l'industrie et dans les banques, telles que celles des nombres et des diviseurs, des parties aliquotes, et des questions relatives à l'échéance moyenne, aux comptes-courants d'intérêt, aux fonds publics, aux caisses d'épargnes et d'assurances. Enfin, ils remarqueront que nous avons groupé, d'après l'ordre indiqué par les programmes et d'après leur utilité pratique, les connaissances indispensables au commerçant et à l'industriel, et que nous avons placé la racine carrée, la racine cubique et les proportions à la fin de notre volume, parce qu'elles ne sont ordinairement étudiées que par les jeunes gens qui aspirent aux grades universitaires.

Puisse ce modeste ouvrage, dans lequel nous avons apporté un soin particulier à l'ordre des matières et au choix des procédés d'enseignement, rendre de nouveaux services à l'instruction primaire! Ce sera la plus douce récompense de nos peines et de nos veilles.

TABLE DES MATIÈRES.

FIN DE LA TABLE.

ARITHMÉTIQUE PRATIQUE.

DEUXIÈME COURS.

RÈGLE DE TROIS.

1. On appelle *règle de trois* une classe de questions dans lesquelles il y a trois nombres donnés, dont deux de même espèce, et un troisième qui correspond par sa nature à un nombre inconnu, qu'on représente ordinairement par la lettre x.

2. Cette classe de questions s'appelle *règle de trois*, parce qu'elle se compose de trois nombres connus.

3. On distingue deux sortes de règles de trois : la *règle de trois simple* et la *règle de trois composée*.

4. La *règle de trois simple* est celle dans l'énoncé de laquelle il n'entre que trois nombres donnés, dont deux de même espèce.

5. La *règle de trois composée* est celle dans l'énoncé de laquelle il entre plus de trois nombres déterminés, ou encore, tout problème qu'on peut décomposer en plusieurs règles de trois simples.

Théorèmes sur lesquels repose la résolution des Règles de trois.

6. Théorème I. *Si l'on multiplie le numérateur d'une fraction par un certain nombre, sans changer son dénominateur, la fraction sera multipliée par ce nombre.*

1. Qu'appelle-t-on règle de trois? — 2. Pourquoi appelle-t-on cette classe de questions règle de trois? — 3. Combien distingue-t-on de sortes de règles de trois? — 4. Qu'appelle-t-on règle de trois simple? — 5. Qu'est-ce qu'une règle de trois composée? — 6-7. Énoncez les deux théorèmes sur lesquels repose la résolution

Exemple : Soit $\frac{5}{16}$ à multiplier par 2.

D'après ce théorème[1], il vient :

$$\frac{5}{16} \times 2 = \frac{5 \times 2}{16} = \frac{10}{16}.$$

7. Théorème II. *Si l'on multiplie le dénominateur d'une fraction par un certain nombre, sans changer son numérateur, la fraction sera divisée par ce nombre.*

Exemple : Soit à diviser $\frac{5}{8}$ par 2.

L'application de ce théorème[2] nous donne :

$$\frac{5}{8} : 2 = \frac{5}{8 \times 2} = \frac{5}{16}.$$

Méthode dite de réduction à l'unité.

8. La *méthode dite de réduction à l'unité* est celle par laquelle connaissant, par exemple, le prix de plusieurs mètres, on détermine celui d'un seul, et par suite, le prix de plusieurs de même espèce.

9. Elle est appelée méthode dite de réduction à l'unité, parce que, pour résoudre des problèmes par cette méthode, on calcule d'abord la valeur de l'unité pour obtenir ensuite celle de plusieurs.

10. On fait usage de la méthode dite de réduction à l'unité dans les calculs élémentaires, notamment pour résoudre les problèmes relatifs aux règles de trois, d'intérêt, d'escompte, de société, etc.

des règles de trois, au moyen de la méthode dite de réduction à l'unité. Exemples. — 8. Donnez la définition de la méthode dite de réduction à l'unité. — 9. Pourquoi l'appelle-t-on méthode dite de réduction à l'unité? — 10. Quand fait-on usage de cette méthode?

1. Voir le n° 119 du premier volume.
2. Voir le n° 120 du premier volume.

1.

Règle de trois simple.

11. *Manière de résoudre les règles de trois simples, au moyen de la méthode dite de réduction à l'unité.* — Calculer le prix de 6 mètres de drap, sachant que 18 mètres de cette étoffe valent 252 francs.

Données.   Si 18 m.   **252 fr.**
             6 m.   *x*   (l'inconnue du problème).

Solution. J'écris d'abord les unités de même espèce les unes au-dessous des autres; puis, je remplace l'inconnue par *x*, comme ci-dessus, et je place si à la gauche des données connues 18 et 6 m. pour faciliter, aux élèves, le raisonnement de la solution. Cela fait, je dis :
Si 18 mètres de drap valent 252 fr., 1 mètre vaudrait 18 fois moins que 18 mètres,

ou $\dfrac{252 \text{ fr.}}{18}$ (ce que vaut 1 mètre de drap).

Si $\dfrac{252 \text{ fr.}}{18}$ représente ce que vaut 1 mètre de drap, 6 mètres de cette étoffe vaudraient 6 fois plus qu'un mètre,

ou $\dfrac{252 \text{ fr.} \times 6}{18} = \dfrac{1512 \text{ fr.}}{18} = 84 \text{ fr.}$

                           R. ; 84 fr.

. **Règle.** *Pour faire une règle de trois simple, au moyen de la méthode dite de réduction à l'unité, on écrit d'abord, les unes sous les autres, les données de même nature du problème proposé, et l'on remplace l'inconnue par x, qu'on place ordinairement au-dessous du nombre de son espèce, ainsi que le mot* SI *à la gauche des deux données connues correspondantes, pour faciliter le raisonnement de la solution demandée; puis, au moyen d'un trait horizontal (—), on divise le nombre écrit au-dessus de* x, *par celle des deux données, mise en rapport avec ce nombre, si le raisonnement amène moins, ou on le multiplie par cette donnée, si le raisonnement amène plus. Enfin, on effectue les opérations indiquées et l'on obtient la réponse demandée.*

—**11.** Donnez, sur un exemple, la manière de résoudre les règles de trois simples, au moyen de la méthode dite de réduction à l'unité.—

12. *Remarque*. — La manière de résoudre les règles de trois simples, au moyen de la méthode dite de réduction à l'unité, donne lieu à *trois* remarques très-importantes : d'abord le mot *si* est écrit où *x n'est pas*, c'est-à-dire à la gauche des données connues de même espèce 18 et 6 m., pour guider les élèves dans le raisonnement de la solution du problème qui leur est proposé; puis, un trait horizontal (—) est employé pour en séparer les données, d'après la règle suivante : *Chaque fois que le raisonnement amène* plus, *on écrit la donnée au-dessus de ce trait, et chaque fois qu'il amène* moins, *on écrit la donnée au-dessous du même trait.*

Ainsi, dans la solution du problème ci-contre, le raisonnement ayant d'abord amené *moins*, la donnée 18 a été écrite au-dessous du trait horizontal de l'expression fractionnaire $\frac{252 \times 6}{18}$. Enfin, le raisonnement ayant amené *plus*, la donnée 6 a été écrite au-dessus de ce trait et précédée du signe $\times$ de la multiplication.

Les premières données ne sont jamais précédées de ce signe; mais toutes les autres le sont, qu'elles soient placées au-dessus ou au-dessous de ce trait.

Avec cette remarque, la distinction des rapports directs et des rapports inverses, si difficiles à saisir par les jeunes intelligences, devient tout à fait inutile, et l'on évite ainsi une perte de temps très-regrettable à divers points de vue.

Problèmes modèles à étudier, sur la Règle de trois simple, d'après la méthode dite de réduction à l'unité.

1. 10 ouvriers, pendant un certain temps, ont gagné 345 fr. Combien 14 ouvriers, pendant le même temps, gagneraient-ils?

Données.   Si 10 ouvriers   345 fr.
              14   *x.*

Solution. Je dispose d'abord les nombres donnés comme ci-dessus, en plaçant, les unes sous les autres, les unités de même espèce; puis, je représente par x le nombre inconnu.

Cela fait, je dis :

Si 10 ouvriers, pendant un certain temps, ont gagné 345 francs, 1 ouvrier, pendant le même temps, gagnerait 10 fois moins que 10 ouvriers,

Règle. — 12. Dans la manière de résoudre les règles de trois simples, au moyen de la méthode de réduction à l'unité, combien de remarques avez-vous à faire? — Énoncez-les.

ou $\dfrac{345 \text{ fr.}}{10}$ (ce que gagne 1 ouvrier)[1].

Si $\dfrac{345 \text{ fr.}}{10}$ représente ce que gagne 1 ouvrier, 14 ouvriers gagneraient 14 fois plus qu'un ouvrier,

ou $\dfrac{345 \text{ fr.} \times 14}{10} = \dfrac{4830 \text{ fr.}}{10} = 483 \text{ fr.}$

R. : 483 fr.

2. 13 maçons ont mis 8 jours pour faire un ouvrage. Combien 9 maçons auraient-ils mis de jours pour le faire?

Données. Si 13 maçons   8 jours.
                         9   x.

Solution. Si 13 maçons ont mis 8 jours pour faire un ouvrage, 1 maçon aurait mis 13 fois plus de jours que 13 maçons,

ou 8 jours $\times$ 13 (nombre de jours mis par 1 maçon).

Si 8 jours $\times$ 13 représente le nombre de jours mis par un maçon pour faire l'ouvrage dont il s'agit, 9 maçons mettraient évidemment 9 fois moins de jours qu'un maçon ,

ou $\dfrac{8 \text{ jours} \times 13}{9} = \dfrac{104 \text{ jours}}{9} = 11 \text{ jours } \dfrac{5}{9}$ de jour.

R. : 11 jours $\dfrac{5}{9}$ de jour.

3. $0^m,75$ de mousseline ont été vendus $0^{fr},80$. Que coûteraient $0^m,90$ de la même étoffe?

Données.   Si $0^m,75$ $0^{fr},80$.
                          $0^m,90$ x.

Solution. Si $0^m,75$ de mousseline ont été vendus $0^{fr},80$, 1 centim. coûterait 75 fois moins que $0^m,75$,

ou $\dfrac{0^{fr},80}{75}$ (prix d'un centimètre de mousseline).

1. Cette phrase et ses analogues s'écrivent toutes de cette manière au tableau noir, au moment de la correction des problèmes donnés, afin de résumer et de rendre plus intelligible chaque solution.

Si $\dfrac{0^{fr},80}{75}$ représente le prix d'un centim. de mousseline, $0^m,90$ de la même étoffe coûteraient 90 fois plus qu'un centim.,

ou $\qquad \dfrac{0^{fr},80 \times 90}{75} = \dfrac{72^{fr},00}{75} = 0^{fr},96.$

$$\text{R. : } 0^{fr},96.$$

4. $15^m,75$ de velours de soie ont coûté 160 francs. Combien en aurait-on de mètres pour 600 francs?

Données. Si $15^m,75 \qquad\qquad$ 160 fr.
$\qquad\qquad\quad x \qquad\qquad\qquad\qquad$ 600.

Solution. Si, pour 160 francs, on a $15^m,75$ de velours de soie, pour 1 franc on en aura 160 fois moins que pour 160 francs,

ou $\qquad \dfrac{15^m,75}{160}$ (ce qu'on a de mètres de soie pour 1 franc).

Si $\dfrac{15^m,75}{160}$ représente ce qu'on a de mètres de velours de soie pour 1 franc, avec 600 francs, on en aurait 600 fois plus qu'avec 1 franc,

ou $\qquad \dfrac{15^m,75 \times 600}{160} = \dfrac{9450^m,00}{160}$

$$= \dfrac{9450 \text{ m.}}{160} = \dfrac{945 \text{ m.}}{16} = 59^m,06.$$

$$\text{R. : } 59^m,06.$$

5. Un robinet, en 8 minutes $\frac{1}{4}$, donne 24 litres d'eau. Combien en verserait-il en 12 minutes $\frac{1}{3}$?

Données. Si $8' \frac{1}{4} \qquad\qquad\qquad$ 24 lit.

$\qquad\qquad\quad 12' \frac{1}{3} \qquad\qquad\qquad\qquad x.$

Solution. Si en $8' \frac{1}{4}$ un robinet donne 24 lit. d'eau, en 1', il en donnerait 8 fois $\frac{1}{4}$ de fois moins qu'en $8' \frac{1}{4}$, ou $\dfrac{24\,\text{lit.}}{8'\frac{1}{4}}$ (nombre de litres d'eau que donne ce robinet en 1').

Si $\dfrac{24\,\text{lit.}}{8'\frac{1}{4}}$ représente le nombre de litres d'eau que donne ce robinet en 1', en $12'\frac{1}{3}$, il en donnerait 12 fois $\frac{1}{3}$ de fois plus qu'en 1',

ou $\qquad \dfrac{24\,\text{lit.} \times 12'\frac{1}{3}}{8'\frac{1}{4}} = \dfrac{24\,\text{lit.} \times \frac{37}{3}}{\frac{33}{4}}$

$$= \dfrac{24\,\text{lit.} \times 37 \times 4}{3 \times 33} = \dfrac{3552\,\text{lit.}}{99} = 35\,\text{lit.}\,\dfrac{87}{99},$$

ou $35^{\text{l}}{}_{,}87$.

R. : 35 lit. $\dfrac{87}{99}$ ou $35^{\text{l}}{}_{,}87$.

Problèmes à résoudre, sur la Règle de trois simple, au moyen de la méthode dite de réduction à l'unité.

1. 12 ouvrières, pendant un certain temps, ont gagné 324 francs. Combien 16 ouvrières gagneraient-elles pendant le même temps?

2. 17 stères de bois ont été vendus 180 francs. Combien en aurait-on de stères pour 2856 francs?

3. 28 ares de terrain ont été achetés 1450 francs. Quel est le prix de 108 ares du même terrain?

4. Il a été fourni 228 lit. de vin pour 120 francs. Combien en aurait-on de litres pour 658 francs?

5. Combien coûtent 25 hectolitres d'oignons, sachant que 16 hectolitres ont été vendus 48 francs?

6. 19 hectol. de pommes de terre ont été achetés 57 francs. Combien en aurait-on d'hectol. avec 286 francs?

7. 16 kilogr. de chandelles ont été vendus 20 francs. Combien en aurait-on de kilogr. pour 96 francs?

8. 45 kilogr. de savon ont été payés 46 francs. Que coûtent 100 kilogr. de cette marchandise?

9. 19 décist. de bois de chauffage ont été livrés pour 250 francs. Que valent 428 décist. du même bois?

10. Calculer le prix de 64 m. c. de déblai, sachant que 16 m. c. du même ouvrage ont été payés 48 francs.

11. 15 m. q. de parquet ont été fournis pour 300 francs. Combien en aurait-on de mètres carrés avec 698 francs?

12. Sachant que 5 kilogr. de porc coûtent 7 francs, quel est le prix d'un porc pesant 210 kilogr.?

13. 250 francs valent 25000 centimes. Combien aurait-on de centimes avec 6700 francs?

14. 925 planches ont été vendues 185 francs. A combien le cent?

15. 2500 gerbées ont été fournies pour 450 francs. A combien le cent?

16. Sur 50 kilogr. de viande, un boucher gagne 10 francs. Combien gagnerait-il sur une vache pesant 400 kilogr.?

17. Si 20 ouvriers font un ouvrage en 16 jours, combien 35 ouvriers mettront-ils de jours pour faire le même ouvrage?

18. Pour construire un mur, 17 maçons travaillent 9 heures par jour, pendant un certain temps. Combien 14 maçons devront-ils travailler d'heures par jour, pour faire le même ouvrage pendant le même temps?

19. 0 m.,60 de calicot ont été vendus 0 fr.,45. Quel serait le prix de 0 m.,86 de la même étoffe?

20. On demande le prix de 0 m.,95 de toile, sachant que 0 m.,45 de cette toile ont été vendus 0 fr.,80.

21. 18 m.,70 de drap ont coûté 280 fr.,50. Combien en aurait-on de mètres avec 1000 francs?

22. 12 kilogr.,850 de sucre sont vendus 18 fr.,50. Combien en aurait-on de kilogr. avec 986 francs?

23. On propose de calculer le prix de 150 mètres de toile, sachant que 18 m.,50 de cette étoffe ont coûté 26 francs?

24. Pour faire un pantalon, il faut 1 m.,20 de drap. Que vaut le drap de ce pantalon, sachant que 6 m.,50 de cette étoffe coûtent 75 francs?

25. On a payé 10 fr.,75 les 100 kilogr. d'une marchandise. Que doit-on payer pour un ballot pesant 87 kilogr.?

26. La superficie d'un terrain est de 53 a.,75. Il est vendu à raison de 6780 francs l'hectare. On désire connaître le prix de ce terrain.

27. Une pièce de bière, contenant 220 litres, se paye 31 fr.,50. On demande le prix d'un fût de 115 litres.

28. Calculer le prix de 9 kilogr.,700 de bœuf, sachant que 13 kilogr.,600 de cette marchandise ont été vendus 22 fr.,50.

29. Un manouvrier a reçu 45 francs pour 18 journées de travail. Une autre fois, on lui a payé 57 fr.,50. Combien, cette seconde fois, avait-il fait de journées de travail?

30. Quel est le prix de 19 kilogr.,780 de café, sachant que 500 gr. de cette marchandise se vendent 1 fr.,90?

31. 0 m.,70 de drap suffisent pour faire un gilet et coûtent 12 fr.,75. Que valent 5 m.,25 de cette étoffe?

32. On propose de calculer le prix de 289 m. q. de pavage, sachant que 3875 m. q.,09 de cet ouvrage ont été payés 6780 francs.

33. 198 m. c.,875 de maçonnerie ont été fournis pour 1875 francs. Quelle somme dépenserait-on pour 337 m. c.,075 du même ouvrage?

34. Un chef d'atelier, qui occupait 10 ouvriers pour faire un ouvrage en 24 jours, obtient un délai de 6 jours. Combien lui faudra-t-il d'ouvriers pour répondre à ses engagements?

35. Pour faire une robe, on a acheté 12 m. de soie large de 0 m.,75. Combien en faudrait-il de mètres, si la soie n'avait que 0 m.,60 de large?

36. Un chien de chasse fait 154 sauts dans les $\frac{3}{4}$ d'une minute Combien en ferait-il en $2'\frac{2}{3}$?

37. En $10'\frac{1}{2}$, une source donne 45 lit. d'eau. Combien en donnerait-elle de litres en $15'\frac{3}{4}$?

38. Une locomotive a fait 160 kilom. en 4 heures $\frac{1}{4}$. Combien en ferait-elle en 5 heures $\frac{2}{3}$?

39. Une roue fait $\frac{5}{6}$ de tour dans les $\frac{7}{8}$ d'une seconde. Combien ferait-elle de tours dans 5 secondes $\frac{1}{4}$?

40. Il faut 10 m. d'une étoffe large de $\frac{5}{7}$ pour faire un tapis. Combien en faudrait-il de mètres, si l'étoffe n'avait que $\frac{3}{5}$?

Règle de trois composée.

13. *Manière de résoudre les règles de trois composées, au moyen de la méthode dite de réduction à l'unité.* — 12 ouvriers, en 8 jours, ont gagné 240 francs. Combien 14 ouvriers, en 10 jours, gagneraient-ils?

Données. Si 12 ouvriers (8 jours) 240 francs.
14 (10) x (l'inconnue du problème).

13. Donnez, sur un exemple, la manière de résoudre les règles

1.

Solution. J'écris d'abord les unités de même espèce les unes sous les autres, comme ci-dessus; puis, je fais abstraction des quantités accessoires 8 et 10 jours[1], que je sépare des autres données du problème par deux parenthèses; je ramène ainsi la question à une règle de trois simple. Cela fait, je dis :

Si 12 ouvriers, en 8 jours, ont gagné 240 francs, 1 ouvrier, pendant le même temps, gagnerait 12 fois moins que 12 ouvriers,

ou $\dfrac{240 \text{ fr.}}{12}$ (ce que gagne 1 ouvrier en 8 jours).

Si $\dfrac{240 \text{ fr.}}{12}$ représente ce que gagne 1 ouvrier en 8 jours, 14 ouvriers, pendant ce temps, gagneraient 14 fois plus qu'un ouvrier,

ou $\dfrac{240 \text{ fr.} \times 14}{12}$ (ce que gagnent 14 ouvriers en 8 jours).

Si $\dfrac{240 \text{ fr.} \times 14}{12}$ représente ce que gagnent 14 ouvriers en 8 jours, en 1 jour, ils gagneraient 8 fois moins qu'en 8 jours,

ou $\dfrac{240 \text{ fr.} \times 14}{12 \times 8}$ (ce que gagnent 14 ouvriers en 1 jour).

Enfin, si $\dfrac{240 \text{ fr.} \times 14}{12 \times 8}$ représente ce que gagnent 14 ouvriers en 1 jour, en 10 jours, ils gagneraient 10 fois plus qu'en 1 jour,

ou $\dfrac{240 \text{ fr.} \times 14 \times 10}{12 \times 8} = \dfrac{33600 \text{ fr.}}{96} = 350$ francs

R. : 350 francs.

Règle. *Pour résoudre une règle de trois composée, au moyen de la méthode dite de réduction à l'unité, on écrit d'abord les nombres de même espèce les uns sous les autres; puis, on sépare, entre deux parenthèses, les quantités accessoires des autres données du problème, et l'on ramène ainsi la question à*

de trois composées, au moyen de la méthode dite de réduction à l'unité — Règle. — Combien de remarques avez-vous à faire dans le deuxième procédé de la règle de trois composée? — Citez-les.

[1]. On entend par *quantités accessoires* celles qui ne sont pas rigoureusement indispensables à la solution d'un problème proposé.

*une règle de trois simple. Cela fait, on continue la solution,
en divisant le nombre placé au-dessus de* x, *par celle des
deux données connues correspondantes, mise en rapport avec
ce nombre, si le raisonnement amène moins, ou on le multiplie par cette donnée, si le raisonnement amène* plus. *Enfin,
on effectue les calculs indiqués, on les simplifie s'il y a lieu, et
l'on obtient le résultat demandé.*

Problèmes modèles à étudier, sur la Règle de trois composée, d'après la méthode dite de réduction à l'unité.

6. 14 ouvriers, en 16 jours, ont gagné 1080 francs. Combien 18 ouvriers, en 15 jours, gagneraient-ils?

Données.   Si 14 ouvriers $\left(\begin{matrix}16 \text{ jours}\\ 15\end{matrix}\right)$ 1 080 fr.
                   18   *x.*

Solution. Je dispose, comme ci-dessus, les données du
problème, de manière que les quantités de même espèce
soient placées les unes au-dessous des autres. Je fais abstraction des quantités accessoires 16 et 15 jours, que je sépare
des autres données par deux parenthèses; je ramène ainsi
la question à une règle de trois simple et je dis :

Si 14 ouvriers, pendant un certain temps, ont gagné
1080 francs, 1 ouvrier, pendant le même temps, gagnerait
14 fois moins que 14 ouvriers,

ou $\dfrac{1\,080 \text{ fr.}}{14}$ (ce que gagne 1 ouvrier).

Si $\dfrac{1\,080 \text{ fr.}}{14}$ représente ce que gagne 1 ouvrier, 18 ouvriers
gagneraient 18 fois plus qu'un ouvrier,

ou $\dfrac{1\,080 \text{ fr.} \times 18}{14}$ (ce que gagnent 18 ouvriers en 16 jours).

Si $\dfrac{1\,080 \text{ fr.} \times 18}{14}$ représente ce que gagnent 18 ouvriers en
16 jours, en 1 jour, ils gagneraient 16 fois moins qu'en
16 jours,

ou $\dfrac{1\,080 \text{ fr.} \times 18}{14 \times 16}$ (ce que gagnent 18 ouvriers en 1 jour).

Si enfin $\dfrac{1\,080 \text{ fr.} \times 18}{14 \times 16}$ représente ce que gagnent 18 ouvriers en 1 jour, en 15 jours, ils gagneraient 15 fois plus qu'en 1 jour,

$$\text{ou} \quad \frac{1\,080\ \text{fr.} \times 18 \times 15}{14 \times 16} = \frac{291\,600\ \text{fr.}}{224} = 1\,301^{\text{fr}},78.$$

R. : $1\,301^{\text{fr}},78$.

Autre procédé.

| | 14 ouvriers | 16 jours | 1 080 fr. |
| | 18 | 15 | x. |

Solution.

	14 ouvriers	16 jours	1 080 fr.
	1	—	$\dfrac{1\,080\ \text{fr.}}{14}$
	18	—	$\dfrac{1\,080\ \text{fr.} \times 18}{14}$
	18	1 jour	$\dfrac{1\,080\ \text{fr.} \times 18}{14 \times 16}$
	18	15 jours	$\dfrac{1\,080\ \text{fr.} \times 18 \times 15}{14 \times 16}$

$$x = \frac{1\,080\ \text{fr.} \times 18 \times 15}{14 \times 16} = \frac{291\,600\ \text{fr.}}{224} = 1\,301^{\text{fr}},78.$$

R. : $1\,301^{\text{fr}},78$.

Nota. Dans ce procédé, il y a deux remarques importantes à faire :

1° Les nombres qu'on écrit en ligne horizontale au-dessous des données groupées deux à deux en colonne verticale, d'après la nature des unités qu'elles représentent, doivent être placés dans un ordre tel que le dernier, à la droite de cette ligne, soit *toujours* la donnée qui correspond à l'inconnue ;

2° Chaque petit trait horizontal (—) indique qu'on ne change pas le nombre écrit *immédiatement* au-dessus.

7. 14 maçons, en 17 jours, ont fait 345 m. c. d'ouvrage. Combien 15 maçons emploieront-ils de jours pour faire 584 m. c. du même ouvrage?

Données.

| | Si 14 maçons | 17 jours | $\left(\begin{array}{c} 345^{\text{ mc}} \\ 584 \end{array} \right).$ |
| | 15 | x | |

Solution. Je fais abstraction des quantités accessoires 345 m. c. et 584 m. c., et je dis :

Si 14 maçons emploient 17 jours pour faire un ouvrage, 1 maçon, pour faire ce même ouvrage, mettrait 14 fois plus de jours que 14 maçons,

ou   17 jours × 14 (nombre de jours employés, par un maçon, pour faire cet ouvrage).

Si 17 jours $\times$ 14 représente le nombre de jours employés, par un maçon, pour faire l'ouvrage dont il s'agit, 15 maçons, pour faire cet ouvrage, mettraient 15 fois moins de temps qu'un maçon,

ou $\dfrac{17 \text{ jours} \times 14}{15}$ (nombre de jours employés, par 15 maçons, pour faire 345 m. c. d'ouvrage).

Si $\dfrac{17 \text{ jours} \times 14}{15}$ représente le nombre de jours employés, par 15 maçons, pour faire 345 m. c. d'ouvrage, pour en faire 1 m. c., il faudrait évidemment 345 fois moins de jours que pour 345 m. c.,

ou $\dfrac{17 \text{ jours} \times 14}{15 \times 345}$ (nombre de jours employés, par 15 maçons, pour faire 1 m. c. d'ouvrage).

Si enfin $\dfrac{17 \text{ jours} \times 14}{15 \times 345}$ représente le nombre de jours employés, par 15 maçons, pour faire 1 m. c. d'ouvrage, pour en faire 584 m. c., ils mettraient 584 fois plus de jours que pour 1 m. c. de cet ouvrage,

ou $\dfrac{17 \text{ jours} \times 14 \times 584}{15 \times 345} = \dfrac{138\,992}{5\,175} = 26$ à 27 jours.

R. : 26 à 27 jours.

Autre procédé.

14 maçons	17 jours	345 m. c.
15	x	584

Solution.

14 maçons	345 m. c.	17 jours.
1	—	$17^{\text{J}} \times 14$
15	—	$\dfrac{17^{\text{J}} \times 14}{15}$
15	1	$\dfrac{17^{\text{J}} \times 14}{15 \times 345}$
15	584	$\dfrac{17^{\text{J}} \times 14 \times 584}{15 \times 345}$

$$x = \dfrac{17^{\text{J}} \times 14 \times 584}{15 \times 345} = \dfrac{138\,992}{5\,175}$$

$$= 26 \text{ à } 27 \text{ jours.}$$

R. : 26 à 27 jours.

8. 17000 briques ont été livrées pour 186 francs. Combien coûteraient 25000 des mêmes briques, sachant que les distances de transport des premières et des secondes briques sont entre elles comme 9 : 15?

Données. Si 17000   186 fr. $\left(\begin{smallmatrix} 9 \\ 15 \end{smallmatrix} \text{ distances}\right)$.
           25   x

Solution. Après avoir provisoirement fait abstraction des quantités accessoires 9 et 15, je dis :

Si 17000 briques valent 186 francs, 1 mille vaudrait 17 fois moins que 17000,

ou $\dfrac{186 \text{ fr.}}{17}$ (prix d'un mille de briques, transportées à une distance désignée par 9).

Si $\dfrac{186 \text{ fr.}}{17}$ représente le prix de 1000 briques, transportées à une distance désignée par 9, 25000 des mêmes briques, à cette distance, coûteraient 25 fois plus que 1000,

ou $\dfrac{186 \text{ fr.} \times 25}{17}$ (prix de 25000 briques, transportées à une distance désignée par 9).

Si $\dfrac{186 \text{ fr.} \times 25}{17}$ représente le prix de 25000 briques, transportées à une distance désignée par 9, si cette distance est 1, le prix de ces briques serait 9 fois moindre,

ou $\dfrac{186 \text{ fr.} \times 25}{17 \times 9}$ (prix de 25000 briques, transportées à une distance désignée par 1).

Si enfin $\dfrac{186 \text{ fr.} \times 25}{17 \times 9}$ représente le prix de 25000 briques, transportées à une distance désignée par 1, si elle était 15, le prix de ces briques serait 15 fois plus considérable que si la distance était 1,

ou $\dfrac{186 \text{ fr.} \times 25 \times 15}{17 \times 9} = \dfrac{69\,750}{153} = 455^{fr},88.$

R. : $455^{fr},88.$

Autre procédé.   17000   186 fr.   9 distances.
                 25   x 15.

Solution.

17000	9	186 fr.
1	—	$\dfrac{186 \text{ fr.}}{17}$
25	—	$\dfrac{186 \text{ fr.} \times 25}{17}$
25	1	$\dfrac{186 \text{ fr.} \times 25}{17 \times 9}$
25	15	$\dfrac{186 \text{ fr.} \times 25 \times 15}{17 \times 9}$

$$x = \frac{186 \text{ fr.} \times 25 \times 15}{17 \times 9} = \frac{69\,750}{153} = 455^{fr},88.$$

R. : $455^{fr},88$.

9. 17 manouvriers, en 19 jours, ont bêché $2^{\text{hecta}},25$ de terre. Combien 15 manouvriers, en 28 jours, en bêcheront-ils?

Données. Si 17 manouvriers $\left(\begin{array}{c}19 \text{ jours}\\28\end{array}\right)$ $\begin{array}{c}2^{\text{hecta}},25.\\x.\end{array}$
15

Solution. Je fais provisoirement abstraction des quantités accessoires 19 et 28 jours, et je dis :
Si 17 manouvriers ont bêché $2^{\text{hecta}},25$ de terre, 1 manouvrier en bêcherait 17 fois moins que 17 manouvriers

ou $\dfrac{2^{\text{hecta}},25}{17}$ (quantité de terrain bêché par 1 manouvrier).

Si $\dfrac{2^{\text{hecta}},25}{17}$ représente la quantité de terrain bêché par un manouvrier, elle serait 15 fois plus grande si l'on employait 15 manouvriers,

ou $\dfrac{2^{\text{hecta}},25 \times 15}{17}$ (quantité de terrain bêché par 15 manouvriers en 19 jours).

Si $\dfrac{2^{\text{hecta}},25 \times 15}{17}$ représente la quantité de terrain bêché par 15 manouvriers en 19 jours, en 1 jour elle serait 19 fois moins considérable qu'en 19 jours,

ou $\dfrac{2^{\text{hecta}},25 \times 15}{17 \times 19}$ (quantité de terrain bêché par 15 manouvriers en 1 jour).

Si enfin $\dfrac{2^{\text{hecta}},25 \times 15}{17 \times 19}$ représente la quantité de terrain bêché par 15 manouvriers en 1 jour, en 28 jours, elle serait 28 fois plus grande qu'en 1 jour,

ou $\qquad \dfrac{2^{\text{hecta}},25 \times 15 \times 28}{17 \times 19} = \dfrac{945 \text{ hecta.}}{323}$

$$= 2^{\text{becta}},9256.$$

R. : $2^{\text{hecta}},9256.$

Autre procédé. 17 manouvriers   19 jours $2^{\text{hecta}},25.$
                 15   28 $x.$

Solution.   17 manouvriers   19 jours $2^{\text{hecta}},25$

          1   — $\dfrac{2^{\text{hecta}},25}{17}$

        15   — $\dfrac{2^{\text{hecta}},25 \times 15}{17}$

        15   19 $\dfrac{2^{\text{hecta}},25 \times 15}{17 \times 19}$

        15   28 $\dfrac{2^{\text{hecta}},25 \times 15 \times 28}{17 \times 19}$

$$x = \dfrac{2^{\text{hecta}},25 \times 15 \times 28}{17 \times 19} = \dfrac{945 \text{ hecta}}{323}$$

$$= 2^{\text{hecta}},9256.$$

R. : $2^{\text{hecta}},9256.$

10. 10 pièces de toile, ayant chacune 75 m. de long et $0^{\text{m}},80$ de large, ont coûté $1687^{\text{fr}},50$. Combien coûteraient 8 pièces, ayant chacune 60 m. de long, sur $0^{\text{m}},75$ de large?

                        Longueur.   Largeur.

Données.   Si 10 pièces $\begin{pmatrix} 75 \text{ mètres} & 0^{\text{m}},80 \\ 60 & 0^{\text{m}},75 \end{pmatrix}$ $1\,687^{\text{fr}},50.$
                8                               $x.$

Solution. Je fais, pour un instant, abstraction des quantités accessoires 75 m., 60 m., $0^{\text{m}},80$, $0^{\text{m}},75$, et je dis :
Si 10 pièces de toile ont coûté $1687^{\text{fr}},50$, 1 pièce coûterait 10 fois moins que 10 pièces,

ou $\qquad \dfrac{1\,687^{\text{fr}},50}{10}$ (prix de 1 pièce de toile).

Si $\dfrac{1\,687^{fr},50}{10}$ représente le prix d'une pièce de toile, celui de 8 pièces serait 8 fois plus grand que le prix d'une pièce,

ou $\dfrac{1\,687^{fr},50 \times 8}{10}$ (prix de 8 pièces de toile, longues chacune de 75 mètres).

Si $\dfrac{1\,687^{fr},50 \times 8}{10}$ représente le prix de 8 pièces de toile, longues chacune de 75 m., si elles n'avaient chacune que 1 m. de longueur, elles vaudraient 75 fois moins que lorsqu'elles ont 75 m. de longueur,

ou $\dfrac{1\,687^{fr},50 \times 8}{10 \times 75}$ (prix de 8 pièces de toile, ayant chacune 1 m. de longueur).

Si $\dfrac{1\,687^{fr},50 \times 8}{10 \times 75}$ représente le prix de 8 pièces de toile, ayant chacune 1 m. de longueur, elles vaudraient 60 fois plus qu'avec 1 m. de longueur, si elles avaient chacune 60 m.,

ou $\dfrac{1\,687^{fr},50 \times 8 \times 60}{10 \times 75}$ (prix de 8 pièces de toile, ayant chacune 60 m. de long, sur $0^m,80$ de large).

Si $\dfrac{1\,687^{fr},50 \times 8 \times 60}{10 \times 75}$ exprime la valeur de 8 pièces de toile, ayant chacune 60 m. de long, sur $0^m,80$ de large, il est évident que cette valeur serait 80 fois moindre, si la toile n'avait que 1 centim. de large,

ou $\dfrac{1\,687^{fr},50 \times 8 \times 60}{10 \times 75 \times 80}$ (prix de 8 pièces de toile, ayant chacune 60 m. de long, sur 1 cent. de large).

Si enfin $\dfrac{1\,687^{fr},50 \times 8 \times 60}{10 \times 75 \times 80}$ exprime la valeur de 8 pièces de toile, ayant chacune 60 m. de long, sur 1 centim. de large, si la largeur de cette toile était de 75 centim., au lieu de 1 centim., cette valeur serait 75 fois plus grande,

ou $\dfrac{1\,687^{fr},50 \times 8 \times 60}{10 \times 75 \times 80} = \dfrac{10\,125\,\text{fr.}}{10} = 1\,012^{fr},50.$

R. : $1\,012^{fr},50.$

		Longueur.	Largeur.	
Autre procédé.	10 pièces	75 mètres	$0^m{,}80$	$1\,687^{fr}{,}50.$
	8	60	$0^m{,}75$	$x.$

Solution.

10 pièces	75 m.	80 centim.	$1\,687^{fr}{,}50$
1	—	—	$\dfrac{1\,687^{fr}{,}50}{10}$
8	—	—	$\dfrac{1\,687^{fr}{,}50 \times 8}{10}$
8	1	—	$\dfrac{1\,687^{fr}{,}50 \times 8}{10 \times 75}$
8	60	—	$\dfrac{1\,687^{fr}{,}50 \times 8 \times 60}{10 \times 75}$
8	60	1	$\dfrac{1\,687^{fr}{,}50 \times 8 \times 60}{10 \times 75 \times 80}$
8	60	75	$\dfrac{1\,687^{fr}{,}50 \times 8 \times 60 \times 75}{10 \times 75 \times 80}$

$$x = \frac{1\,687^{fr}{,}50 \times 8 \times 60 \times 75}{10 \times 75 \times 80} = \frac{10\,125 \text{ fr.}}{10} = 1012^{fr}{,}50.$$

R. : $1\,012^{fr}{,}50.$

11. 6 maçons, en 15 jours, ont construit un mur de 11 876 m. c. Combien 9 maçons emploieraient-ils de jours pour en construire un autre qui aurait 925 m. de long, 5 m. de hauteur et $0^m{,}35$ d'épaisseur?

Données. Si $\underset{9}{\overset{6}{}}$ $\underset{x}{\overset{15}{}}$ $\left([925\,\text{m.} \times 5\text{m.} \times 0^m{,}35] = 1\,618^{mc}{,}750 \overset{11\,875\,\text{m. c.}}{} \right)$.

maçons. jours.

Solution. Après avoir fait provisoirement abstraction des quantités accessoires 11 876 m. c. (925 m. $\times$ 5 m. $\times$ $0^m{,}35$) ou $1\,618^{mc}{,}750$, je dis :

Si 6 maçons emploient 15 jours, pour construire un mur, 1 maçon mettrait 6 fois plus de jours que 6 maçons,

ou 15 j. $\times$ 6 (nombre de jours employés par 1 maçon, pour construire ce mur).

Si 15 jours $\times$ 6 représente le nombre de jours employés par un maçon, pour construire le mur dont il s'agit, 9 maçons mettraient 9 fois moins de jours que 1 maçon, ou $\dfrac{15\,\text{j.}\times 6}{9}$ (nombre de jours employés par 9 maçons, **pour** construire un mur de 11 876 m. c.).

Si $\dfrac{15\,\text{jours}\times 6}{9}$ représente le nombre de jours employés par 9 maçons, pour construire un mur de 11 876 m. c., il faudrait 11 876 fois moins de jours, si ce mur n'avait que 1 m. c. de volume,

ou $\dfrac{15\,\text{j.}\times 6}{9\times 11\,876}$ (nombre de jours nécessaires à 9 maçons, pour construire un mur de 1 m. c.).

Si enfin $\dfrac{15\,\text{jours}\times 6}{9\times 11\,876}$ indique le nombre de jours nécessaires à 9 maçons, pour construire un mur de 1 m. c., pour un mur de 1 618^{mc},750, il faudrait 1 618 fois 750 millièmes de fois plus de jours que si ce mur n'avait que 1 m. c. de volume,

ou $\dfrac{15\,\text{j.}\times 6\times 1\,618^{\text{mc}},750}{9\times 11\,876}=\dfrac{145687^{\text{mc}},500}{106884}=1$ jour 8 heures.

R. : 1 jour 8 heures.

Autre procédé. 6 maçons 15 j.   11876 m. c.
                 9   x (925 m. $\times$ 5 m. $\times$ 0^{m},35) = 1618^{m},750.

Solution.

	6 maçons	11 876 mètres	15 jours.
	1	—	$15\,\text{j.}\times 6$
	9	—	$\dfrac{15\,\text{j.}\times 6}{9}$
	9	1^{mc}	$\dfrac{15\,\text{j.}\times 6}{9\times 11\,876\text{ m. c.}}$
	9	1 618^{mc},750	$\dfrac{15\,\text{j.}\times 6\times 1\,618^{\text{mc}},750}{9\times 11\,876\text{ m. c.}}$

$x = \dfrac{15\,\text{j.}\times 6\times 1\,618^{\text{mc}},750}{9\times 11\,876\text{ m.c.}}=\dfrac{145687^{\text{mc}},500}{106884}=1$ jour 8 heures.

R. : 1 jour 8 heures.

12. 13 terrassiers, en 16 jours, travaillant 9 heures par jour, ont fait 1 250 m. c. de remblai. Combien 17 terrassiers, en 19 jours, travaillant 10 heures par jour, feront-ils de mètres cubes du même ouvrage?

Données. 13 terrassiers $\left(\begin{matrix}16 \text{ jours} & 9 \text{ heures}\\ 19 & 10\end{matrix}\right)$ 1 250 m. c.
                   17 x.

Solution. Provisoirement, je fais abstraction des quantités accessoires 16 et 19 jours, 9 et 10 heures, et je dis :
Si 13 terrassiers ont fait 1 250 m. c. de remblai, 1 terrassier en ferait 13 fois moins que 13 terrassiers,

ou $\dfrac{1\,250\,\text{m.c.}}{13}$ (nombre de mètres cubes de remblai faits par 1 terrassier).

Si $\dfrac{1\,250\,\text{m.c.}}{13}$ représente le nombre de mètres cubes de remblai faits par 1 terrassier, 17 terrassiers en feraient 17 fois plus qu'un terrassier,

ou $\dfrac{1\,250\,\text{m.c.} \times 17}{13}$ (nombre de mètres cubes de remblai, faits par 17 terrassiers en 16 jours).

Si $\dfrac{1\,250\,\text{m.c.} \times 17}{13}$ représente le nombre de mètres cubes de remblai, faits par 17 terrassiers en 16 jours, en 1 jour, ils en feraient 16 fois moins qu'en 16 jours,

ou $\dfrac{1\,250\,\text{m.c.} \times 17}{13 \times 16}$ (nombre de mètres cubes de remblai, faits par 17 terrassiers en 1 jour).

Si $\dfrac{1\,250\,\text{m.c.} \times 17}{13 \times 16}$ représente le nombre de mètres cubes de remblai, faits par 17 terrassiers en 1 jour, en 19 jours, ils en feraient 19 fois plus qu'en 1 jour,

ou $\dfrac{1\,250\,\text{m.c.} \times 17 \times 19}{13 \times 16}$ (nombre de mètres cubes de remblai, faits par 17 terrassiers, en 19 jours, travaillant 9 heures par jour).

Si $\dfrac{1\,250\,\text{m.c.} \times 17 \times 19}{13 \times 16}$ représente le nombre de mètres cubes de remblai, faits par 17 terrassiers, en 19 jours, travaillant 9 heures par jour, s'ils ne travaillaient qu'une heure par jour, ils feraient 9 fois moins de mètres cubes qu'en 9 heures,

ou $\dfrac{1\,250\,\text{m.c.} \times 17 \times 19}{13 \times 16 \times 9}$ (nombre de mètres cubes de remblai, faits par 17 terrassiers, en 19 jours, travaillant 1 heure par jour).

Si enfin $\dfrac{1\,250\,\text{m.c.} \times 17 \times 19}{13 \times 16 \times 9}$ représente le nombre de mètres cubes de remblai, faits par 17 terrassiers, en 19 jours, travaillant 1 heure par jour, s'ils travaillaient 10 heures par jour, ils feraient 10 fois plus de mètres cubes de remblai qu'en 1 heure,

ou $\dfrac{1\,250\,\text{m. c.}\times 17\times 19\times 10}{13\times 16\times 9}=\dfrac{4\,037\,500\,\text{m. c.}}{1\,872}=2156^{\text{mc}}\!,\!784.$

R. : $2156^{\text{mc}}\!,\!784.$

Autre procédé. 13 terrassiers 16 jours 9 heures 1 250 m. c.
                     17   19   10 x.

Solution. 13 terras. 16 jours 9 heures 1250 mètres.

$$1 \quad\quad - \quad\quad - \quad\quad \frac{1\,250\,\text{m. c.}}{13}$$

$$17 \quad\quad . \quad\quad - \quad\quad \frac{1\,250\,\text{m. c.}\times 17}{13}$$

$$17 \quad\quad 1 \quad\quad - \quad\quad \frac{1\,250\,\text{m. c.}\times 17}{13\times 16}$$

$$17 \quad\quad 19 \quad\quad - \quad\quad \frac{1\,250\,\text{m. c.}\times 17\times 19}{13\times 16}$$

$$17 \quad\quad 19 \quad\quad 1 \quad\quad \frac{1\,250\,\text{m. c.}\times 17\times 19}{13\times 16\times 9}$$

$$17 \quad\quad 19 \quad\quad 10 \quad\quad \frac{1\,250\,\text{m. c.}\times 17\times 19\times 10}{13\times 16\times 9}$$

$$x=\frac{1\,250\,\text{m. c.}\times 17\times 19\times 10}{13\times 16\times 9}=\frac{4\,037\,500}{1\,872}=2156^{\text{mc}}\!,\!784.$$

R. : $2156^{\text{mc}}\!,\!784.$

13. 6 manouvriers, en 12 jours, travaillant 9 heures par jour, ont creusé un bassin ayant 15 m. de long, 12 m. de large, 6 m. de profondeur. Combien faudrait-il de manouvriers, en 10 jours, travaillant 10 heures par jour, pour creuser un autre bassin qui aurait 20 m. de long, 16 m. de large et 7 m. de profondeur?

		Lon-gueur.	Lar-geur.	Profon-deur.
		Si		

Données. 6 manouv. $\begin{pmatrix}12\ \text{j.}\ 9\ \text{h.}\\ 10\quad 10\end{pmatrix}$ $\begin{matrix}15\ \text{mèt.}\\ 20\end{matrix}$ $\begin{pmatrix}12\ \text{mèt.}\ 6\ \text{mèt.}\\ 16\quad\ 7\end{pmatrix}$.

x

Solution. $\dfrac{6}{15}$ (nombre de manouvriers pour faire un bassin qui aurait 1 mètre de longueur).

$$x = \frac{6 \text{ manouvriers} \times 20 \times 16 \times 7 \times 12 \times 9}{15 \times 12 \times 6 \times 10 \times 10}$$

$$= \frac{1\,451\,520}{108\,000} = 13 \text{ à } 14 \text{ manouvriers.}$$

R. : 13 à 14 manouvriers.

		Lon- gueur.	Lar- geur.	Pro- fondeur.
Autre procédé. 6 manouv.	12 jours 9 hect.	15 m.	12 m.	6 m.
x	10 10	20	16	7.

Solution.

	Lon- gueur.	Lar- geur.	Profon- deur.			
	15 m.	12 m.	6 m.	12 j.	9 h.	6 manouvriers.
1	—	—	—	—		$\dfrac{6}{15}$
20	—	—	—	—		$\dfrac{6 \times 20}{15}$
20	1	—	—	—		$\dfrac{6 \times 20}{15 \times 12}$
20	16	—	—	—		$\dfrac{6 \times 20 \times 16}{15 \times 12}$
20	16	1	—	—		$\dfrac{6 \times 20 \times 16}{15 \times 12 \times 6}$
20	16	7	—	—		$\dfrac{6 \times 20 \times 16 \times 7}{15 \times 12 \times 6}$
20	16	7	1	—		$\dfrac{6 \times 20 \times 16 \times 7 \times 12}{15 \times 12 \times 6}$
20	16	7	10	—		$\dfrac{6 \times 20 \times 16 \times 7 \times 12}{15 \times 12 \times 6 \times 10}$
20	16	7	10	1		$\dfrac{6 \times 20 \times 16 \times 7 \times 12 \times 9}{15 \times 12 \times 6 \times 10}$
20	16	7	10	10		$\dfrac{6 \times 20 \times 16 \times 7 \times 12 \times 9}{15 \times 12 \times 6 \times 10 \times 10}$

$$x = \frac{6 \times 20 \times 16 \times 7 \times 12 \times 9}{15 \times 12 \times 6 \times 10 \times 10} = \frac{1\,451\,520}{108\,000} = 13 \text{ à } 14 \text{ man.}$$

R. : 13 à 14 manouvriers.

14. 14 ouvriers, en 8 jours, travaillant 9 heures par jour, ont creusé un puits, ayant 190^{mc},750 de déblai, dont la difficulté est 12. Combien 15 ouvriers emploieront-ils de jours, travaillant 10 heures par jour, pour creuser un autre puits, ayant 250 m. c. de déblai et dont la difficulté de terrassement est 9?

Difficulté.

Données. Si 14 ouv. 8 jours $\left(\begin{array}{ccc} 9 \text{ heures} & 190^{\text{mc}},750 & 12 \\ 10 & 250 \text{ m. c.} & 9 \end{array}\right)$.
15 x

Solution. 8 jours $\times$ 14 (nombre de jours employés par 1 ouvrier).

$$x = \frac{8 \text{ j.} \times 14 \times 9 \times 250 \times 9}{15 \times 10 \times 190,750 \times 12} = \frac{2\,268\,000}{343\,350} = 6 \text{ jours.}$$

R. : 6 jours.

Difficulté.

Autre procédé. 14 ouvriers 8 jours 9 heures 190^{mc},750 12.
15 x 10 250 9.

Ouvriers.	Heures.	Difficulté.			
Solution. 14	9	190^{mc},750	12		8 jours.
1	—	—	—		8 j. $\times$ 14
15	—	—	—		$\dfrac{8 \text{ j.} \times 14}{15}$
15	1	—	—		$\dfrac{8 \text{ j.} \times 14 \times 9}{15}$
15	10	—	—		$\dfrac{8 \text{ j.} \times 14 \times 9}{15 \times 10}$
15	10	1	—		$\dfrac{8 \text{ j.} \times 14 \times 9}{15 \times 10 \times 190,750}$
15	10	250	—		$\dfrac{8 \text{ j.} \times 14 \times 9 \times 250}{15 \times 10 \times 190,750}$
15	10	250	1		$\dfrac{8 \text{ j.} \times 14 \times 9 \times 250}{15 \times 10 \times 190,750 \times 12}$
15	10	250	9		$\dfrac{8 \text{ j.} \times 14 \times 9 \times 250 \times 9}{15 \times 10 \times 190,750 \times 12}$

$$x = \frac{8 \times 14 \times 9 \times 250 \times 9}{15 \times 10 \times 190,750 \times 12} = \frac{2\,268\,000}{343\,350} = 6 \text{ jours.}$$

R. : 6 jours.

15. 15 hommes, en 13 jours, travaillant 10 heures par jour, ont creusé une citerne, ayant 12 195 litres de capacité, et la difficulté de terrassement est $\frac{3}{4}$. Combien faudrait-il d'hommes, en 18 jours, travaillant 9 heures par jour, pour creuser une autre citerne d'une capacité de 9 870 litres et dont la difficulté serait $\frac{2}{8}$?

$$
\textit{Données.} \quad \begin{array}{cccccc}
\text{Hommes.} & \text{Jours.} & \text{Heures.} & \text{Litres.} & & \text{Difficulté.}
\end{array}
$$

$$
\textit{Données.} \quad 15 \left(\begin{array}{cc} 13 & 10 \\ 18 & 89 \end{array} \right) \begin{array}{c} 12\,195 \\ 9\,870 \end{array} \left(\begin{array}{c} \frac{3}{4} = \frac{9}{12} = 9 \\ \frac{2}{3} = \frac{8}{12} = 8 \end{array} \right) .
$$

Solution. J'écris d'abord les unités de même espèce les unes sous les autres ; je fais abstraction des quantités accessoires 13 et 18 jours, 10 et 9 heures, $\frac{3}{4}$ et $\frac{2}{3}$; puis, je réduis au même dénominateur les fractions $\frac{3}{4}$ et $\frac{2}{3}$, ce qui me donne $\frac{9}{12}$ et $\frac{8}{12}$; je barre le dénominateur commun 12 et j'obtiens les nombres 9 et 8, qui représentent respectivement la difficulté de terrassement des deux citernes proposées. En appliquant la méthode dite de *réduction à l'unité*, il vient pour la valeur de x :

$$
x = \frac{15 \times 9\,870 \times 13 \times 10 \times 8}{12\,195 \times 18 \times 9 \times 9} = \frac{155\,972\,000}{17\,780\,310}
$$

$$
= \frac{15\,397\,200}{1\,778\,031} = 8 \text{ à } 9 \text{ hommes.}
$$

R. : 8 à 9 hommes.

Autre procédé.

Hommes.	Jours.	Heures.	Litres.	Difficulté.
15	13	10	12 195	$\frac{3}{4} = \frac{9}{12} = 9.$
x	18	9	9 870	$\frac{2}{3} = \frac{8}{12} = 8.$

	Litres.	Jours.	Heures.	Difficulté.

Solution. 12195   13   10   9   15 hommes.

$$1 \quad - \quad - \quad - \quad \frac{15}{12195}$$

$$9870 \quad - \quad - \quad - \quad \frac{15 \times 9870}{12195}$$

$$9870 \quad 1 \quad - \quad - \quad \frac{15 \times 9870 \times 13}{12195}$$

$$9870 \quad 18 \quad - \quad - \quad \frac{15 \times 9870 \times 13}{12195 \times 18}$$

$$9870 \quad 18 \quad 1 \quad - \quad \frac{15 \times 9870 \times 13 \times 10}{12195 \times 18}$$

$$9870 \quad 18 \quad 9 \quad - \quad \frac{15 \times 9870 \times 13 \times 10}{12195 \times 18 \times 9}$$

$$9870 \quad 18 \quad 9 \quad 1 \quad \frac{15 \times 9870 \times 13 \times 10}{12195 \times 18 \times 9 \times 9}$$

$$9870 \quad 18 \quad 9 \quad 8 \quad \frac{15 \times 9870 \times 13 \times 10 \times 8}{12195 \times 18 \times 9 \times 9}$$

$$x = \frac{15 \times 9870 \times 13 \times 10 \times 8}{12195 \times 18 \times 9 \times 9} = \frac{153\,972\,000}{17\,780\,310}$$

$$= \frac{15\,397\,200}{1\,778\,031} \; 8 \text{ à } 9 \text{ hommes.}$$

R. : 8 à 9 hommes.

16. 9 ouvriers, en 14 jours, travaillant 9 heures par jour, ont fait 586 m. c. de terrassement, dont la difficulté de travail est comme 3 : 5. Combien faudrait-il d'ouvriers, en 15 jours, travaillant 10 heures par jour, pour faire 678 m. c. d'un autre terrassement, dont la difficulté est comme 5 : 6?

	Ouvriers.	Jours.	Heures.	m. c.	Difficulté.

$$\text{Données.} \quad \begin{array}{c} 9 \\ x \end{array} \left(\begin{array}{cc} 14 & 9 \\ 15 & 10 \end{array} \right) \begin{array}{c} 586 \\ 678 \end{array} \quad \text{Si} \left(\begin{array}{l} 3 : 5 = \dfrac{5}{5} = \dfrac{18}{30} = 18 \\[2mm] 5 : 6 = \dfrac{5}{6} = \dfrac{25}{30} = 25 \end{array} \right).$$

Solution. $x = \dfrac{9 \times 678 \times 14 \times 9 \times 25}{586 \times 15 \times 10 \times 18} = \dfrac{19\,221\,300}{1\,582\,200}$

$$= \dfrac{192213}{15822} = 12 \text{ ouvriers.}$$

R. : 12 ouvriers.

Autre procédé.

Ouvr.	Jours.	Heures.	m. c.				Difficulté.

$$9 \quad 14 \quad 9 \quad 586 \qquad 3 : 5 = \dfrac{3}{5} = \dfrac{18}{30} = 18.$$

$$x \quad 15 \quad 10 \quad 678 \qquad 5 : 6 = \dfrac{5}{6} = \dfrac{25}{30} = 25.$$

Difficulté.

Solution. 585 m. c. 14 jours 9 heures 18 9 ouvriers.

$$1 \qquad\quad — \qquad — \qquad — \qquad \dfrac{9}{586}$$

$$x = \dfrac{9 \times 678 \times 14 \times 9 \times 25}{586 \times 15 \times 10 \times 18} = \dfrac{19\,220\,300}{1\,582\,200}$$

$$= \dfrac{192213}{15822} = 12 \text{ ouvriers.}$$

R. : 12 ouvriers.

17. 15 menuisiers, en 12 jours, travaillant 10 heures par jour, ont placé 785 m. q. de parquet. Combien faudrait-il de menuisiers, en 15 jours, travaillant 9 heures par jour, pour placer 850 m. q. d'autres parquets, dont la difficulté est les $\dfrac{3}{4}$ de celle du premier parquet?

Menuisiers.	Jours.	Heures.	m. q.	Difficulté.

Données. $15 \left(\begin{matrix} 12 \\ 15 \end{matrix} \right. \quad \begin{matrix} 10 \\ 9 \end{matrix} \left. \begin{matrix} 785 \\ 850 \end{matrix} \right)$ $\left(\begin{matrix} 1 \text{ ou } \dfrac{4}{4} = 4 \\[2mm] \dfrac{3}{4} = 5 \end{matrix} \right).$

avec x sur la seconde ligne (Si)

2.

Solution. Après avoir disposé comme ci-dessus les quantités de même espèce, les unes au-dessous des autres, et fait abstraction des quantités accessoires 12 et 15 jours, 10 et 9 heures, je représente la difficulté du premier parquet par 1, que je réduis en quarts (117 1er vol.) ; je fais disparaître le dénominateur commun 4 et j'obtiens 4 pour première difficulté, et 3 pour la seconde. Je termine la solution, en appliquant la *méthode de réduction à l'unité,* et il vient :

$$x = \frac{15 \times 850 \times 12 \times 10 \times 3}{785 \times 15 \times 9 \times 4} = \frac{4\,590\,000}{367\,380}$$

$$= \frac{459\,000}{36\,738} = 12 \text{ à } 13 \text{ menuisiers.}$$

R. : 12 à 13 menuisiers.

Autre procédé.

Menuisiers.	Jours.	Heures.	m. q.	Difficulté.
15	12	10	785	1 ou $\dfrac{4}{4} = 4.$
x	15	9	850	$\dfrac{3}{4} = 3.$

Solution.

			Difficulté.	
785 m. q.	12 jours	10 heures	4	15 menuisiers.
1	—	—	—	$\dfrac{15}{785}$

$$x = \frac{15 \times 850 \times 12 \times 10 \times 3}{785 \times 15 \times 9 \times 4} = \frac{4\,590\,000}{367\,380}$$

$$= \frac{459\,000}{36\,738} = 12 \text{ à } 13 \text{ menuisiers.}$$

R. : 12 à 13 menuisiers.

Problèmes à résoudre, sur la Règle de trois composée, au moyen de la méthode dite de réduction à l'unité.

41. 15 ouvriers, en 18 jours, ont gagné 1150 francs. Combien 20 ouvriers, en 17 jours, gagneraient-ils?

42. 13 mécaniciens, en 14 jours, ont reçu 687 francs. Combien, en 17 jours, 19 mécaniciens recevront-ils?

43. 8 bœufs, en 20 jours, ont labouré 38 hectares de terre. Combien faudrait-il de bœufs, en 17 jours, pour en labourer 70 hectares?

44. 7 maçons, en 19 jours, ont fait 125 m. c. d'ouvrage. Combien 12 maçons, en 20 jours, feront-ils de mètres cubes du même ouvrage?

45. 18 paveurs, en 15 jours, ont fait 9876 m. q. d'ouvrage. Combien 9 paveurs, en 10 jours, feront-ils de mètres carrés du même ouvrage?

46. 8 peintres, en 9 jours, ont fait 3586 m. q. de badigeon. Combien 7 peintres, en 12 jours, feront-ils de mètres carrés du même ouvrage?

47. 8 scieurs de long, en 24 jours, ont débité 3876 planches. Combien 10 scieurs mettront-ils de jours pour en fournir 4500?

48. 5 couvreurs en ardoises ont fait 345 m. q. de toiture, en 16 jours. Combien 8 couvreurs emploieraient-ils de jours pour faire 280 m. q. du même ouvrage?

49. 6 vaches, en 15 jours, ont donné 900 litres de lait. Combien 7 vaches, en 20 jours, en donneraient-elles de litres?

50. 7 robinets, en 16 jours, ont versé 16789 litres d'eau. Combien 12 robinets mettront-ils de jours pour en fournir 35875 litres?

51. 12000 ardoises, transportées à 6 kilomètres, ont coûté 125 fr. Quel serait le prix de 20000 des mêmes ardoises?

52. Pour tapisser une surface de 16 m. q., il a fallu 4 rouleaux de papier, ayant chacun 8 mètres de long et 0 m.,50 de large. Combien faudrait-il de rouleaux, ayant également 8 mètres de long, mais 0 m.,60 de large, pour tapisser une salle dont les murs ont 72 m. q. de surface?

53. 4 moulins, en 10 jours, ont donné 12540 quintaux de farine. Combien 7 moulins, en 9 jours, en fourniraient-ils de quintaux?

54. 100 pensionnaires, en 8 jours, ont mangé 1450 kilogrammes de pain. Combien 80 pensionnaires, en 20 jours, en consommeraient-ils de kilogrammes?

55. Pour faire 10 pantalons, on a employé 12 mètres de drap, ayant 1 m.,30 de large. Combien faudrait-il de mètres d'un autre drap, ayant 1 m.,20 de large, pour faire 35 pantalons?

56. 350 m. c. de sable, transportés à 3 kilom.,200, ont coûté

435 francs. Combien en aurait-on de mètres cubes avec 678 francs, si le sable était conduit à une distance de 4 kilomètres 1/2?

57. 12 terrassiers, en 16 jours, travaillant 9 heures par jour, ont fait 1 250 m. c. de remblai. Combien 17 terrassiers, en 19 jours, travaillant 10 heures par jour, feront-ils du même ouvrage?

58. 11 maçons, en 8 jours, travaillant 9 heures par jour, ont construit un mur, ayant 25 m. de long, 0 m.,45 d'épaisseur et 5 m. de hauteur. Combien faudrait-il de maçons, en 12 jours, travaillant 10 heures par jour, pour construire un autre mur qui aurait 1925 m. c. de volume?

59. 4 manouvriers, en 7 jours, travaillant 10 heures par jour, ont bêché 30 a.,70 de terre, dont la difficulté est 9. Combien faudrait-il de manouvriers, en 12 jours, travaillant 9 heures par jour, pour bêcher 58 a.,60 d'un autre terrain, dont la difficulté serait 12?

60. 5 ouvriers, en 10 jours, travaillant 8 heures par jour, ont creusé un bassin, ayant 12 m. de long, 10 m. de large et 5 m. de profondeur. Combien faudrait-il d'ouvriers, en 9 jours, travaillant 9 heures par jour, pour creuser un autre bassin qui aurait 15 m. de long, 12 m. de large et 5 m.,50 de profondeur?

61. Un ébéniste a poli 80 feuilles d'acajou, ayant 1 m.,25 de longueur, sur 0 m.,64 de largeur, en travaillant 9 heures par jour, pendant 10 jours. Combien pourrait-il polir de feuilles qui auraient 2 m.,50 de longueur, 0 m.,90 de largeur, en travaillant 8 heures par jour, pendant 27 jours?

62. 26 personnes, en 5 jours, travaillant 8 heures par jour, ont vendangé une vigne de 286 a.,75, qui a produit 1 931 kilogr. de raisin. Combien faudrait-il de jours à 15 personnes, travaillant 10 heures par jour, pour vendanger une autre vigne de 308 ares, donnant 2 075 kilogr. de raisin?

63. Un troupeau de 250 moutons, pesant chacun 35 kilogr., en 10 jours, a pâturé 2 hecta.,70 de trèfle. Combien faudrait-il de moutons pesant 40 kilogr., en 15 jours, pour en brouter 7 hecta.,50?

64. 8 ouvriers, en 13 jours, travaillant 9 heures par jour, ont fait 475 m. c. de déblai, dont la difficulté est comme 2 : 7. Combien faudrait-il d'ouvriers, en 10 jours, travaillant 8 heures par jour, pour faire 508 m. c. de déblai, dont la difficulté serait comme 3 : 5?

65. 13 menuisiers, en 11 jours, travaillant 9 heures par jour, ont réparé 870 m. q. de parquets. Combien faudrait-il de menuisiers, en 12 jours, travaillant 10 heures par jour, pour la réparation de 985 m. q. d'autres parquets, dont la difficulté est les $\frac{5}{6}$ de celle des premiers parquets?

66. 5 moissonneurs, en 7 jours, travaillant 10 heures par jour, ont fauché 18 hecta.,75 de terre en blé. Combien faudrait-il de jours à 6 moissonneurs, travaillant 11 heures par jour, pour faucher

25 hecta. de terre, en avoine, dont la difficulté est les $\frac{7}{9}$ de celle du premier ouvrage?

67. 8 hommes de peine, en 15 jours, travaillant 10 heures par jour, ont bêché 98 a.,70 d'un terrain, dont la difficulté de terrassement est comme 2 : 3. Combien 17 hommes mettront-ils de jours, travaillant 9 heures par jour, pour bêcher 125 a.,50 d'un autre terrain, dont la difficulté de travail est comme 3 : 4?

68. 9 terrassiers, en 16 jours, travaillant 10 heures par jour, ont creusé un bassin, ayant 25 m. de long, 12 m. de large, 6 m. de profondeur; la difficulté de terrassement est comme 2 : 5. Combien faudrait-il de terrassiers, en 40 jours, travaillant 9 heures par jour, pour creuser un autre bassin, dont le déblai est 9 850 m. c., et la difficulté de cet ouvrage comme 4 : 7?

69. 158 ouvriers, en 160 jours, travaillant 10 heures par jour, ont percé un tunnel, dont le déblai est 9 850 m. c., et la difficulté, comme 5 : 9. Combien faudrait-il d'ouvriers, en 3 mois et 8 jours ou 98 jours, travaillant 9 heures par jour, pour percer un autre tunnel, dont le déblai serait 8 765 m. c., et la difficulté de terrassement comme 6 : 8?

70. Une troupe de 500 ouvriers, en 6 mois, travaillant 9 heures par jour, ont fait 28 768 m. c. de remblai, en transportant les terres à 3 hectomètres et la difficulté de terrassement étant comme 8 : 9. Combien une autre troupe de 450 ouvriers emploierait-elle de jours, en travaillant 10 heures par jour, pour faire 30 875 m. c. d'un autre remblai, dont les terres seront transportées à 250 m. et la difficulté de terrassement étant comme 10 : 14?

RÈGLE D'INTÉRÊT.

14. La *règle d'intérêt* est celle qui a pour but de calculer le bénéfice que rapporte une somme quelconque, placée d'après certaines conditions déterminées.

15. On appelle *intérêt*, le bénéfice ou loyer qu'une personne retire d'une somme qu'elle a prêtée.

16. On appelle *capital*, une somme prêtée.

17. On appelle *taux*, le bénéfice que produisent 100 francs en un an.

14. Qu'est-ce qu'une règle d'intérêt? — 15. Qu'appelle-t-on intérêt?—16. Qu'appelle-t-on capital?—17. Qu'appelle-t-on taux?— Comment s'indique-t-il? — Quand dit-on qu'il est à 3 0/0, à 4 0/0?

Il s'indique ainsi : 3 0/0, ou 4 0/0, qu'on énonce 3 pour 100, 4 pour 100.—On dit qu'il est à 3 0/0, lorsque 100 francs, en un an, donnent 3 francs, et qu'il est à 4 0/0, lorsque 100 francs, en un an, rapportent 4 francs.

— Le taux ordinaire est de 5 0/0 ; mais, dans le commerce, on le trouve à 6 0/0. Dans les moments de crise financière, le taux s'élève au-dessus de ces cours : il varie de 7 à 10 0/0.

18. On distingue deux sortes d'intérêts : l'*intérêt simple* et l'*intérêt composé*.

19. L'*intérêt simple* est celui qui se paye ordinairement à la fin de chaque année, et qui devient double, triple, suivant que le temps est double, triple, etc.

20. L'*intérêt composé* est celui qui s'ajoute, à la fin de chaque année, au capital, pour porter lui-même intérêt l'année suivante.

Règle d'intérêt simple.

21. Dans la règle d'intérêt simple, il y a cinq cas à considérer, savoir :

1er cas, où l'on a à calculer l'intérêt ;
2e — — — le capital ;
3e — — — le taux ;
4e — — — le temps ;
5e — — — le capital et intérêt compris.

22. On appelle *formule* l'égalité de deux expressions algébriques.

Exemples :

$$(a + b)^2 = a^2 + 2a \times b + b^2.$$
$$x = m \times n.$$

Formule principale des intérêts simples.— *Démonstration.* — Soient a le *capital,* i le *taux,* t le *temps* et I l'*intérêt,* de a franc, au taux i, pour le temps t, nous dirons :

— Quel est le taux ordinaire? Et le taux commercial? — 18. Combien distingue-t-on de sortes d'intérêts? — 19. Qu'est-ce que l'intérêt simple? — 20. Qu'est-ce que l'intérêt composé? — 21. Dans la règle d'intérêt simple, combien y a-t-il de cas à considérer? — Énoncez-les. — 22. Qu'appelle-t-on formule? — Exemples. — Don-

100 fr., en 1 an, produisent i ;

$$1 \quad - \quad - \quad - \quad \frac{i}{100} ;$$

$$a \quad - \quad - \quad - \quad \frac{a \times i}{100} .$$

$$a \quad , \text{en } t \text{ années} - \quad \frac{a \times i \times t}{100} .$$

Or, l'intérêt de a fr., pour t années, est ce que nous avons désigné par I ; donc

$$I = \frac{a \times i \times t}{100} . \qquad (1)$$

23. La formule principale $I = \dfrac{a \times i \times t}{100}$, contenant les quatre quantités I, a, i et t, permet de calculer l'une d'elles par la connaissance des trois autres. Mais, avant d'appliquer cette formule, il faut remarquer que si i représente l'intérêt de 100 fr. par an, t sera le temps exprimé en *années* ; que si le temps était 7 mois, on aurait $t = \dfrac{7}{12}$, et que s'il était 18 jours, on prendrait $t = \dfrac{18}{360}$.

24. Avec la formule principale $I = \dfrac{a \times i \times t}{100}$, il est facile d'obtenir les trois autres. En effet, si nous multiplions par 100 de part et d'autre, la formule proposée nous donnera :

$$100 \times I = a \times i \times t,$$

et par suite :

$$a = \frac{100 \times I}{i \times t} . \qquad (2)$$

De même, $100 \times I = a \times i \times t,$

et

$$i = \frac{100 \times I}{a \times t} . \qquad (3)$$

Enfin $100 \times I = a \times i \times t,$

et

$$t = \frac{100 \times I}{a \times i} . \qquad (4)$$

nez la démonstration de la formule principale des intérêts simples. — 23. Quel avantage présente la formule principale des questions relatives à la règle d'intérêt simple ? — 24. Avec la formule prin-

25. Il est à remarquer qu'on applique :

La formule (1), pour calculer l'intérêt ;
— (2), pour déterminer le capital ;
— (3), pour connaître le taux ;
— (4), pour obtenir le temps pendant lequel la
somme proposée est restée placée.

26. *Formule particulière du cinquième cas (capital et in-*
térêt compris, n° 21).—Si nous représentons le capital net par
C, l'intérêt par I, le taux par i, le temps par t, et le capital
brut par C + I, nous pourrons écrire, pour la formule qui
nous donne le capital et l'intérêt compris,

$$C + I = \frac{C(100 + i \cdot t)}{100}.$$

Nota. Pour les solutions des problèmes à étudier relatifs à la règle
d'intérêt, que nous donnons ci-après, nous emploierons alternativement un procédé arithmétique et un procédé algébrique. Cette méthode a pour avantage d'exercer les élèves à la résolution des formules qui leur seront proposées, plus tard, pour quelques-uns,
dans l'*enseignement secondaire spécial.* Elle cessera d'être appli-
quée, chaque fois que son procédé algébrique, par suite de la nature
de la question proposée, ne sera plus élémentaire : car nous vou-
lons que nos solutions restent toujours accessibles aux intelligences
moyennes.

Problèmes à étudier, sur la Règle d'intérêt simple.

1er Cas. *Calcul de l'intérêt.*

18. Quel est l'intérêt annuel de 1 000 francs placés à
5 0/0?

Données.   Si   100 fr. $\begin{pmatrix} 1 \text{ an} \\ 1 \end{pmatrix}$ 5 fr.
                        1000 x.

Solution. Les quantités accessoires 1 an et 1 an, étant
les mêmes dans les deux cas, je les barre ; je ramène ainsi
la question à une règle de trois simple et je dis :

cipale, calculez les trois autres. — 25. Dans quel cas emploie-t-on
la formule (1), (2), (3) et enfin (4)? — 26. Expliquez la formule
particulière du cinquième cas, qui donne le capital et l'intérêt compris.

Si 100 francs rapportent 5 francs d'intérêt, 1 franc rapporterait 100 fois moins que 100 francs,

ou $\dfrac{5 \text{ fr.}}{100}$ (intérêt de 1 franc en 1 an).

Si $\dfrac{5 \text{ fr.}}{100}$ représente l'intérêt de 1 franc en 1 an, celui de 1 000 francs, pendant le même temps, serait 1 000 fois plus grand que l'intérêt d'un franc,

ou $\dfrac{5 \text{ fr.} \times 1\,000}{100} = \dfrac{5\,000 \text{ fr.}}{100} = 50 \text{ francs.}$

R. : 50 francs.

Procédé algébrique. — En appliquant la formule (1) $I = \dfrac{a \times i \times t}{100}$ et en faisant $a = 1\,000$ fr., $i = 5$ fr. et $t = 1$ an, nous obtenons :

$$I = \frac{1\,000 \text{ fr.} \times 5 \text{ fr.} \times 1 \text{ an}}{100},$$

$$I = \frac{5000 \text{ fr.} \times 1 \text{ an}}{100} = \frac{5\,000 \text{ fr.}}{100} = 50 \text{ francs.}$$

R. : 50 francs.

19. Calculer les intérêts de 1 200 francs prêtés à $5\frac{1}{2}$ 0/0 pendant deux ans.

Données. Si $\begin{matrix} 100 \text{ fr.} \\ 1\,200 \end{matrix}$ $\begin{pmatrix} 1 \text{ an} \\ 2 \end{pmatrix}$ $\begin{matrix} 5^{fr},50. \\ x. \end{matrix}$

Solution. Je fais abstraction des quantités accessoires 1 an et 2 ans, que je place entre deux parenthèses, et je dis :

Si 100 francs donnent, en 1 an, $5^{fr},50$ d'intérêt, 1 franc, pendant le même temps, produirait 100 fois moins que 100 francs,

ou $\dfrac{5^{fr},50}{100}$ (intérêt de 1 franc en 1 an).

Si $\dfrac{5^{fr},50}{100}$ représente l'intérêt de 1 franc en 1 an, celui de

1 200 francs, pendant le même temps, serait 1 200 fois plus grand que l'intérêt de 1 franc,

ou $\dfrac{5^{fr},50 \times 1\,200}{100}$ (intérêt de 1 200 fr. en 1 an).

Si enfin $\dfrac{5^{fr},50 \times 1\,200}{100}$ représente l'intérêt de 1 200 francs en 1 an, en 2 ans, il serait 2 fois plus fort qu'en une année,

ou $\dfrac{5^{fr},50 \times 1\,200 \times 2}{100} = \dfrac{13\,200\ \text{fr.}}{100} = 132$ francs.

R. : 132 francs.

Procédé algébrique. — L'inconnue étant I (intérêt), nous emploierons la formule (1) $I = \dfrac{a \times i \times t}{100}$; nous ferons $a = 1\,200$ fr., $i = 5^{fr},50$, $t = 2$ ans, et nous obtiendrons :

$$I = \dfrac{1\,200\ \text{fr.} \times 5^{fr},50 \times 2}{100} = \dfrac{13\,200\ \text{fr.}}{100} = 132\ \text{francs.}$$

R. : 132 francs.

20. On demande les intérêts de 2 500 francs, placés à 4 0/0, pendant 8 mois.

Données. Si $\begin{matrix}100\ \text{fr.}\\2\,500\end{matrix}$ $\left(\begin{matrix}12\ \text{mois}\\8\end{matrix}\right)$ $\begin{matrix}4\ \text{fr.}\\x.\end{matrix}$

Solution. Je fais abstraction des quantités accessoires 12 et 8 mois, et je dis :
Si 100 francs donnent 4 francs d'intérêt, 1 franc en donnerait 100 fois moins que 100 francs,

ou $\dfrac{4\ \text{fr.}}{100}$ (intérêt de 1 franc).

Si $\dfrac{4\ \text{fr.}}{100}$ représente l'intérêt de 1 franc, 2 500 francs donneraient 2 500 fois plus d'intérêt que 1 franc,

ou $\dfrac{4\ \text{fr.} \times 2\,500}{100}$ (intérêt de 2 500 francs en 1 an ou 12 mois).

Si $\dfrac{4\ \text{fr.} \times 2500}{100}$ représente l'intérêt de 2 500 francs en 12 mois, en 1 mois, l'intérêt de la même somme serait 12 fois moins fort que celui de 1 franc,

ou $\qquad \dfrac{4\ \text{fr.} \times 2\,500}{100 \times 12}$ (intérêt de 2 500 francs en 1 mois).

Si enfin $\dfrac{4\ \text{fr.} \times 2\,500}{100 \times 12}$ représente l'intérêt de 2 500 francs en 1 mois, en 8 mois, il serait 8 fois plus grand que celui de 1 mois,

ou $\qquad \dfrac{4\ \text{fr.} \times 2\,500 \times 8}{100 \times 12} = \dfrac{80\,000\ \text{fr.}}{1\,200} = \dfrac{800\ \text{fr.}}{12}$

$$= \dfrac{200\ \text{fr.}}{3} = 66^{\text{fr}},66.$$

R. : $66^{\text{fr}},66.$

Procédé algébrique. — La formule (1) $I = \dfrac{a \times i \times t}{100}$, en faisant $a = 2\,500$ fr., $i = 4$ fr., et $t = \dfrac{8}{12}$, donne :

$$\dfrac{I = 2\,500\,\text{fr.} \times 4 \times \dfrac{8}{12}}{100} = \dfrac{2\,500\ \text{fr.} \times 4 \times 8}{100 \times 12}$$

$$= \dfrac{80\,000\ \text{fr.}}{1\,200} = \dfrac{800}{12} = 66^{\text{fr}},66.$$

R. : $66^{\text{fr}},66.$

Nota. On multiplie un nombre quelconque par une fraction ordinaire, en multipliant ce nombre par le numérateur de cette fraction, et en divisant le produit obtenu par son dénominateur.

21. Combien aurait-on d'intérêt de 1 850 francs placés à 4 1/2 0/0 pendant 60 jours?

Données. Si 100 fr. $\left(\begin{array}{c} 360\ \text{jours} \\ 60 \end{array} \right)$ $4^{\text{fr}},50.$
$\qquad\qquad\qquad$ 1 850 $\qquad\qquad\qquad\qquad\qquad$ $x.$

Solution. Après avoir fait abstraction des quantités accessoires 360 et 60 jours, je dis :

Si 100 francs donnent $4^{fr},50$ d'intérêt, 1 franc en donnerait 100 fois moins que 100 francs,

ou $\dfrac{4^{fr},50}{100}$ (intérêt de 1 franc en 1 an ou 360 jours).

Si $\dfrac{4^{fr},50}{100}$ représente l'intérêt de 1 franc, 1 850 francs en donneraient un 1 850 fois plus grand que celui de 1 franc,

ou $\dfrac{4^{fr},50 \times 1\,850}{100}$ (intérêt de 1 850 fr. en 1 an ou 360 jours).

Si $\dfrac{4^{fr},50 \times 1\,850}{100}$ représente l'intérêt de 1 850 francs en 360 jours, en 1 jour, il serait 360 fois moins grand qu'en 360 jours,

ou $\dfrac{4^{fr},50 \times 1\,850}{100 \times 360}$ (intérêt de 1 850 francs en 1 jour).

Si enfin $\dfrac{4^{fr},50 \times 1\,850}{100 \times 360}$ représente l'intérêt de 1 850 francs en un jour, en 60 jours, cet intérêt serait 60 fois plus grand qu'en 1 jour,

ou $\dfrac{4^{fr},50 \times 1\,850 \times 60}{100 \times 360} = \dfrac{499\,500 \text{ fr.}}{36\,000}$

$$= \dfrac{4\,995}{360} = 13^{fr},87.$$

R. : $13^{fr},87.$

Procédé algébrique. — En faisant $a = 1\,850$ fr., $i = 4^{fr},50$ et $t = \dfrac{60}{360}$, avec la formule (1) $I = \dfrac{a \times i \times t}{100}$, on obtient :

$$I = \dfrac{1\,850 \text{ fr.} \times 4^{fr},50 \times \dfrac{60}{360}}{100} = \dfrac{1\,850 \text{ fr.} \times 4^{fr},50 \times 60}{100 \times 360}$$

$$= \dfrac{499\,500}{36\,000} = \dfrac{4\,995}{360} = 13^{fr},87.$$

R. : $13^{fr},87.$

22. Une personne a prêté 1 700 francs, à 5 0/0, pendant 1 an et 6 mois. Quelle somme doit-elle recevoir pour les intérêts de son argent ?

Données. Si 100 fr. $\begin{pmatrix} \text{12 mois} \\ \text{1 an et 6 mois} \\ \text{ou 18 mois} \end{pmatrix}$ 5 fr.
        1 700 fr. x.

Solution. Je fais abstraction des quantités accessoires 12 mois, 1 an et 6 mois ou 18 mois, et je dis :

Si 100 francs donnent 5 francs d'intérêt, 1 franc en donnerait 100 fois moins que 100 francs,

ou $\dfrac{5 \text{ fr.}}{100}$ (intérêt de 1 fr. en 1 an ou 12 mois).

Si $\dfrac{5 \text{ fr.}}{100}$ représente l'intérêt de 1 franc en 1 an ou 12 mois, 1 700 francs, pendant le même temps, donneraient un intérêt 1 700 fois plus grand que celui de 1 franc,

ou $\dfrac{5 \text{ fr.} \times 1700}{100}$ (intérêt de 1 700 francs en 1 an ou 12 mois).

Si $\dfrac{5 \text{ fr.} \times 1700}{100}$ représente l'intérêt de 1 700 francs en 12 mois, en 1 mois, cette somme produirait un intérêt 12 fois moins grand qu'en 12 mois,

ou $\dfrac{5 \text{ fr.} \times 1\,700}{100 \times 12}$ (intérêt de 1 700 francs en 1 mois).

Si enfin $\dfrac{5 \text{ fr.} \times 1700}{100 \times 12}$ représente l'intérêt de 1 700 francs en 1 mois, en 1 an et 6 mois ou en 18 mois, l'intérêt serait 18 fois plus grand qu'en 1 mois,

ou $\dfrac{5 \text{ fr.} \times 1\,700 \times 18}{100 \times 12} = \dfrac{153\,000}{1\,200} = \dfrac{1\,530}{12}$

$= \dfrac{765}{6} = 127^{\text{fr}},50.$

R. : $127^{\text{fr}},50.$

Procédé algébrique. — Faisant $a = 1\,700$ fr., $i = 5$ fr. et $t = 1$ an, 6 mois ou $\frac{18}{12}$, la formule (1) $I = \frac{a \times i \times t}{100}$ nous donne :

$$I = \frac{1\,700 \text{ fr.} \times 5 \times \frac{18}{12}}{100} = \frac{1\,700 \text{ fr.} \times 5 \times 18}{100 \times 12}$$

$$= \frac{153\,000}{1\,200} = \frac{1\,530}{12} = \frac{765}{6} = 127^{\text{fr}},50.$$

R. : $127^{\text{fr}},50$.

23. 1985 francs sont prêtés à 5 3/4 0/0, pendant 1 an, 8 mois et 20 jours. Calculer les intérêts de cette somme.

Données. Si 100 fr. $\left(\begin{array}{c} 360 \text{ jours} \\ 1 \text{ an, } 8 \text{ mois et } 20 \\ \text{jours ou } 620 \text{ j.} \end{array}\right)$ $5^{\text{fr}},75.$

1985 $\qquad\qquad$ $x.$

Solution. Je fais abstraction des quantités accessoires 360 jours, 1 an, 8 mois et 20 jours ou 620 jours, et je dis :
Si 100 francs rapportent $5^{\text{fr}},75$ d'intérêt, 1 fr. en rapporterait 100 fois moins que 100 francs,

ou $\quad \dfrac{5^{\text{fr}},75}{100}$ (intérêt de 1 franc en 1 an ou 360 jours).

Si $\dfrac{5^{\text{fr}},75}{100}$ représente l'intérêt de 1 franc en 1 an ou 360 jours, 1 985 francs, pendant le même temps, rapporteraient un intérêt 1985 fois plus grand que celui de 1 franc,

ou $\quad \dfrac{5^{\text{fr}},75 \times 1\,985}{100}$ (intérêt de 1 985 francs en 360 jours).

Si $\dfrac{5^{\text{fr}},75 \times 1\,985}{100}$ représente l'intérêt de 1 985 francs en 360 jours, en 1 jour, cet intérêt serait 360 fois moins grand que celui qui a été produit en 360 jours,

ou $\quad \dfrac{5^{\text{fr}},75 \times 1\,985}{100 \times 360}$ (intérêt de 1 985 francs en 1 jour).

Si enfin $\dfrac{5^{\text{fr}},75 \times 1\,985}{100 \times 360}$ représente l'intérêt de 1 985 francs en un jour, en 1 an, 8 mois et 20 jours ou en 620 jours, l'intérêt de la même somme serait 620 fois plus grand que celui qu'elle a produit en 1 jour,

ou $\dfrac{5^{fr},75 \times 1\,985 \times 620}{100 \times 360} = \dfrac{7\,076\,525}{36\,000} = 196^{fr},57.$

R. : $196^{fr},57.$

Procédé algébrique. — Avant d'appliquer la formule (1) $I = \dfrac{a \times i \times t}{100}$, nous remarquerons que 1 an, 8 mois et 20 jours peuvent se remplacer par 620 jours, nous ferons $a = 1\,985$ francs., $i = 5^{fr},75$, $t = \dfrac{620}{360}$, et nous obtenons :

$$I = \frac{1985 \text{ fr.} \times 5^{fr},75 \times \dfrac{620}{360}}{100} = \frac{1\,985 \text{ fr.} \times 5^{fr},75 \times 620}{100 \times 360}$$

$$= \frac{7\,076\,525}{36\,000} = 196^{fr},57$$

R. : $196^{fr},57.$

24. 2 465 francs ont été prêtés, pendant 7 mois et 16 jours, à $4\frac{1}{2}$ 0/0. Calculer les intérêts de cette somme.

Données. Si 100 fr. $\left(\begin{array}{c} 360 \text{ jours} \\ 7 \text{ mois et 16 jours} \\ \text{ou 226 jours} \end{array} \right)$ $4^{fr},50.$
2 465 x.

Solution. Je fais abstraction des quantités accessoires 7 mois et 16 jours ou 226 jours, et je dis :

Si 100 francs rapportent $4^{fr},50$ d'intérêt, 1 franc rapporterait 100 fois moins que 100 francs,

ou $\dfrac{4^{fr},50}{100}$ (intérêt de 1 franc en 1 an ou 360 jours).

Si $\dfrac{4^{fr},50}{100}$ représente l'intérêt de 1 franc en 1 an ou 360 jours, 2 465 francs, pendant le même temps, donneraient un intérêt 2 465 fois plus grand que 1 franc,

ou $\dfrac{4^{fr},50 \times 2\,465}{100}$ (intérêt de 2 465 fr. en 360 jours).

Si $\dfrac{4^{fr},50 \times 2\,465}{100}$ représente l'intérêt de 2 465 francs en

360 jours, en un jour, 2 465 francs rapporteraient un intérêt 360 fois moins grand qu'en 360 jours,

ou $\dfrac{4^{fr},50 \times 2\,465}{100 \times 360}$ (intérêt de 2 465 francs en 1 jour).

Si enfin $\dfrac{4^{fr},50 \times 2465}{100 \times 360}$ représente l'intérêt de 2 465 francs en 1 jour, en 7 mois et 16 jours ou 226 jours, cette somme rapporterait un intérêt 226 fois plus grand qu'en 1 jour,

ou $\dfrac{4^{fr},50 \times 2\,465 \times 226}{100 \times 360} = \dfrac{2\,506\,905}{36\,000} = 69^{fr},63.$

R. : $69^{fr},63.$

Procédé algébrique. — La formule (1) donne l'inconnue I (intérêt) :

$$I = \frac{a \times i \times t}{100}.$$

En remplaçant les lettres *a, i* et *t* par leur valeur respective, il vient :

$$I = \frac{2\,465 \text{ fr.} \times 4,50 \times \dfrac{226}{360}}{100} = \frac{2\,465 \text{ fr.} \times 4,50 \times 226}{100 \times 360}$$

$$= \frac{2\,506\,905}{36\,000} = 69^{fr},63.$$

R. : $69^{fr},63.$

2e *Cas. Calcul du capital.*

25. Quel est- le capital qui, placé à 3 0/0, a rapporté 1 350 francs d'intérêt en 1 an?

Données. Si   3 fr. $\left(\begin{array}{c} 1 \text{ an} \\ 1 \end{array}\right)$ 100 fr.

         1 350 $x.$

Solution. Les quantités accessoires 1 an et 1 an étant les mêmes de part et d'autre, je les barre et je dis :
Si 3 francs proviennent de 100 francs de capital, 1 franc proviendrait d'un capital 100 fois moindre que celui de 1 franc,

ou $\dfrac{100 \text{ fr.}}{3}$ (capital qui donne 1 franc d'intérêt).

Si $\dfrac{100 \text{ fr.}}{3}$ représente le capital qui donne 1 franc d'intérêt, 1 350 francs d'intérêt proviennent d'un capital 1 350 fois plus grand que celui de 1 franc,

ou $\qquad \dfrac{100 \text{ fr.} \times 1350}{3} = \dfrac{135\,000}{3} = 45\,000$ francs.

R. : 45 000 francs.

Procédé algébrique. — Avec la formule principale (1), il nous est facile d'obtenir celle (2) qui donne le capital. En effet,

$$I = \frac{a \times i \times t}{100}. \qquad\qquad (1)$$

En multipliant de part et d'autre par 100, c'est-à-dire 1 et $\dfrac{a \times i \times t}{100}$, il vient :

$$I \times 100 = a \times i \times t,$$

d'où $\quad a \text{ (capital)} = \dfrac{I \times 100}{i \times t}. \qquad\qquad (2)$

Remplaçant I, i et t par leur valeur, on obtient :

$$a = \frac{100 \text{ fr.} \times 1\,350}{3 \times 1 \text{ an}} = \frac{13\,500}{3} = 45\,000 \text{ francs.}$$

R. : 45 000 francs.

26. Un capital prêté à $3\frac{1}{2}$ 0/0, pendant 2 ans, a donné 1 450 francs d'intérêt. Quel est ce capital?

Données. Si $\begin{array}{l} 3^{\text{fr}},50 \\ 1\,450 \end{array} \left(\begin{array}{l} 1 \text{ an} \\ 2 \text{ ans} \end{array} \right) \begin{array}{l} 100 \text{ fr.} \\ x. \end{array}$

Solution. Je fais abstraction des quantités accessoires 1 an et 2 ans et je dis :
Si $3^{\text{fr}},50$ d'intérêt proviennent de 100 francs de capital, 1 franc proviendrait d'un capital 3 fois 50 centièmes de fois moindre que celui qui a produit $3^{\text{fr}},50$,

ou $\dfrac{100 \text{ fr.}}{3^{\text{fr}},50}$ (capital qui donne 1 franc d'intérêt en 1 an).

Si $\dfrac{100 \text{ fr.}}{3,50}$ représente le capital qui produit 1 franc d'intérêt en 1 an, 1 450 francs d'intérêt, pendant le même temps, proviendraient d'un capital 1 450 fois plus grand que celui qui donne 1 franc,

ou $\dfrac{100 \text{ fr.} \times 1\,450}{3,50}$ (capital qui rapporte 1 450 francs en 1 an).

Si enfin $\dfrac{100 \text{ fr.} \times 1\,450}{3,50}$ représente un capital qui rapporte 1 450 francs d'intérêt en 1 an, en 2 ans, pour rapporter le même intérêt, ce capital serait 2 fois moins grand qu'en une année,

ou $\dfrac{100 \text{ fr.} \times 1\,450}{3,50 \times 2} = \dfrac{145\,000}{7,00} = \dfrac{145\,000,00}{7,00}$

$= \dfrac{14\,500\,000}{700} = \dfrac{145\,000}{7} = 20\,714^{\text{fr}},28.$

R. : 20 714^{fr},28.

Procédé algébrique.—L'inconnue étant a (capital), la formule (2) donne :

$$a = \dfrac{100 \times \text{I}}{i \times t}.$$

En remplaçant I, i et t par leurs valeurs données, on obtient :

$$a = \dfrac{100 \text{ fr.} \times 1\,450}{3,50 \times 2} = \dfrac{145\,000}{7,00} = \dfrac{145\,000,00}{7,00}$$

$$= \dfrac{14\,500\,000}{700} = \dfrac{145\,000}{7} = 20\,714^{\text{fr}},28.$$

R. : 20 714^{fr},28.

27. Un capitaliste, au bout de 10 mois, a reçu 1 965 francs d'une somme prêtée à 4 0/0. Quelle est cette somme ?

Données. Si 4 fr. (12 mois) 100 fr.
1 965 (10) x.

Solution. Abstraction faite des quantités accessoires 12 et 10 mois, je dis :
Si 4 francs proviennent de 100 francs de capital, 1 franc proviendrait d'un capital 4 fois plus petit que celui de 1 franc,

ou $\dfrac{100 \text{ fr.}}{4}$ (capital qui produit 1 franc en 1 an ou 12 mois).

Si $\dfrac{100\ \text{fr.}}{4}$ représente un capital qui produit 1 franc en 1 an ou 12 mois, le capital qui produirait 1 965 francs d'intérêt, pendant le même temps, serait 1 965 fois plus grand que celui qui donne 1 franc d'intérêt,

ou $\dfrac{100\ \text{fr.} \times 1\,965}{4}$ (capital qui rapporte 1 965 francs en 12 mois).

Si $\dfrac{100\ \text{fr.} \times 1\,965}{4}$ représente un capital qui rapporte 1 965 francs en 12 mois, en 1 mois, ce capital, pour rapporter le même intérêt, devrait être 12 fois plus grand qu'en 1 mois,

ou $\dfrac{100\ \text{fr.} \times 1\,965 \times 12}{4}$ (capital qui donne 1 965 francs d'intérêt en 1 mois).

Si enfin $\dfrac{100\ \text{fr.} \times 1\,965 \times 12}{4}$ représente un capital qui donne 1 965 francs d'intérêt en 1 mois, en 10 mois, pour produire la même somme, il faudrait un capital 10 fois plus petit qu'en 1 mois,

ou $$\dfrac{100\ \text{fr.} \times 1\,965 \times 12}{4 \times 10} = \dfrac{196\,500 \times 12}{40}$$

$$= \dfrac{2\,358\,000\ \text{fr.}}{40} = \dfrac{235\,800}{4} = 58\,950 \text{ francs.}$$

R. : 58 950 francs.

Procédé algébrique. — La formule (2) nous donne :

$$a = \dfrac{100 \times I}{i \times t}.$$

Faisant I $= 1\,965$ fr., $i = 4$ fr. et $t = \dfrac{10}{12}$, nous avons :

$$a = \dfrac{100 \times 1\,965}{4 \times \dfrac{10}{12}} = \dfrac{100 \times 1\,965 \times 12}{4 \times 10} = \dfrac{196\,500 \times 12}{40}$$

$$= \dfrac{2\,358\,000}{40} = \dfrac{235\,800}{4} = 58\,950 \text{ francs.}$$

R. : 58 950 francs.

Nota. On divise une fraction ordinaire, ou une expression fractionnaire, par une fraction ordinaire, en multipliant la fraction dividende par la fraction diviseur renversée.

28. 1 085 francs d'intérêt ont été produits par une somme placée à 5 $\frac{1}{2}$ 0/0, pendant 90 jours. Quel est le montant de cette somme?

Données. Si 5ᶠʳ,50 $\binom{360 \text{ jours}}{90}$ 100 fr.
1 085   x.

Solution. Je fais abstraction des quantités accessoires 360 jours et 90 jours et je dis :
Si 5ᶠʳ,50 sont produits par 100 francs de capital, 1 franc serait produit par un capital 5 fois 50 centièmes de fois plus petit que celui qui donne 1 franc d'intérêt,

ou $\dfrac{100 \text{ fr.}}{5,50}$ (capital qui produit 1 franc en 1 an ou 360 jours).

Si $\dfrac{100 \text{ fr.}}{5,50}$ représente un capital qui produit 1 franc d'intérêt en 1 an ou 360 jours, 1 085 francs, pendant le même temps, proviendraient d'un capital 1 085 fois plus grand que celui qui produit 1 franc,

ou $\dfrac{100 \text{ fr.} \times 1085}{5,50}$ (capital qui produit 1 085 francs en 1 an ou 360 jours).

Si $\dfrac{100 \text{ fr.} \times 1085}{5,50}$ représente le capital qui produit 1 085 francs en 360 jours, en 1 jour, pour produire les mêmes intérêts, il faudrait un capital 360 fois plus grand que celui qui donne 1 franc,

ou $\dfrac{100 \text{ fr.} \times 1085 \times 360}{5,50}$ (capital qui produit 1 085 francs d'intérêt en 1 jour).

Si enfin $\dfrac{100 \text{ fr.} \times 1085 \times 360}{5,50}$ représente le capital qui produit 1 085 francs d'intérêt en un jour, en 90 jours, pour donner les mêmes intérêts, il faudrait un capital 90 fois plus petit qu'en 1 jour,

ou $\dfrac{100 \text{ fr.} \times 1085 \times 360}{5,50 \times 90} = \dfrac{108\,500 \times 360}{5,50 \times 90}$

$= \dfrac{39\,060\,000 \text{ fr.}}{495} = 82\,949^{\text{fr}},49.$

R. : 82 949ᶠʳ,49.

Procédé algébrique. — Dans cette question, l'inconnue étant le capital a, nous ferons $I = 1\,085$ fr., $i = 5^{fr},50$, et $t = \dfrac{90}{360}$; et la formule (2) étant $a = \dfrac{100 \times I}{i \times t}$, nous obtiendrons :

$$a = \frac{100 \times 1\,085}{5,50 \times \dfrac{90}{360}} = \frac{108\,500 \times 360}{5,50 \times 90}$$

$$= \frac{39\,060\,000}{495} = 82\,949^{fr},49.$$

R. : $82\,949^{fr},49$.

29. Après 1 an et 7 mois de prêt, à 6 0/0, un rentier a reçu 2 085 francs d'intérêt. Calculer la somme qu'il a placée dans ces conditions.

Données.   Si   6 fr. $\left(\begin{array}{c}\text{12 mois} \\ \text{1 an et 7 mois} \\ \text{ou 19 mois.}\end{array}\right)$ 100 fr.
       2 085 x.

Solution. Après avoir fait abstraction des quantités accessoires 12 mois, 1 an et 7 mois ou 19 mois, je dis :
Si 6 francs d'intérêt proviennent de 100 francs de capital, 1 franc proviendrait d'un capital 6 fois moindre que celui qui a donné 6 francs,

ou $\dfrac{100 \text{ fr.}}{6}$ (capital qui donne 6 francs d'intérêt en 1 an ou 12 mois).

Si $\dfrac{100 \text{ fr.}}{6}$ représente le capital qui donne 6 francs d'intérêt en 1 an ou 12 mois, en 1 mois, pour obtenir les mêmes intérêts qu'en 12 mois, il faudrait un capital 12 fois plus grand que celui qui est resté placé pendant 12 mois,

ou $\dfrac{100 \text{ fr.} \times 2\,085 \times 12}{6}$ (capital qui donne 2 085 francs d'intérêt en 1 mois).

Si enfin $\dfrac{100 \text{ fr.} \times 2\,085 \times 12}{6}$ représente le capital qui donne 2 085 francs d'intérêt en 1 mois, en 19 mois, pour produire le même intérêt, ce capital serait 19 fois plus petit qu'en 1 mois,

l ou
$$\frac{100 \text{ fr.} \times 2\,085 \times 12}{6 \times 19} = \frac{208\,500 \times 12}{6 \times 19}$$

$$= \frac{2\,502\,000}{114} = 21\,947^{\text{fr}},36.$$

R. 21 947^{fr},36.

Procédé algébrique. — L'inconnue étant a (capital), nous appliquons la formule (2) $a = \dfrac{100 \times 1}{i \times t}$; nous faisons I = 2 085 fr., $i = 6$ fr., $t = \dfrac{19}{12}$, et nous obtenons :

$$a = \frac{100 \text{ fr.} \times 2\,085}{6 \times \dfrac{19}{12}} = \frac{208\,500 \times 12}{6 \times 29}$$

$$= \frac{2\,502\,000}{114} = 21\,947^{\text{fr}},36.$$

R. : 21 947^{fr},36.

30. On propose de calculer le capital qui, placé à 5 0/0, en 2 ans, 8 mois et 14 jours, a donné 3 580 francs d'intérêt.

Données. Si 5 fr. $\left(\begin{array}{c}12 \text{ mois} \\ 2 \text{ ans, } 8 \text{ mois et } 14 \text{ jours} \\ \text{ou } 974 \text{ jours.}\end{array}\right)$ 100 fr.
3 580 x.

Solution. Je fais abstraction des quantités accessoires 12 mois, 2 ans, 8 mois et 14 jours ou 974 jours, et je dis :
Si 5 francs d'intérêt proviennent de 100 francs de capital, 1 franc proviendrait d'un capital 5 fois plus petit que celui qui a donné 5 francs d'intérêt en 1 an,

ou $\dfrac{100 \text{ fr.}}{5}$ (capital qui a produit 1 franc d'intérêt en 1 an ou 360 jours).

Si $\dfrac{100 \text{ fr.}}{5}$ représente le capital qui a produit 1 franc d'intérêt en 1 an ou 360 jours, 3 580 francs d'intérêt, pendant le même temps, proviendraient d'un capital 3 580 fois plus grand que celui qui a donné 1 franc,

ou $\dfrac{100 \text{ fr.} \times 3\,580}{5}$ (capital qui a produit 3 580 francs d'intérêt en 360 jours).

Si $\dfrac{100\,\text{fr.} \times 3\,580}{5}$ représente le capital qui a produit 3.580 francs d'intérêt en 360 jours, en 1 jour, pour produire le même intérêt, le capital serait 360 fois plus grand qu'en 360 jours,

ou $\dfrac{100\,\text{fr.} \times 3\,580 \times 360}{5}$ (capital qui a produit 3 580 francs d'intérêt en 1 jour).

Si enfin $\dfrac{100\,\text{fr.} \times 3\,580 \times 360}{5}$ représente le capital qui a produit 3 580 francs d'intérêt en 1 jour, en 2 ans, 8 mois et 14 jours ou en 974 jours, pour produire ce même intérêt, il faudrait un capital 974 fois plus petit que celui qui ne resterait placé que pendant 1 jour,

ou $$\frac{100\,\text{fr.} \times 3\,580 \times 360}{5 \times 974} = \frac{358\,000 \times 360}{5 \times 974}$$

$$= \frac{128\,880\,000}{4\,870} = \frac{12\,888\,000}{487} = 26\,464^{\text{fr}},06.$$

R. : $26\,464^{\text{fr}},06.$

Procédé algébrique. — La formule (2) $a = \dfrac{100 \times \text{I}}{i \times t}$, en faisant $\text{I} = 3\,580$ fr., $i = 5$ fr., $t = 2$ ans, 8 mois et 14 jours ou $\dfrac{974}{360}$, donne :

$$a = \frac{100\,\text{fr.} \times 3\,580}{5 \times \dfrac{974}{360}} = \frac{100\,\text{fr.} \times 3\,580 \times 360}{5 \times 974}$$

$$= \frac{128\,880\,000}{4\,870} = \frac{12\,888\,000}{487} = 26\,464^{\text{fr}},06.$$

R. : $26\,464^{\text{fr}},06.$

34. Il a été prêté, à $4\frac{1}{2}$ 0/0, une somme qui, au bout de 11 mois et 12 jours, a rapporté $978^{\text{fr}},50$ d'intérêt. Quelle est cette somme ?

Données. Si
$\begin{matrix} 4^{\text{fr}},50 \\ 978,50 \end{matrix}$
$\left(\begin{matrix} 360 \text{ jours} \\ 11 \text{ mois et } 12 \text{ jours} \\ \text{ou } 342 \text{ jours} \end{matrix} \right)$
$\begin{matrix} 100 \text{ fr.} \\ x. \end{matrix}$

Solution. Je fais abstraction des quantités accessoires 360 jours, 11 mois et 12 jours ou 342 jours, et je dis :

Si 4^{fr},50 proviennent de 100 francs de capital, 1 franc proviendrait d'un capital 4 fois 50 centièmes de fois plus petit que celui qui a produit 4^{fr},50 d'intérêt en 1 an,

ou $\dfrac{100\,\text{fr.}}{4,50}$ (capital qui rapporte 1 franc d'intérêt en 1 an ou 360 jours).

Si $\dfrac{100\,\text{fr.}}{4,50}$ représente le capital qui rapporte 1 franc, en 1 an ou 360 jours, 978^{fr},50 d'intérêt, pendant le même temps, proviendrait d'un capital 978 fois 50 centièmes de fois plus grand que celui qui a rapporté 1 franc,

ou $\dfrac{100\,\text{fr.} \times 978,50}{4,50}$ (capital qui rapporte 978^{fr},50, en 1 an ou 360 jours).

Si $\dfrac{100\,\text{fr.} \times 978,50}{4,50}$ représente le capital qui rapporte 978^{fr},50 en 360 jours, en 1 jour, pour rapporter 978^{fr},50 d'intérêt, il faudrait un capital 360 fois plus grand que celui qui produit cette somme en 360 jours,

ou $\dfrac{100\,\text{fr.} \times 978,50 \times 360}{4,50}$ (capital qui rapporterait 978^{fr},50 d'intérêt en 1 jour).

Si enfin $\dfrac{100\,\text{fr.} \times 978,50 \times 360}{4,50}$ représente le capital qui rapporterait 978^{fr},50 en 1 jour, en 11 mois et 12 jours ou 342 jours, pour produire cette somme, il faudrait un capital 342 fois plus petit que celui qui a donné 978^{fr},50 en 1 jour,

ou $\dfrac{100\,\text{fr.} \times 978,50 \times 360}{4,50 \times 342} = \dfrac{97\,850 \times 360}{1\,539}$

$$= \dfrac{35\,226\,000}{1\,539} = 22\,888^{fr},88.$$

R. : 22 888^{fr},88.

Procédé algébrique. — Le capital étant l'inconnue, en faisant $I = 978^{fr},50$; $i = 4^{fr},50$; $t = \dfrac{342}{360}$; et, en appliquant la formule (2) $a = \dfrac{100 \times I}{i \times t}$, nous obtiendrons :

$$a = \frac{100 \text{ fr.} \times 978,50}{4{,}50 \times \frac{342}{360}} = \frac{100 \text{ fr.} \times 978,50 \times 360}{4{,}50 \times 342}$$

$$= \frac{97\,850 \times 360}{1\,539} = \frac{35\,226\,000}{1\,539} = 22\,888^{\text{fr}},88.$$

R. : $22\,888^{\text{fr}},88$.

3e Cas. Calcul du taux de l'intérêt.

32. A quel taux faudrait-il placer un capital de 2 600 francs, pour en retirer 130 francs d'intérêt en 1 an?

Données. 2 600 fr. $\left(\begin{array}{c} 1 \text{ an} \\ 1 \end{array}\right)$ 130 fr.
100   x.

Solution. Je barre d'abord les quantités accessoires 1 an et 1 an, lesquelles sont les mêmes de part et d'autre, et je dis :
Si 2 600 francs, en 1 an, ont produit 130 francs d'intérêt, 1 franc, pendant le même temps, produirait 2 600 fois moins que 2 600 francs,

ou $\frac{130 \text{ fr.}}{2\,600}$ (taux ou bénéfice de 1 franc en 1 an).

Si $\frac{130 \text{ fr.}}{2600}$ représente le taux de 1 franc en 1 an, celui de 100 francs, pendant le même temps, serait 100 fois plus grand que le taux de 1 franc,

ou $\frac{130 \text{ fr.} \times 100}{2\,600} = \frac{13\,000}{2\,600} = \frac{130}{26} = 5$ francs.

R. : 5 francs.

Procédé algébrique. — L'inconnue étant i (taux), la question peut se résoudre par l'application de la formule (3) $i = \frac{100 \times 1}{a \times t}$.
Faisant $1 = 130$ fr.; $a = 2\,600$ fr.; $t = 1$ an, on trouve :

$$i = \frac{100 \text{ fr.} \times 130}{2\,600 \times 1} = \frac{13\,000}{2\,600} = \frac{130}{26} = 5 \text{ francs.}$$

R. : 5 francs.

3.

33. En 2 ans, 2 000 francs ont rapporté 200 francs d'intérêt. A quel taux cet argent était-il placé?

Données. 2 000 fr. ($\begin{array}{c} 2\ \text{ans} \\ 1 \end{array}$) 200 fr.
. 100 x.

Solution. Je fais abstraction des quantités accessoires 2 ans, 1 an, et je dis :

Si 2 000 francs rapportent 200 francs d'intérêt, 1 franc en rapporterait 2 000 fois moins que 2 000 francs,

ou $\dfrac{200\ \text{fr.}}{2\,000}$ (taux ou bénéfice de 1 franc en 2 ans).

Si $\dfrac{200\ \text{fr.}}{2\,000}$ représente le taux de 1 franc, 100 francs donneraient un taux 100 fois plus grand que celui de 1 franc,

ou $\dfrac{200\ \text{fr.} \times 100}{2\,000}$ (taux de 100 francs en 2 ans).

Si enfin $\dfrac{200\ \text{fr.} \times 100}{2000}$ représente le taux de 100 francs en 2 ans, en 1 an, le taux serait 2 fois moins grand qu'en 2 ans ,

ou $\dfrac{200\ \text{fr.} \times 100}{2\,000 \times 2} = \dfrac{20\,000}{4\,000} = \dfrac{20}{4} = 5$ francs.

R. : 5 francs.

Procédé algébrique. — En appliquant la formule (3) , il vient :
$i = \dfrac{100 \times 1}{a \times t}$, ou, en remplaçant les lettres I, a et t de la formule par leur valeur respective, on obtient :

$$= \dfrac{200\ \text{fr.} \times 100}{2\,000 \times 2} = \dfrac{20\,000}{4\,000} = \dfrac{20}{4} = 5 \text{ francs.}$$

R. : 5 francs.

34. Un capitaliste, pendant 9 mois, a placé 1 500 francs, qui ont donné 56^{fr},25 d'intérêt. A quel taux cette somme a-t-elle été placée?

Données. 1 500 fr. ($\begin{array}{c} 9\ \text{mois} \\ 12 \end{array}$) 56^{fr},25
100 x.

Solution. Abstraction faite des quantités accessoires 9 et 12 mois, je dis :

Si 1 500 francs ont donné 56^{fr},25 d'intérêt, 1 franc en donnerait 1 500 fois moins que 1 500 francs,

ou $\dfrac{56^{fr},25}{1\,500}$ (taux de 1 franc en 9 mois).

Si $\dfrac{56^{fr},25}{1\,500}$ représente le taux de 1 franc en 9 mois, 100 francs pendant le même temps, donneraient un taux 100 fois plus grand que celui de 1 franc,

ou $\dfrac{56^{fr},25 \times 100}{1\,500}$ (taux ou bénéfice de 100 francs en 9 mois).

Si $\dfrac{56^{fr},25 \times 100}{1\,500}$ représente le taux de 100 francs en 9 mois, en 1 mois, ce taux serait 9 fois moins grand que celui de 9 mois,

ou $\dfrac{56^{fr},25 \times 100}{1\,500 \times 9}$ (taux de 100 francs en 1 mois).

Si enfin $\dfrac{56^{fr},25 \times 100}{1\,500 \times 9}$ représente le taux de 100 francs en 1 mois, en 12 mois, ce taux serait 12 fois plus grand qu'en 1 mois,

ou $\dfrac{56^{fr},25 \times 100 \times 12}{1\,500 \times 9} = \dfrac{5\,625 \times 12}{1\,500 \times 9}$

$$= \frac{67\,500}{13\,500} = \frac{675}{135} = 5 \text{ francs.}$$

R. : 5 francs.

Procédé algébrique. — La formule (3) nous donne :

$$i = \frac{100 \times I}{a \times t}.$$

En faisant I $= 56^{fr}$,25 ; $a = 1\,500$ fr., et $t = \dfrac{9}{12}$, nous obtenons :

$$i = \frac{100 \text{ fr.} \times 56,25}{1\,500 \times \dfrac{9}{12}} = \frac{5\,625 \times 12}{1\,500 \times 9}$$

$$= \frac{67\,500}{13\,500} = \frac{675}{135} = 5 \text{ francs.}$$

R. : 5 francs.

35. En 60 jours, 1 600 francs ont produit $10^{fr},67$. A quel taux cette somme était-elle placée?

Données.   1 600 fr. $\left(\begin{array}{c}60 \text{ jours}\\360\end{array}\right)$ $10^{fr},67$
                100                                $x.$

Solution. Après avoir fait abstraction des quantités accessoires 60 et 360 jours, je dis :

Si 1600 francs ont rapporté $10^{fr},67$ d'intérêt, 1 franc en rapporterait 1 600 fois moins que 1 600 francs,

ou $\dfrac{10^{fr},67}{1\,600}$ (taux ou bénéfice de 1 franc en 60 jours).

Si $\dfrac{10^{fr},67}{1\,600}$ représente le taux de 1 franc en 60 jours, 100 francs, pendant le même temps, donneraient un taux 100 fois plus grand que celui de 1 franc,

ou $\dfrac{10^{fr},67 \times 100}{1\,600}$ (taux de 100 francs en 60 jours).

Si $\dfrac{10^{fr},67 \times 100}{1\,600}$ représente le taux de 100 francs en 60 jours, en 1 jour, ce taux serait 60 fois moins grand qu'en 60 jours,

ou $\dfrac{10^{fr},67 \times 100}{1\,600 \times 60}$ (taux de 100 francs en 1 jour).

Si enfin $\dfrac{10^{fr},67 \times 100}{1\,600 \times 60}$ représente le taux de 100 francs en 1 jour, en 360 jours, ce taux serait 360 fois plus grand qu'en 1 jour,

ou $\dfrac{10^{fr},67 \times 100 \times 360}{1\,600 \times 60} = \dfrac{1\,067 \times 360}{96\,000}$

$$= \dfrac{384\,120}{96\,000} = \dfrac{38\,412}{9\,600} = 4 \text{ francs.}$$

                             R. : 4 francs.

Procédé algébrique. — En appliquant la formule (3) $i = \dfrac{100 \times I}{a \times t}$, et en faisant $I = 10^{fr},67$; $a = 1\,600$ fr., et $t = \dfrac{60}{360}$, il vient :

$$i = \frac{100 \text{ fr.} \times 10{,}67}{1\,600 \times \dfrac{60}{360}} = \frac{100 \times 10{,}67 \times 360}{1\,600 \times 60} = \frac{1\,067 \times 360}{96\,000}$$

$$= \frac{384\,120}{96\,000} = \frac{38\,412}{9\,600} = 4 \text{ francs.}$$

R. : 4 francs.

36. Pour 1 200 francs, placés pendant 1 an 10 mois et 25 jours, on a payé 115 francs d'intérêt. A quel taux cette somme a-t-elle été placée?

Données.   1 200 fr.   ⎛ 1 an, 10 mois et 25 jours ⎞   115 fr.

           100   ⎝   ou 685 jours   ⎠

                        360   x.

Solution. Je fais abstraction des quantités accessoires 685, 360 jours, et je dis :

Si 1 200 francs ont donné 115 francs d'intérêt, 1 franc en donnerait 1 200 fois moins que 1 200 francs,

ou $\dfrac{115 \text{ fr.}}{1\,200}$ (taux ou bénéfice de 1 franc, en 1 an 10 mois et 25 jours ou 685 jours).

Si $\dfrac{115 \text{ fr.}}{1\,200}$ représente le taux de 1 franc, en 1 an 10 mois et 25 jours ou 685 jours, 100 francs, pendant le même temps, donneraient un taux 100 fois plus grand que celui de 1 franc,

ou $\dfrac{115 \text{ fr.} \times 100}{1\,200}$ (taux de 100 francs, en 1 an, 10 mois et 25 jours ou 685 jours).

Si $\dfrac{115 \text{ fr.} \times 100}{1\,200}$ représente le taux de 100 francs, en 1 an 10 mois et 25 jours ou 685 jours, en 1 jour, ce taux serait 685 fois moins grand qu'en 1 jour,

ou $\dfrac{115 \text{ fr.} \times 100}{1\,200 \times 685}$ (taux de 100 francs en 1 jour).

Si enfin $\dfrac{115 \text{ fr.} \times 100}{1\,200 \times 685}$ représente le taux de 100 francs en 1 jour, en 360 jours, il serait 360 fois plus grand qu'en 1 jour,

ou
$$\frac{115 \text{ fr.} \times 100 \times 360}{1\,200 \times 685} = \frac{11\,500 \times 360}{1\,200 \times 685}$$

$$= \frac{4\,140\,000}{822\,000} = \frac{4\,140 \text{ fr.}}{822} = 5 \text{ francs.}$$

R. : 5 0/0.

Procédé algébrique. — Avec la formule (3) $i = \dfrac{100 \times I}{a \times t}$, faisons

$I = 115$ fr.; $a = 1\,200$ fr.; $t = \dfrac{685}{360}$ jours, et nous obtiendrons :

$$i = \frac{100 \text{ fr.} \times 115}{1\,200 \times \dfrac{685}{360}} = \frac{100 \text{ fr} \times 115 \times 360}{1\,200 \times 685} = \frac{11\,500 \times 360}{1\,200 \times 685}$$

$$= \frac{4\,140\,000}{822\,000} = \frac{4\,140}{822} = 5 \text{ francs.}$$

R. : 5 0/0.

37. Au bout de 2 ans et 11 mois, 1 400 francs ont rapporté 163^{fr},34 d'intérêt. Dire à quel taux était placée cette somme.

Données. 1 400 fr. $\left(\begin{array}{c} \text{2 ans et 11 mois} \\ \text{ou 35 mois} \end{array}\right)$ 163^{fr},34.

100   12 x.

Solution. Je fais abstraction des deux quantités accessoires 35 mois, 12 mois, et je dis :
Si 1 400 francs ont rapporté 163^{fr},34 d'intérêt, 1 franc en rapporterait 1 400 fois moins que 1 400 francs,

ou $\dfrac{163^{\text{fr}},34}{1\,400}$ (taux ou bénéfice de 1 franc, en 2 ans et 11 mois ou 35 mois).

Si $\dfrac{163^{\text{fr}},34}{1\,400}$ représente le taux de 1 franc en 2 ans et 11 mois ou 35 mois, 100 francs, pendant le même temps, donneraient un taux 100 fois plus grand que celui de 1 franc,

où $\dfrac{163^{\text{fr}},34 \times 100}{1\,400}$ (taux de 100 francs en 35 mois).

Si $\dfrac{163^{\text{fr}},34 \times 100}{1\,400}$ représente le taux de 100 francs en 35 mois, en 1 mois, le taux serait 35 fois moins grand qu'en 35 mois,

ou $\dfrac{163^{\text{fr}},34 \times 100}{1\,400 \times 35}$ (taux de 100 francs en 1 mois).

Si enfin $\dfrac{163^{\text{fr}},34 \times 100}{1\,400 \times 35}$ représente le taux de 100 francs en 1 mois, en 12 mois, le taux serait 12 fois plus grand qu'en 1 mois,

ou $\dfrac{163^{\text{fr}},34 \times 100 \times 12}{1\,400 \times 35} = \dfrac{16\,334 \text{ fr.} \times 12}{1\,400 \times 35}$

$$= \dfrac{196\,008 \text{ fr.}}{49\,000} = 4 \text{ francs.}$$

R. : 4 0/0.

Procédé algébrique.—L'application de la formule (3) $i = \dfrac{100 \times I}{a \times t}$ nous permet de faire $I = 163^{\text{fr}},34$; $a = 1\,400$ fr.; $t = \dfrac{35}{12}$, et d'obtenir :

$$= \dfrac{100 \text{ fr.} \times 163,34}{1\,400 \times \dfrac{35}{12}} = \dfrac{16\,334 \times 12}{1\,400 \times 35}$$

$$= \dfrac{196\,008}{49\,000} = 4 \text{ francs.}$$

R. : 4 0/0.

38. Un rentier a reçu $61^{\text{fr}},39$ de 1\,700 francs, qu'il a placés pendant 8 mois et 20 jours. A quel taux a été placé cet argent?

Données.   1\,700 fr. $\left(\begin{array}{c} 8 \text{ mois et } 20 \text{ jours} \\ \text{ou } 260 \text{ jours} \\ 360 \end{array}\right)$ $61^{\text{fr}},39$

100   x.

Solution. Faisant abstraction des quantités accessoires 260 et 360 jours, je dis :

Si 1\,700 francs ont rapporté $61^{\text{fr}},39$ d'intérêt, 1 franc en rapporterait 1\,700 fois moins que 1\,700 francs , ou $\dfrac{61^{\text{fr}},39}{1\,700}$ (taux ou bénéfice de 1 franc, en 8 mois et 25 jours ou 260 jours).

Si $\dfrac{61^{\text{fr}},39}{1\,700}$ représente le taux de 1 franc, en 8 mois et 25 jours ou 260 jours, 100 francs, pendant le même temps, donneraient un taux 100 fois plus grand que celui de 1 franc,

ou $\dfrac{61^{\text{fr}},39 \times 100}{1\,700}$ (taux de 100 francs en 260 jours).

Si $\dfrac{61^{\text{fr}},39 \times 100}{1\,700}$ représente le taux de 100 francs en 260 jours, en 1 jour, le taux serait 260 fois moins grand qu'en 260 jours,

ou $\dfrac{61^{\text{fr}},39 \times 100}{1\,700 \times 260}$ (taux de 100 francs en 1 jour).

Si enfin $\dfrac{61^{\text{fr}},39 \times 100}{1\,700 \times 260}$ représente le taux de 100 francs en 1 jour, en 360 jours, le taux serait 360 fois plus grand qu'en 1 jour,

ou $\dfrac{61^{\text{fr}},39 \times 100 \times 360}{1\,700 \times 260} = \dfrac{6\,139 \times 360}{1\,700 \times 260} = \dfrac{2\,210\,040}{442\,000}$

$$= \dfrac{221\,004}{44\,200} = 5 \text{ francs.}$$

R. : 5 0/0.

Procédé algébrique. — En appliquant la formule (3) $i = \dfrac{100 \times 1}{a \times t}$, je fais I $= 61^{\text{fr}},39$; $a = 1\,700$ fr.; $t = \dfrac{260}{360}$, et j'obtiens :

$$i = \dfrac{100 \text{ fr.} \times 61,39}{1\,700 \times \dfrac{260}{360}} = \dfrac{100 \times 61,39 \times 360}{1\,700 \times 260}$$

$$= \dfrac{2\,210\,040}{442\,000} = \dfrac{221\,004}{44\,200} = 5 \text{ francs.}$$

R. : 5 0/0.

3.

4e Cas. Calcul du temps.

39. La somme de 2400 francs, placée à 5 0/0, a rapporté 183 francs. On demande le temps pendant lequel cette somme a été prêtée?

Données.   100 fr.   5 fr.
                 2400   *x.*

Solution. Après avoir disposé les données du problème, comme ci-dessus, je calcule d'abord l'intérêt de la somme proposée pendant 1 an; puis je divise, par le résultat obtenu, l'intérêt total donné dans le problème : le quotient trouvé sera la réponse demandée, ou le temps pendant lequel cette somme est restée placée ou a été prêtée.
Opérons donc :
Si 100 francs rapportent 5 francs d'intérêt, 1 franc rapporterait 100 fois moins que 100 francs,

ou $\dfrac{5 \text{ fr.}}{100}$,

et 2400 francs, 2400 fois plus que 1 franc,

ou $\dfrac{5 \text{ fr.} \times 2400}{100} = \dfrac{12000}{100} = 120$ francs (intérêt de 2400 fr. en 1 an).

Si enfin 120 francs représentent l'intérêt de 2400 francs pendant 1 an, autant de fois 120 francs seront contenus dans l'intérêt total 183 francs, donné dans le problème, autant d'années pendant lesquelles 2400 francs sont restés placés ou ont été prêtés,

ou

183 fr.	120 fr.
63	1 an, 6 mois, 9 jours.

$\times$ 12 mois
126
63
756
036
$\times$ 30 jours
1080
000

R. : 1 an, 6 mois, 9 jours.

Procédé algébrique. — L'inconnue étant le temps, avec la formule (4) $t = \dfrac{100 \times I}{a \times i}$, nous pouvons faire I = 183 fr.; a = 2 400 francs ; i = 5 fr., et obtenir :

$$t = \frac{100 \text{ fr.} \times 183}{2\,400 \times 5} = \frac{18\,300}{12\,000} = \frac{183}{120}.$$

En effectuant les calculs, il vient :

$$
\begin{array}{r|l}
183 \text{ fr.} & 120 \\
63 & \overline{1 \text{ an, } 6 \text{ mois, } 9 \text{ jours.}} \\
\end{array}
$$

$$
\begin{array}{r}
\times 12 \text{ mois} \\
\hline
126 \\
63 \\
\hline
756 \\
036 \\
\times 30 \text{ jours} \\
\hline
1\,080 \\
000 \\
\end{array}
$$

R. : 1 an, 6 mois, 9 jours.

5ᵉ Cas. *Calcul du capital et de l'intérêt compris.*

40. Une personne a placé, à 5 0/0, un capital qui, augmenté de ses intérêts, s'élève à 4 700 francs. On propose de calculer successivement ce capital et ses intérêts.

Solution. 100 francs, étant placés à 5 0/0, au bout d'un an vaudront :

$$100 \text{ fr.} + 5 \text{ fr.} = 105 \text{ francs.}$$

Si 105 francs, capital et intérêt compris, proviennent de 100 francs, 1 fr. proviendrait d'un capital 105 fois plus petit que celui de 105 francs,

ou $\dfrac{100 \text{ fr.}}{105}$ (capital qui produit 1 franc).

Si $\dfrac{100 \text{ fr.}}{105}$ représente le capital qui produit 1 franc d'intérêt, 4 700 francs proviendraient d'un capital 4 700 fois plus grand que celui qui produit 1 franc,

ou $\dfrac{100 \text{ fr.} \times 4\,700}{105} = \dfrac{470\,000}{105} = 4\,476^{\text{fr}},19$ (capital).

4700 francs représentant le capital et les intérêts, les intérêts seuls sont évidemment égaux à

$$4\,700 \text{ fr.} - 4\,476^{\text{fr}},19 = 4\,700,00 - 4\,476,19 = 223,81 \quad \text{(intérêts).}$$

R. : $\begin{cases} 4\,476^{\text{fr}},19 \text{ (capital).} \\ 223^{\text{fr}},81 \text{ (intérêts).} \end{cases}$

Procédé algébrique. — En représentant le capital par C ; l'intérêt par I ; le taux par i ; le temps par t, et le capital augmenté de ses intérêts par C + I, nous obtenons la formule :

$$C + I = \frac{C\,(100 + i \cdot t)}{100}.$$

Enfin, en faisant C + I = 4700 fr.; $i = 5$ fr., et $t = 1$ an, nous avons :

$$C + I = \frac{C\,(100 \text{ fr.} + 5 \text{ fr.} \times 1 \text{ an})}{100}$$

ou $\qquad 4\,700 \text{ fr.} = \dfrac{C\,(100 + 5 \times 1)}{100}.$

En multipliant de part et d'autre par 100, 4700 francs et $\dfrac{C\,(100 + 5 \cdot 1 \text{ an})}{100}$, il vient :

$$4\,700 \text{ fr.} \times 100 = C\,(100 + 5 \times 1 \text{ an})$$

ou, en effectuant les calculs,

$$470\,000 \text{ fr.} = C \times 105 \times 1,$$
ou $\qquad 470\,000 \text{ fr.} = C \times 105.$

D'où $\qquad C = \dfrac{470\,000 \text{ fr.}}{105} = 4\,476^{\text{fr}},19 \text{ (capital).}$

Les intérêts seuls égalent donc

$$4\,700 \text{ fr.} - 4\,476^{\text{fr}},19 = 4\,700^{\text{fr}},00 - 4\,476^{\text{fr}},19 = 223^{\text{fr}},81 \text{ (intérêts).}$$

R. : $\begin{cases} 4\,476^{\text{fr}},19 \text{ (capital).} \\ 223^{\text{fr}},81 \text{ (intérêts).} \end{cases}$

Problèmes sur les intérêts simples.

71. Calculer l'intérêt annuel de 1500 francs, placés à 5 0/0.

72. On demande les intérêts de 1800 francs prêtés, à $5\frac{1}{2}$ 0/0, pendant 1 an.

73. Quels sont les intérêts de 2 000 francs placés, à 4 0/0, pendant 2 ans?

74. Combien aurait-on d'intérêts de 1 400 francs prêtés, à $4\frac{1}{2}$ 0/0, pendant 3 ans?

75. On a placé 1 650 francs, à 3 0/0, pendant 9 mois. On demande les intérêts de cette somme.

76. Au bout de 10 mois, combien recevrait-on d'intérêts de 1 900 francs placés à $3\frac{1}{2}$ 0/0?

77. 2 000 francs, au taux de $4\frac{1}{2}$ 0/0, sont placés pendant 60 jours. On demande les intérêts de cette somme.

78. Il a été prêté 2 200 francs, à 6 0/0, pendant 90 jours. Calculer les intérêts de cette somme.

79. Que rapporteraient 1 750 francs placés, à 5 0/0, pendant 1 an et 8 mois?

80. Un charpentier a emprunté, à $5\frac{1}{2}$ 0/0, 1 500 francs, pour 2 ans et 7 mois. Combien, à cette époque, devra-t-il rembourser, capital et intérêts compris?

81. Un particulier a prêté 1 800 francs, pour 1 an, 6 mois et 25 jours. Le taux est de 5 0/0. Calculer les intérêts de cette somme.

82. On a placé 1 300 francs, pendant 2 ans, 9 mois et 15 jours, à $4\frac{1}{2}$ 0/0. Combien aura-t-on à recevoir pour le capital et les intérêts réunis?

83. Quel sera, pour 5 mois et 20 jours, l'intérêt de 1 450 francs placés à 6 0/0 par an?

84. Un ouvrier économe a prêté 450 francs, à 5 0/0, pour 9 mois et 20 jours. Combien lui remboursera-t-on, pour le capital et les intérêts compris?

85. Quel est le capital qui, en 1 an, rapporte 250 francs à 3 0/0?

86. Calculer le capital qui, placé à $3\frac{1}{2}$ 0/0, a produit 300 francs d'intérêt en 1 an?

87. Pendant 2 ans, un capital, prêté à 4 0/0, a donné 1 260 francs d'intérêt. Quel est ce capital?

88. Après 3 ans de prêt, un capital, placé à $4\frac{1}{2}$ 0/0, a rapporté 1 560 francs d'intérêt. Calculer ce capital.

89. Un propriétaire, au bout de 9 mois, a reçu 1 600 francs d'intérêt. Le taux est de 5 0/0. On demande le capital qui a produit cet intérêt.

90. Une personne a emprunté, à 5 0/0, une somme qui a donné 1 070 francs d'intérêt, au bout de 7 mois. Quelle est cette somme?

91. 250 francs d'intérêt ont été produits par un capital placé à 5 $\frac{1}{2}$ 0/0, pendant 60 jours. Quel est ce capital?

92. A 5 0/0, on a prêté, pendant 90 jours, une somme qui a rapporté 450 francs d'intérêt. Calculer cette somme.

93. En plaçant un capital, à 4 $\frac{1}{2}$ 0/0, un propriétaire voudrait recevoir, au bout de 1 an et 8 mois, 2500 francs d'intérêt. Quel serait ce capital?

94. On demande le capital qui, placé à 5 0/0, a produit 1700 francs d'intérêt, au bout de 2 ans et 10 mois.

95. Au taux de 5 $\frac{1}{2}$ 0/0, trouver le capital qui rapporterait 1950 francs d'intérêt, au bout de 1 an, 8 mois et 18 jours.

96. On propose de calculer le capital qui, placé à 5 0/0, a rapporté 1600 francs d'intérêt, en 2 ans 4 mois et 17 jours.

97. Un rentier a prêté, à 5 $\frac{1}{2}$ 0/0, pendant 10 mois et 14 jours, une somme qui a donné 690 fr.,50 d'intérêt. Quelle est cette somme?

98. Il a été prêté, à 4 0/0, une somme qui, en 11 mois et 11 jours, a donné 576 fr.,80 d'intérêt. Calculer cette somme.

99. A quel taux faudrait-il placer 2500 francs de capital, pour en retirer 125 francs d'intérêt en 1 an?

100. On a placé 1350 francs, pendant 1 an. Au bout de ce temps, on en reçoit 54 francs d'intérêt. A quel taux cet argent a-t-il été placé?

101. Au bout de 2 ans, 2400 francs ont rapporté 240 francs. A quel taux était placée cette somme?

102. En 3 ans, 1950 francs ont donné 292 fr.,50. A quel taux cette somme était-elle placée?

103. Un capitaliste, pendant 5 mois, a prêté 2900 francs, qui lui ont donné 66 fr.,46 d'intérêt. A quel taux a-t-il placé son argent?

104. On demande à quel taux avaient été prêtés 1750 francs, pour avoir produit 61 fr.,25 d'intérêt, pendant 7 mois?

105. Pendant 60 jours, 1300 francs ont rapporté 14 fr.,10 d'intérêt. A quel taux cet argent a-t-il été prêté?

106. Au bout de 90 jours, 1250 francs ont donné 18 fr.,75 d'intérêt. A quel taux cet argent a-t-il été prêté?

107. Il a été payé 135 fr.,20 d'intérêt, pour 1570 francs, placés pendant 1 an, 8 mois et 20 jours. On demande à quel taux cette somme a été prêtée?

108. A quel taux ont été prêtés 1900 francs, sachant qu'ils ont rapporté 237 fr.,50 d'intérêt, pendant 2 ans, 9 mois et 10 jours?

109. 1380 francs, pendant 1 an et 10 mois, ont rapporté 139 fr.,15 d'intérêt. Dire à quel taux était placé cet argent.

110. Après 2 ans et 4 mois de prêt, 1 100 francs ont produit 128 fr.,34 d'intérêt. A quel taux a été prêtée cette somme?

111. Une rentière a reçu 38 fr.,18 d'intérêt de 970 francs, qu'elle a placés pendant 9 mois et 13 jours. A quel taux a-t-elle prêté cet argent?

112. On a reçu 71 fr.,10 d'intérêt de 1 800 francs, prêtés pendant 10 mois et 16 jours. On demande à quel taux cette somme a été placée?

113. En combien de temps 2 500 francs rapporteraient-ils 385 francs d'intérêt à 5 0/0 l'an?

114. 1 650 francs, placés à $4\frac{1}{2}$ 0/0, ont rapporté 96 fr.,35 d'intérêt. Calculer le temps pendant lequel cette somme est restée placée?

115. A 5 0/0, il a été prêté, pendant 1 an, une somme qui, augmentée de ses intérêts, s'élève à 5 400 francs. Calculer successivement cette somme et ses intérêts.

116. Un propriétaire a placé, à $5\frac{1}{2}$ 0/0, un capital qui, augmenté de ses intérêts annuels, est devenu 4 500 francs. On demande d'abord le capital; puis, les intérêts.

Règle d'intérêt composé.

27. Règle. *Pour calculer les intérêts composés, au bout d'un nombre déterminé d'années, on cherche d'abord l'intérêt de 1 franc pour 1 an, au taux donné, et l'on ajoute cet intérêt à 1 franc; puis, on multiplie cette somme par elle-même, autant de fois qu'il y a d'unités dans le nombre d'années; et, le capital proposé, par ce produit. Enfin, du résultat obtenu, on retranche le capital, et l'on obtient les intérêts composés pendant n années. Mais, lorsque le temps donné est composé d'années, mois et jours, après avoir calculé, comme ci-dessus, les intérêts composés du capital proposé, pendant les n années, on calcule ceux de ce capital augmenté de ses intérêts, pendant les mois et les jours, et l'on additionne les intérêts des n années avec ceux des mois et des jours : leur somme est la réponse demandée.*

Exemple : Calculer les intérêts composés de 5 000 fr., placés à 5 0/0, au bout de 3 ans.

27. Comment calcule-t-on les intérêts composés d'une somme quelconque? Exemple. — Démonstration.

$$\frac{5}{100} = 0^{fr},05$$

$$1 \text{ fr.} + 0^{fr},05 = 1^{fr},05$$

$$1^{fr},05 \times 1,05 \times 1,05 = 1^{fr},157625$$

$$5\,000 \text{ fr.} \times 1,157625 = 5\,788^{fr},125$$

$$5\,788^{fr},125 - 5\,000^{fr},000 = 788^{fr},125$$

R. : $788^{fr},125$

Démonstration. Le taux étant à 5 0/0, au bout de la première année, le capital 5 000 francs est augmenté de $\frac{5}{100}$, à cause des intérêts; il est donc 5 000 francs $+$ les $\frac{5}{100}$ de 5 000 francs, ou les $\frac{105}{100}$ de 5 000 francs. D'après un raisonnement semblable, ce nouveau capital, au bout de la deuxième année, devient les $\frac{105}{100}$ de $\frac{105}{100}$ de 5 000 francs, ou 5 000 francs $\times \frac{105}{100} \times \frac{105}{100}$; et ce dernier capital, au bout de la troisième année, devient 5 000 fr. $\times \frac{105}{100} \times \frac{105}{100} \times \frac{105}{100}$. Or, $\frac{105}{100} = 1,05$; donc nous pouvons remplacer $\frac{105}{100}$ par $1,05$ et obtenir, pour capital et intérêt compris, 5 000 francs $\times 1,05 \times 1,05 \times 1,05$ ou 5 000 francs $\times \overline{1,05}^3$. Enfin, nous aurons les intérêts composés, en retranchant le capital donné du nombre qui représente le capital et les intérêts compris,

ou 5 000 fr. $\times \overline{1,05}^3 - 5\,000$ fr. $= I$ (intérêts composés).

Problèmes à étudier, sur la Règle d'intérêt composé.

41. On demande les intérêts composés de 2 000 francs placés à 5 0/0, au bout de 2 ans.

Solution. Je calcule d'abord l'intérêt de 1 franc, au bout de 2 ans; puis, j'ajoute cet intérêt à 1 franc et je multiplie cette somme par le capital placé, ce qui me donne :

$\dfrac{5}{100} = 0^{fr},05$ (intérêt de 1 franc.)

1 fr. $+ 0^{fr},05 = 1^{fr},05$ (1 franc augmenté de son intérêt).

$1^{fr},05 \times 1^{fr},05 = 1^{fr},1025$ (ce que devient 1 franc placé à 5 0/0 pendant 2 ans).

$1^{fr},1025 \times 2\,000 = 2\,205$ fr. (capital et intérêt réunis au bout de 2 ans).

Si 100 francs rapportent 5 francs d'intérêt, 1 franc rapporterait 100 fois moins que 100 francs,

ou $\qquad\qquad \dfrac{5}{100} = 0^{fr},05.$

1 franc, au bout d'un an, vaut donc 1 franc $+ 0^{fr},05$ $= 1^{fr},05$; et, au bout de 2 ans, il vaudra $1^{fr},05 \times 1^{fr},05$ $= 1^{fr},1025$.

Si 1 franc, augmenté de ses intérêts, vaut $1^{fr},1025$ au bout de 2 ans, 2000 francs, pendant le même temps, vaudront 1 fois 1 025 dix-millièmes de fois 2000 francs,

ou 2000 fr. $\times 1,1025 = 2\,205$ fr. (capital et intérêts compris).

Si enfin 2205 francs représentent le capital augmenté de ses intérêts, les intérêts seuls sont évidemment égaux à

2 205 fr. $- 2\,000$ fr. $= 205$ fr. (intérêts composés).

R. : 205 francs.

Procédé algébrique. — En désignant par a la valeur du capital, par i, l'intérêt de 1 franc pour 1 an, et par A, la valeur de a au bout de n années, nous arrivons à cette formule :

$$A = a\,(1 + i)^n. \qquad\qquad (1)$$

Faisons $a = 2\,000$ fr.; $1 = 1$ fr.; $i = 0^{fr},05$, et $n = 2$ ans, et nous obtenons :

A $= 2\,000$ fr. $(1$ fr. $+ 0^{fr},05)$ 2 ans

A $= 2\,000$ fr. $\times \overline{1^{fr},05}\,{}^2$

A $= 2\,000$ fr. $\times 1,1025$

$\qquad = 2\,205$ fr. (capital et intérêts réunis).

Les intérêts composés égalent donc

2 205 fr. $- 2\,000$ fr. $= 205$ francs.

R. : 205 francs.

42. Quels sont les intérêts composés de 1 800 francs placés à 4 0/0, pendant 2 ans et 8 mois?

Solution. Je calcule d'abord les intérêts composés de la somme proposée pendant 2 ans; puis, l'intérêt de cette somme augmentée de ses intérêts, pendant 8 mois : je fais la somme de ces deux résultats; j'en retranche le capital donné, et j'obtiens ainsi les intérêts composés de 1 800 francs, placés à 4 0/0, pendant 2 ans et 8 mois.

Opérons donc :

$$1 \text{ fr.} + 0^{fr},04 = 1^{fr},04$$

$$1^{fr},04 \times 1,04 = 1^{fr},0816 \text{ (ce que devient 1 franc placé à 4 0/0, au bout de 2 ans).}$$

Si $1^{fr},0816$ représente ce que devient 1 franc placé à 4 0/0, au bout de 2 ans, 1 800 francs, pendant le même temps, vaudront 1 fois 816 dix-millièmes de 1 800 francs,

ou 1 800 fr. $\times$ 1,0816 $= 1946^{fr},88$ (capital et intérêts compris).

Cela fait, calculons les intérêts de $1946^{fr},88$, pendant 8 mois; il vient :

$$\frac{4 \text{ fr.} \times 1\,946,88 \times 8}{100 \times 12} = \frac{62\,300,16}{1\,200} = \frac{62\,300,16}{1\,200,00}$$

$$= \frac{6\,230\,016}{120\,000} = 51^{fr},91.$$

Les intérêts demandés égalent donc :

$$(1\,946^{fr},88 - 1\,800) + 51^{fr},91 = (1\,946,88 - 1\,800,00) + 51^{fr},91$$
$$= 146^{fr},88 + 51^{fr},91 = 198^{fr},79.$$

R. : $198^{fr},79$.

Procédé algébrique. — Le capital étant placé pendant plusieurs années et une fraction d'année, ou 2 ans et 8 mois, les intérêts composés s'obtiendront au moyen de la formule (2),

ou $A = a\,(1 + i)^n \left[1 + \left(i \times \dfrac{p}{q} \right) \right]$

A = capital et intérêts.

Faisons $a = 1\,800$ fr.; $1 = 1$ fr.; $i = 0^{fr},04$; $n = 2$ ans, et $\dfrac{p}{q}$ $= 8$ mois ou $\dfrac{8}{12}$ d'année, et nous aurons :

$$A = 1\ 800 \text{ fr.} \times (1 \text{ fr.} \times 0{,}04)^2 \left[1 \text{ fr.} + \left(0^{\text{fr}}{,}04 \times \frac{8}{12} \right) \right]$$

$$A = 1\ 800 \text{ fr.} \times \overline{1^{\text{fr}}{,}04}^2 \times \left[1 + \left(0^{\text{fr}}{,}04 \times \frac{8}{12} \right) \right]$$

$$A = 1\ 800 \text{ fr.} \times 1{,}0816 \times \left[1 + \left(\frac{0{,}32}{12} \right) \right]$$

$$A = 1{,}800 \text{ fr.} \times 1{,}0816 \times (1 + 0{,}0267)$$

$$A = 1\ 800 \text{ fr.} \times 1{,}0816 \times 1{,}0267 = 1\ 946^{\text{fr}}{,}88 \times 1{,}0267$$

$$= 1\ 998^{\text{fr}}{,}79 \text{ (capital et intérêts réunis)}.$$

Les intérêts composés demandés égalent donc :

$$1\ 998^{\text{fr}}{,}79 - 1\ 800 \text{ fr.} = 1\ 998^{\text{fr}}{,}79 - 1\ 800{,}00 = 198^{\text{fr}}{,}79.$$

R. : $198^{\text{fr}}{,}79.$

43. Calculer les intérêts composés de 1 700 francs prêtés à 5 0/0, pendant 2 ans, 9 mois et 10 jours.

Solution. Je calcule d'abord les intérêts composés de 1 700 francs, à 5 0/0, pendant 2 ans ; puis, ceux du même capital augmenté de ses intérêts, au bout de 9 mois et 10 jours ; j'en fais la somme, ce qui donne les intérêts composés demandés.

$$\frac{5 \text{ fr.}}{100} = 0^{\text{fr}}{,}05 \text{ (intérêt de 1 franc)}.$$

$1 \text{ fr.} + 0^{\text{fr}}{,}05 = 1^{\text{fr}}{,}05$ (1 franc augmenté de ses intérêts).

$1^{\text{fr}}{,}05 \times 1{,}05 = 1^{\text{fr}}{,}1025$ (ce que devient 1 fr. placé à 5 0/0, au bout de 2 ans).

$1\ 700 \text{ fr.} \times 1{,}1025 = 1\ 874^{\text{fr}}{,}25$ (capital et intérêts réunis, au bout de 2 ans).

$1\ 874^{\text{fr}}{,}25 - 1\ 700{,}00 = 174^{\text{fr}}{,}25$ (intérêts composés de 2 ans).

$$\begin{array}{l} 30 \text{ jours} \\ \times\ 9 \text{ mois} \\ \hline 270 \\ 10 \\ \hline 280 \text{ jours.} \end{array} \qquad \frac{5 \text{ fr.} \times 1\ 874{,}25 \times 280}{100 \times 360} = \frac{2\ 623\ 950}{36\ 000}$$

$$= \frac{262\ 395}{36\ 000} = 72^{\text{fr}}{,}89 \text{ (intérêts de 9 mois et 10 jours)}.$$

Les intérêts composés demandés égalent donc :

$$174^{\text{fr}}{,}25 + 72^{\text{fr}}{,}89 = 247^{\text{fr}}{,}14.$$

R. : $247^{\text{fr}}{,}14.$

Procédé algébrique. — La somme proposée étant placée pendant 2 ans, 9 mois et 10 jours, nous obtiendrons les intérêts composés, en appliquant la formule (2),

ou
$$A = a\,(1 + i)^n \left[1 + \left(i + \frac{p}{q} \right) \right].$$

Faisons $a = 1\,700$ francs ; $1 = 1$ franc ; $i = 0^{fr},05$; $n = 2$ ans ; $\frac{p}{q} = 9$ mois et 10 jours ou $\frac{280}{360}$ d'année, et nous aurons :

$$A = 1\,700\,\text{fr.}\;(1\,\text{fr.} + 0^{fr},05)^2 \left[1\,\text{fr.} + \left(0^{fr},05 \times \frac{280}{360} \right) \right]$$

$$A = 1\,700\,\text{fr.} \times \overline{1^{fr},05}^{\,2} \times \left[1\,\text{fr.} + \left(\frac{0^{fr},05 \times 280}{360} \right) \right]$$

$$A = 1\,700\,\text{fr.} \times 1^{fr},1025 \times \left(1\,\text{fr.} + \frac{14,00}{360} \right)$$

$$A = 1\,874^{fr},25 \times (1\,\text{fr.} + 0^{fr},038888)$$

$$A = 1\,874^{fr},25 \times 1^{fr},038888 = 1\,947^{fr},14 \quad (\text{capital et intérêts réunis}).$$

Les intérêts composés égalent donc :

$$1\,947^{fr},14 - 1\,700\,\text{fr.} = 1\,947^{fr},14 - 1\,700,00 = 247^{fr},14.$$

R. : $247^{fr},14$.

Problèmes sur les intérêts composés.

117. On propose de calculer les intérêts composés de 1 900 francs placés à 5 0/0, pendant 2 ans.

118. Il a été prêté 2 350 francs à $4\frac{1}{2}$ 0/0, pendant 3 ans, à intérêts composés. Calculer ces intérêts.

119. Quels sont les intérêts composés de 2 900 francs placés à 5 0/0, au bout de 4 ans ?

120. On demande les intérêts composés de 3 500 francs à $5\frac{1}{2}$ 0/0, au bout de 1 an et 8 mois.

121. A combien s'élève, avec les intérêts composés, une somme de 2 700 francs, après 2 ans et 7 mois, le taux étant à 5 0/0 ?

122. Au bout de 3 ans et 6 mois, 3 600 francs, placés à $5\frac{1}{2}$ 0/0, ont été remboursés avec les intérêts composés. Quelle somme a-t-on reçue ?

123. Une personne a prêté, à 5 0/0, 3 500 francs à intérêts composés, pendant 2 ans, 5 mois et 15 jours. A l'échéance, quelle somme lui remboursera-t-on ?

124. Calculer les intérêts composés de 3 900 francs prêtés à $5\frac{1}{2}$ 0/0, pendant 3 ans, 4 mois et 14 jours.

125. Que devient, au bout de 4 ans, 5 mois et 18 jours, un capital de 4 300 francs placé à $4\frac{1}{2}$ 0/0 ?

126. On a prêté, à intérêts composés, 3 200 francs à 5 0/0, pour 3 ans, 10 mois et 20 jours. On demande : 1° la somme à rembourser ; 2° les intérêts composés du capital proposé.

RÈGLE D'ESCOMPTE.

28. On appelle *règle d'escompte,* celle qui a pour but de calculer la différence que l'on consent à perdre pour toucher actuellement le montant d'une valeur ou d'un billet, payable dans un certain délai.

29. On appelle *escompte* la somme que l'on retient à celui qui veut recevoir un capital dû, avant l'époque où il est payable.

30. Il y a deux sortes d'escomptes : l'escompte *en dehors* ou *commercial,* et l'escompte *en dedans.*

31. L'escompte en dehors est celui par lequel on retient l'intérêt de toute la somme portée sur le billet.

32. L'escompte *en dedans* est celui par lequel on ne retient que l'intérêt de la somme payée.

33. Un billet a deux sortes de valeurs : la valeur *nominale* et la valeur *actuelle.*

34. On appelle valeur nominale d'un billet la somme qu'il représente.

35. La valeur actuelle d'un billet est la somme qui représente la différence entre la valeur nominale et l'escompte commercial.

28. Qu'appelle-t-on règle d'escompte? — 29. Qu'appelle-t-on escompte?— 30. Combien y a-t-il de sortes d'escomptes?— 31. Qu'est-ce que l'escompte en dehors ou commercial? — 32. Qu'est-ce que l'escompte en dedans? — 33. Combien un billet a-t-il de sortes de valeurs?—34. Qu'est-ce que la valeur nominale d'un billet?—35. Qu'ap-

36. On appelle *échéance* le jour du payement.

37. Le *taux* de l'escompte est la somme que l'on retient sur 100 francs payables dans un an. Il varie : il est ou à 3 0/0, à $3\frac{1}{2}$ 0/0, à 4 0/0, à $4\frac{1}{2}$ 0/0, à 5 0/0, à $5\frac{1}{2}$ 0/0, à 6 0/0 et plus, suivant la rareté de l'argent.

38. Les escomptes se font ordinairement dans les banques, ou institutions de crédit créées dans le but de venir en aide au commerce et à l'industrie.

59. On distingue deux sortes de banques : la banque de France et les banques particulières.

40. La banque de France et les banques particulières ont le même but : c'est de venir en aide au commerce et à l'industrie. Elles n'ont que ce point de commun.

La banque de France, reconnue par le gouvernement, a seule le droit d'émettre des billets qui ont le même cours que les monnaies : on les appelle *billets de banque*. Les banques particulières ne jouissent point de ce privilége.

La banque de France, qui occupe le premier rang parmi les établissements de crédit, escompte à un taux souvent très-modéré les valeurs commerciales, mais elle exige deux signatures de négociants solvables. Les banques particulières, qui escomptent aussi toute espèce de valeurs, se contentent souvent d'une seule signature, mais elles prennent en sus un droit de *commission*.

41. On appelle *commission*, un deuxième escompte que l'on perçoit sur la totalité de la somme portée sur une valeur commerciale, sans tenir compte de l'échéance plus ou moins reculée.

Elle est de $\frac{1}{8}$ 0/0, ou de $\frac{1}{4}$ 0/0, de $\frac{1}{2}$ 0/0, et même de 1 0/0, dans les moments où l'argent est très-rare.

pelle-t-on valeur actuelle d'un billet? — 36. Qu'appelle-t-on échéance? — 37. Qu'est-ce que le taux de l'escompte? — 38. Où fait-on ordinairement les escomptes? — 39. Combien distingue-t-on de sortes de banques? — 40. Indiquez ce qu'ont de commun la banque de France et les banques particulières, et dites ce qui les différencie.—41. Qu'appelle-t-on commission? — Quels en sont les

Règle. *Pour prendre la commission sur une somme quelconque, on la divise d'abord par 100, en reculant la virgule
de deux rangs vers la gauche ; puis, le résultat obtenu, par
le taux de la commission, et l'on sépare, au quotient, autant
de chiffres décimaux qu'il y en a au dividende.*

Exemple : Soit à prendre la commission de $\frac{1}{8}$ 0/0, sur
un billet de 2 500 francs.

$$2\,500 \text{ fr.} : 100 = 25 \text{ fr.}$$

$$25 \text{ fr.} : 8 = \frac{25}{8} = 3^{fr},\!125.$$

La commission est donc de $3^{fr},\!125$.

Escompte en dehors ou commercial.

42. Dans l'escompte commercial, il y a cinq cas à
considérer :

1er Cas. Calculer l'escompte et la valeur actuelle ;
2e — Calculer la valeur nominale ;
3e — Calculer le taux de l'escompte ;
4e — Calculer le temps ;
5e — Calculer l'escompte avec commission.

43. Règle. *Pour trouver l'escompte en dehors, on calcule,
au taux donné, l'intérêt, pendant le temps à écouler jusqu'au
jour de l'échéance.*

Exemple : Soit à calculer l'escompte en dehors de
1 000 francs, à 3 0/0, payables dans 90 jours.

Solution. L'escompte commercial se calculant de la même
manière que les intérêts simples (problème 24), il vient :

taux ordinaires ?—Comment calcule-t-on la commission que prennent
les banquiers, sur une somme quelconque ? Exemple. — 42. Dans
'escompte en dehors, combien y a-t-il de cas à considérer ? Énoncez-les. — 43. Comment trouve-t-on l'escompte en dehors ? Exem-

$$\frac{3\ \text{fr.} \times 1\ 000 \times 90}{100 \times 360} = \frac{3\ 000 \times 90}{36\ 000}$$

$$= \frac{270\ 000}{36\ 000} = \frac{270}{36} = 7^{\text{fr}},50 \quad (\text{escompte demandé}).$$

R. : $7^{\text{fr}},50$.

Formule de l'escompte en dehors. — En désignant par A la valeur nominale, par i le taux, par t le temps et par E l'escompte, il vient :

$$E = \frac{A \times i \times t}{100} \quad (t\ \text{désignant des années}).$$

S'il y a des mois, la formule devient :

$$E = \frac{A \times i \times t}{100 \times 12};$$

et s'il y a des jours :

$$E = \frac{A \times i \times t}{100 \times 360}.$$

Dans ces deux derniers cas, on réduit t en mois ou en jours. (Voir pages 36 et 37.)

Escompte en dedans.

44. Règle. *Pour trouver l'escompte en dedans, on multiplie le montant du billet par 100, et l'on en divise le produit par 100 augmenté de l'intérêt de 100 francs, pendant le temps à écouler jusqu'à l'échéance.*

Exemple : Soit à calculer l'escompte en dedans de 1 000 francs, payables dans 90 jours.

Solution. Je calcule d'abord l'intérêt de 100 francs, à 3 0/0, pendant 90 jours, ce qui nous donne :

ple. — Donnez la formule de l'escompte en dehors, d'abord, lorsque t (temps) désigne des années, puis des mois, et enfin, des jours. — 44. Comment trouve-t-on l'escompte en dedans? Exemple. —

$$\frac{3 \text{ fr.} \times 100 \times 90}{100 \times 360} = \frac{300 \times 90}{36\,000}$$

$$= \frac{27\,000}{36\,000} = \frac{27}{36} = 0^{\text{fr}},75.$$

Au bout de 90 jours, 100 francs, augmentés des intérêts, valent donc 100 fr. $+ 0^{\text{fr}},75 = 100$ fr.,75. Puis, je dis :

Si, pour $100^{\text{fr}},75$, on donne 100 francs, pour 1 franc, on donnerait 100 fois 75 centièmes de fois moins que pour $100^{\text{fr}},75$,

ou $\dfrac{100 \text{ fr.}}{100,75}$ (capital de 1 franc réduit par l'escompte en dedans);

et pour 1 000 francs, 1 000 fois plus que pour 1 franc,

ou $\dfrac{100 \text{ fr.} \times 1\,000}{100,75} = \dfrac{100\,000}{100,75} = \dfrac{100\,000,00}{100,75}$

$= \dfrac{10\,000\,000}{10\,075} = 992^{\text{fr}},55$ (capital de 1 000 francs réduit par l'escompte en dedans).

Enfin l'escompte demandé sera égal à

$$1\,000 \text{ fr.} - 992^{\text{fr}},55 = 1\,000,00 - 992,55 = 7^{\text{fr}},45.$$

R. : $7^{\text{fr}},45$.

Formule de l'escompte en dedans. — En désignant par A la valeur nominale, le taux par i, le temps par t, la valeur actuelle ou effective par a, on obtient :

$$A = \frac{100 \times A}{100 + i \times t}.$$

Pour le temps (t), même remarque qu'à l'escompte en dehors.

45. *Remarque* I. Par la comparaison des deux exemples ci-dessus, nous voyons que l'escompte en dehors ou commercial est plus élevé que l'escompte en dedans. En effet :

$$7^{\text{fr}},50 - 7^{\text{fr}},45 = 0^{\text{fr}},05.$$

Donnez la formule de l'escompte en dedans. — 45. Des deux sortes

46. *Remarque* II. Les banquiers, en France, ne comptent que 360 jours pour une année, et 30 jours pour chaque mois.

47. *Remarque* III. L'escompte en dedans, quoique le plus rationnel des deux sortes d'escomptes, n'est pas usité en France. Pour cette raison, nous n'en donnerons qu'un exemple, sans exercices. Dans le commerce et dans l'industrie, on ne se sert que de l'escompte en dehors.

Problèmes à étudier sur l'escompte en dehors.

1er *Cas. Calcul de l'escompte et de la valeur actuelle.*

44. Calculer successivement l'escompte commercial et la valeur actuelle d'un billet de 1 500 francs, payable dans 90 jours, le taux de l'escompte étant 4 0|0.

Données. 100 fr. $\left(\begin{array}{c} 360 \text{ jours} \\ 90 \end{array}\right)$ 4 fr.
1 500 x (escompte et valeur actuelle).

Solution. Je fais d'abord abstraction des quantités accessoires 360 jours et 90 jours ; puis, je dis :

Si 100 francs donnent 4 francs d'escompte, 1 franc en donnerait 100 fois moins que 100 francs,

ou $\dfrac{4 \text{ fr.}}{100}$ (escompte de 1 franc).

et 1 500 francs donneraient un escompte 1 500 fois plus grand que celui de 1 franc,

ou $\dfrac{4 \text{ fr.} \times 1\,500}{100}$ (escompte de 1 500 fr. en 360 jours).

Si $\dfrac{4 \text{ fr.} \times 1\,500}{100}$ représente l'escompte de 1 500 francs en 360 jours, en 1 jour, cette même somme donnerait un escompte 360 fois moindre qu'en 360 jours,

ou $\dfrac{4 \text{ fr.} \times 1\,500}{100 \times 360}$ (escompte de 1 500 fr. en 1 jour).

d'escomptes, quel est le plus élevé ? — 46. Combien, en France, les banquiers comptent-ils de jours pour une année ? — pour un mois ? — 47. En France, fait-on usage de l'escompte en dedans ? — De quel escompte se sert-on dans le commerce et l'industrie ?

4.

Enfin si $\dfrac{4 \text{ fr.} \times 1\,500}{100 \times 360}$ représente l'escompte de 1 500 francs en 1 jour, en 90 jours, l'escompte serait 90 fois plus grand qu'en 1 jour,

ou $\dfrac{4 \text{ fr.} \times 1\,500 \times 90}{100 \times 360} = \dfrac{6\,000 \times 90}{36\,000}$

$= \dfrac{540\,000}{36\,000} = \dfrac{540}{36} = 15$ francs (escompte demandé).

La valeur actuelle de ce billet sera donc :

$$1\,500 \text{ fr.} - 15 \text{ fr.} = 1\,485 \text{ francs.}$$

R. : 1 485 francs.

2ᵉ Cas. Calcul de la valeur nominale.

45. Sur un billet payable dans 90 jours, un banquier a retenu 13^{fr},50. Le taux de l'escompte est 3 0/0. On propose de calculer la valeur nominale de ce billet.

Données. 13^{fr},50 $\quad$ $\left(\begin{array}{c} 90 \text{ jours} \\ 360 \end{array} \right)$ $\quad$ $\begin{array}{c} x \text{ (valeur nominale).} \\ 100 \end{array}$
$\quad\quad\;\; 3$

Solution. Abstraction faite des quantités accessoires 90 jours et 360 jours, je dis :
Si 3 francs d'escompte sont produits, en 360 jours, par 100 francs, 1 franc, pendant le même temps, serait produit par une somme 3 fois moindre que 100 francs,

ou $\dfrac{100 \text{ fr.}}{3}$ (somme qui donne 1 fr. d'escompte en 360 jours).

Si $\dfrac{100 \text{ fr.}}{3}$ représente la somme qui donne 1 franc d'escompte en 360 jours, en 1 jour, il faudrait une somme 360 fois plus grande pour produire 1 franc d'escompte,

ou $\dfrac{100 \text{ fr.} \times 360}{3}$ (somme qui donne 1 fr. d'escompte en 1 jour).

Si $\dfrac{100 \text{ fr.} \times 360}{3}$ représente la somme qui donne 1 franc d'escompte en 1 jour, en 90 jours, pour produire 1 franc d'escompte, une somme 90 fois moindre qu'en 1 jour serait évidemment suffisante,

ou $\quad \dfrac{100 \text{ fr.} \times 360}{3 \times 90}$ (somme qui donne 1 fr. d'escompte en 90 jours).

Enfin, si $\dfrac{100 \text{ fr.} \times 360}{3 \times 90}$ représente la somme qui donne 1 franc d'escompte en 90 jours, celle qui produirait 13^{fr},50 d'escompte, pendant le même temps, serait 13 fois 50 centièmes de fois plus grande que la somme qui donne 1 franc d'escompte,

ou $\quad \dfrac{100 \text{ fr.} \times 360 \times 13,50}{3 \times 90} = \dfrac{36\,000 \times 13,50}{270}$

$$= \dfrac{486\,000}{270} = \dfrac{48\,600}{27} = 1\,800 \text{ francs.}$$

R. : 1 800 francs.

3ᵉ Cas. *Calcul du taux de l'escompte.*

46. Sur un billet de 1 800 francs, payable dans 90 jours, le banquier a retenu 13^{fr},50. Quel est le taux de l'escompte?

Données. $\quad$ 100 fr. $\quad \begin{pmatrix} 360 \text{ jours} \\ 90 \end{pmatrix} \quad x \quad$ (taux).
$\qquad\qquad$ 1 800 $\qquad\qquad\qquad\qquad$ 13^{fr},50

Solution. Après avoir fait abstraction des quantités accessoires 360 et 90 jours, je dis :
Si 1 800 francs ont donné 13^{fr},50 d'escompte, 1 franc en donnerait 1 800 fois moins que 1 800 francs,

ou $\quad \dfrac{13^{\text{fr}},50}{1\,800}$ (escompte donné par 1 fr. en 90 jours).

Si $\dfrac{13^{\text{fr}},50}{1\,800}$ représente l'escompte donné par 1 franc en 90 jours, 100 francs, pendant le même temps, donneraient un escompte 100 fois plus fort que celui de 1 franc,

ou $\quad \dfrac{13^{\text{fr}},50 \times 100}{1\,800}$ (escompte donné par 100 fr. en 90 jours).

Si $\dfrac{13^{fr},50 \times 100}{1\,800}$ représente l'escompte donné par 100 francs en 90 jours, en 1 jour, ils donneraient un escompte 90 fois moindre qu'en 90 jours,

ou $\dfrac{13^{fr},50 \times 100}{1\,800 \times 90}$ (escompte de 100 fr. en 1 jour).

Enfin, si $\dfrac{13^{fr},50 \times 100}{1\,800 \times 90}$ représente l'escompte de 100 francs en 1 jour, en 360 jours, cet escompte serait 360 fois plus grand qu'en 1 jour,

ou $\dfrac{13^{fr},50 \times 100 \times 360}{1\,800 \times 90} = \dfrac{1\,350 \times 360}{1\,800 \times 90}$

$$= \dfrac{486\,000}{162\,000} = \dfrac{486}{162} = 3 \text{ francs.}$$

R. : 3 francs.

4e Cas. Calcul du temps.

47. Sur un billet de 1 800 francs, au taux de 3 0/0, le banquier a retenu 13^{fr},50. Dans combien de jours le billet était-il payable?

Données. 1 800 fr. $\left(\begin{array}{c} 13^{fr},50 \\ 3 \end{array} \right)$ x (temps).
100   360 jours.

Solution. Je fais abstraction des quantités accessoires 1 800 francs et 100 francs et je dis :

Si 3 francs d'escompte sont pris au bout de 360 jours, 1 franc serait pris dans un temps 3 fois moindre que 3 francs,

ou $\dfrac{360 \text{ jours}}{3}$ (temps pour obtenir 1 fr. d'escompte),

et 13^{fr},50 d'escompte seraient pris en 13 fois 50 centièmes de fois plus de temps que pour 1 franc,

ou $\dfrac{360\,j. \times 13,50}{3}$ (temps nécessaire pour obtenir 13^{fr},50 d'escompte avec 100 francs).

Si $\dfrac{360\ j. \times 13,50}{3}$ représente le temps nécessaire pour obtenir 13^{fr},50 d'escompte avec 100 francs, avec 1 franc, il faudrait 100 fois plus de temps qu'avec 100 francs,

$$ou \quad \frac{360\,j. \times 13,50 \times 100}{3} \quad \text{(temps nécessaire pour obtenir 13}^{fr}\text{,50 d'escompte avec 1 franc)}.$$

Si enfin $\dfrac{360\,j. \times 13,50 \times 100}{3}$ représente le temps nécessaire pour obtenir 13^{fr},50 d'escompte avec 1 franc, au moyen d'un capital de 1800 francs, il faudrait 1800 fois moins de temps qu'avec 1 franc,

$$ou \quad \frac{360\,j. \times 13,50 \times 100}{3 \times 1800} = \frac{360\,j. \times 1350}{5400}$$

$$= \frac{486000}{5400} = \frac{4860}{54} = 90 \text{ jours.}$$

R. : 90 jours.

5e Cas. Calcul de l'escompte avec commission.

48. Calculer l'escompte commercial d'un billet de 2500 francs, payable dans 8 mois, le taux étant de 6 0/0 et la commission $\frac{1}{8}$ 0/0.

Données.
$$\begin{array}{l} \text{100 fr.} \\ \text{2500} \end{array} \left(\begin{array}{c} \text{12 mois} \\ 8 \end{array} \right) \begin{array}{l} \text{6 fr.} \\ x \text{ (esc. et commiss.).} \end{array}$$

Solution. Abstraction faite des quantités accessoires 12 mois et 8 mois, je dis :
Si 100 francs donnent 6 francs d'escompte, 1 franc en donnerait 100 fois moins que 100 francs,

$$ou \quad \frac{6 \text{ fr.}}{100} \text{ (escompte de 1 franc),}$$

et 2500 francs donneraient un escompte 2500 fois plus grand que celui de 1 franc,

$$ou \quad \frac{6 \text{ fr.} \times 2500}{100} \text{ (escompte de 2500 fr. au bout de 12 mois).}$$

Si $\dfrac{6\,\text{fr.} \times 2500}{100}$ représente l'escompte de 2500 francs au bout de 12 mois, en 1 mois, cet escompte serait 12 fois moindre qu'en 12 mois,

ou $\dfrac{6\,\text{fr.} \times 2500}{100 \times 12}$ (escompte de 2 500 fr. au bout de 1 mois).

Si enfin $\dfrac{6\,\text{fr.} \times 2500}{100 \times 12}$ représente l'escompte de 2500 francs au bout de 1 mois, en 8 mois, il serait 8 fois plus grand qu'en 1 mois,

ou $\dfrac{6\,\text{fr.} \times 2500 \times 8}{100 \times 12} = \dfrac{15000 \times 8}{1\,200}$

$= \dfrac{120\,000}{1\,200} = \dfrac{1\,200}{12} = 100$ francs (escompte de 2 500 fr. à 6 0/0, au bout de 8 mois).

Calculons maintenant la commission, qui se prend sur la somme entière portée sur le billet.

Commission : 2 500 fr.   (,)

Je recule la virgule de deux rangs vers la gauche,

ou   25$^\text{fr}$,00,

et je prends le $\dfrac{1}{8}$ du résultat en le divisant par 8,

ou   25 fr. : 8 $= \dfrac{25}{8} = 3^\text{fr}$,125 (commission).

La valeur actuelle du billet égale donc :

2 500 fr. — (100 fr. $+ 3^\text{fr}$,125) $= 2\,500,00 - 103,125 = 2\,396^\text{fr}$,875.

R. : 2 396$^\text{fr}$,875.

49. Un billet de 1 480 francs, payable dans 5 mois et 8 jours, est présenté à l'escompte. Pour escompter ce billet, le banquier demande 6 0/0 et $\dfrac{1}{4}$ de commission. Quelle est la valeur actuelle de ce billet ?

Données. 100 fr.
1 480

$\left(\begin{array}{c} 360 \text{ jours} \\ 5 \text{ mois et } 8 \text{ jours} \\ \text{ou } 158 \text{ jours} \end{array}\right)$

6 fr.
x (escompte et commission).

Solution. Je fais d'abord abstraction des quantités accessoires 360 jours, 5 mois et 8 jours ou 158 jours; puis, je calcule successivement l'escompte de 1 480 francs et la commission, et enfin la valeur actuelle du billet dont il s'agit.

$$\frac{6 \text{ fr.} \times 1\,480 \times 158}{100 \times 360} = \frac{8\,880 \times 158}{36\,000}$$

$$= \frac{1\,403\,040}{36\,000} = \frac{140\,304}{3\,600} = 38^{\text{fr}},97$$

(escompte de 1 480 francs à 6 0/0, au bout de 5 mois et 8 jours).

Commission : 1 480 fr. (,)

Je recule la virgule de deux rangs vers la gauche, dans le nombre proposé 1 480 francs; il vient :

$$14^{\text{fr}},80,$$

et je divise ce résultat 14^{fr},80 par le taux 4 de la commission, ce qui nous donne :

$$14^{\text{fr}},80 : 4 = 3^{\text{fr}},70 \text{ (commission)}.$$

La valeur actuelle de ce billet égale donc :

$$1\,480 \text{ fr.} - (38^{\text{fr}},97 + 3^{\text{fr}},70) = 1\,480^{\text{fr}} - 42^{\text{fr}},67 = 1\,437^{\text{fr}},33.$$

$$\text{R.} : 1\,437^{\text{fr}},33.$$

50. On demande l'escompte d'un billet de 1 650 francs, payable le 8 décembre 1869 et escompté le 12 août de la même année, à 6 0/0.

Données.

Août. 20 jours
Septembre. 30
Octobre. 31
Novembre. 30
Décembre. 7
───────
118 jours.

100 fr.
1650

$\left(\begin{array}{c} 360 \text{ jours} \\ \text{du } 12 \text{ août au} \\ 8 \text{ déc. } 1869 \\ = 118 \text{ jours} \end{array}\right)$

6 fr.
x (escompte).

Solution. Je compte d'abord combien il y a de jours du 12 août au 8 décembre 1869; je fais abstraction des quantités accessoires 360 jours et 118 jours, et je dis :

Si 100 francs donnent 6 francs d'escompte, 1 franc donnerait 100 fois moins d'escompte que 100 francs,

$$\text{ou} \qquad \frac{6}{100},$$

et 1 650 francs en donneraient un 1 650 fois plus grand que celui de 1 franc,

ou $\dfrac{6 \text{ fr.} \times 1\,650}{100}$ (escompte de 1 650 francs à 6 0/0, au bout de 1 an ou 360 jours).

Si $\dfrac{6 \text{ fr.} \times 1\,650}{100}$ représente l'escompte de 1 650 francs, à 6 0/0, au bout de 1 an ou 360 jours, en 1 jour, cette somme donnerait un escompte 360 fois moins grand qu'en 360 jours,

ou $\dfrac{6 \text{ fr.} \times 1\,650}{100 \times 360}$ (escompte de 1 650 fr. à 6 0/0, au bout de 1 jour).

Si $\dfrac{6 \text{ fr.} \times 1\,650}{100 \times 360}$ représente l'escompte de 1 650 francs à 6 0/0, au bout de 1 jour, en 118 jours, l'escompte de cette somme serait 118 fois plus grand que celui qui a été perçu pour 1 jour,

$$\text{ou} \qquad \frac{6 \text{ fr.} \times 1\,650 \times 118}{100 \times 360} = \frac{1\,168\,200}{36\,000}$$

$$= \frac{11\,682}{360} = 32^{\text{fr}},45.$$

$$\text{R.}: 32^{\text{fr}},45.$$

51. Un billet de 2 300 francs est payable le 15 novembre 1869. On l'escompte le 10 juillet de la même année, moyennant une commission de $\frac{1}{8}$ 0/0. Quelle somme doit-on recevoir pour ce billet escompté?

Données.

Juillet.	21 jours			
Août.	31		360 jours	6 fr.
Septembre.	30	100 fr.	du 10 juillet au	
Octobre.	31	2 300	15 nov. 1869	x (escompte).
Novembre.	14		= 127 jours.	
	127 jours.			

4.

Solution. Après avoir compté le nombre de jours du 10 juillet au 15 novembre 1869, je fais abstraction des quantités accessoires 360 jours et 127 jours; je calcule successivement l'escompte et la commission de 2 300 francs, et j'en fais la somme que je retranche de 2 300 francs : la différence donne la somme à recevoir du billet présenté à l'escompte,

$$\text{ou} \quad \frac{6 \text{ fr.} \times 2\,300 \times 127}{100 \times 360} = \frac{13\,800 \times 127}{36\,000}$$

$$= \frac{1\,752\,600}{360\,00} = \frac{17\,526}{360} = 48^{\text{fr}},68 \quad (\text{escompte}).$$

$$2\,300 \text{ fr.} : 100 = 23 \text{ francs.}$$

$$23 \text{ fr.} : 8 = 2^{\text{fr}},875 \text{ (commission).}$$

La valeur actuelle du billet sera donc égale à

$$2\,300 \text{ fr.} - (48^{\text{fr}},68 + 2^{\text{fr}},875) = 2\,300 \text{ fr.} - 51^{\text{fr}},555$$
$$= 2\,300,000 - 51,555 = 2\,248^{\text{fr}},445.$$

R. : $2\,248^{\text{fr}},445.$

Problèmes sur l'escompte en dehors.

127. Quel est l'escompte en dehors, à 3 0/0 et à 30 jours d'échéance, d'une somme de 1 180 francs ?

128. On demande l'escompte commercial, à $3\frac{1}{2}$ 0/0, pour 60 jours, de 1 350 francs?

129. Un négociant désire escompter un billet de 1 700 francs, payable dans 90 jours. L'escompte étant de 4 0/0, quelle somme doit-il recevoir de son billet?

130. L'escompte est de 5 0/0. Un billet de 1 800 francs est payable dans 2 mois. Quelle est la valeur actuelle de ce billet?

131. On propose d'escompter à $5\frac{1}{2}$ 0/0, le 5 mars 1869, un billet de 2 000 francs payable le 20 juin suivant. Calculer l'escompte de ce billet.

132. Un billet de 3 150 francs, payable le 19 octobre 1869, a été escompté, à 6 0/0, le 17 août précédent, moyennant une commission de $\frac{1}{8}$ 0/0. Quelle somme recevra-t-on du billet escompté?

133. Un rentier a acheté 8 hectolitres 60 litres de vin, à raison de

45 francs l'hectolitre, payables dans 3 mois. Il veut payer comptant, moyennant escompte à 6 0/0. Faire son compte.

134. Il a été retenu 6 fr.,13 d'escompte, sur un billet payable dans 60 jours. Le taux de l'escompte étant $3 \frac{1}{2}$ 0/0, on demande la valeur nominale de ce billet.

135. On a pris 7 fr.,74 d'escompte sur un billet payable dans 2 mois. Le taux de l'escompte est de 4 0/0. Calculer la valeur nominale de ce billet.

136. Sur un billet de 1 200 francs, payable dans 90 jours, on a retenu 15 francs d'escompte. Quel était le taux de l'opération?

137. On a retenu 23 fr.,03 sur un billet de 1 570 francs payable le 16 septembre 1869 et escompté le 20 juillet de la même année. Quel était le taux de l'escompte?

138. Un banquier a retenu 19 fr.,75 d'escompte, sur un billet de 1 975 francs, au taux de 6 0/0. Dans combien de temps ce billet était-il payable?

139. Un négociant a payé 15 fr.,47 pour l'escompte d'un billet de 1 375 francs. Le taux d'escompte est $4 \frac{1}{2}$ 0/0. Au bout de combien de jours ce billet était-il payable?

140. Un billet de 890 francs, payable dans 6 mois, a été escompté à 5 0/0, plus une commission de $\frac{1}{8}$ 0/0. Quelle est la valeur actuelle de ce billet?

141. Le taux de l'escompte est $5 \frac{1}{2}$ 0/0 et la commission $\frac{1}{4}$ 0/0. Un billet de 3 700 francs, payable dans 5 mois, a été escompté dans ces conditions. Que vaut ce billet escompté?

142. Calculer la valeur actuelle d'un billet de 970 francs, payable le 10 septembre 1869 et escompté le 16 juillet de la même année, sachant que l'escompte est de 6 0/0, et que la commission est de $\frac{1}{2}$ 0/0.

Méthodes du commerce et des banques, pour le calcul des intérêts et de l'escompte.

48. Les méthodes employées dans le commerce et dans les banques, pour le calcul des intérêts et de l'escompte, sont au nombre de deux :

1° *La méthode des nombres et des diviseurs;*
2° *La méthode des parties aliquotes.*

48. Quelles sont les méthodes en usage, dans le commerce et dans les banques, pour le calcul des intérêts et de l'escompte? —

Méthode des nombres et des diviseurs.

49. La *méthode des nombres et des diviseurs* est celle dans laquelle, on fait usage des nombres et des diviseurs, pour le calcul des intérêts et de l'escompte.

50. On appelle *nombre* le produit du capital par le nombre de jours, et *diviseur*, le quotient de 360 jours × 100 divisés par le taux donné.

51. Il est d'usage de compter le jour où se fait l'opération, mais on ne compte point celui de l'échéance.

52. Pour obtenir les intérêts ou l'escompte d'un effet commercial quelconque, au moyen de la méthode des nombres et des diviseurs, on calcule d'abord le nombre, en multipliant le capital par le nombre de jours; puis, on divise le produit obtenu par le diviseur correspondant au taux donné.

I. Exemple : Calculer, au moyen de la méthode des nombres et des diviseurs, les intérêts, à 6 0/0, d'un billet de 3 500 francs, créé le 12 août 1869 et payable le 19 novembre suivant.

Solution. Je calcule successivement le nombre de jours compris entre le jour du payement des intérêts et celui de l'échéance du billet, le nombre, le diviseur, les intérêts, et il vient :

Août.	19 jours	3 500 fr. × 98 = 343 000 (nombre).
Septembre.	30	Les intérêts étant calculés à 6 0/0, le di-
Octobre.	31	viseur sera égal à $\dfrac{360 \times 100}{6}$ = 6 000 (di-
Novembre.	18	
	98 jours.	viseur).

Les intérêts demandés seront donc :

$$343\,000 : 6\,000 = 343 : 6 = 57 \text{ fr. } 16.$$

R. : 57^{fr},16.

49. Qu'appelle-t-on méthode des nombres et des diviseurs? — **50.** — Qu'appelle-t-on nombre et diviseur? — **51.** Comment compte-t-on le nombre de jours pendant lesquels une somme est restée placée? — **52.** Comment obtient-on, par la méthode des nombres et des diviseurs, les intérêts ou l'escompte d'un effet commercial quelconque ?

II. Exemple : Un négociant escompte, le 18 juillet 1869, à 6 0/0, un billet de 2 580 francs, payable le 15 octobre suivant. Calculer l'escompte de ce billet.

Solution. Je calcule d'abord le nombre de jours qui séparent le moment de l'escompte du billet du jour de l'échéance ; puis, le *nombre,* le *diviseur* et l'*escompte.*

Juillet	13 jours.	2 580 fr. $\times$ 87 = 224 460 (nombre).
Août	31	
Septembre	30	L'escompte étant à 6 0/0, le diviseur sera
Octobre	14	égal à
Échéance	87 jours.	$\dfrac{360 \times 100}{6} = \dfrac{36\,000}{6} = 6\,000$ (diviseur).

L'escompte demandé sera donc

$$224\,460 : 6000 = 22\,446 : 600 = 37^{fr},41.$$

R. : 37^{fr},41.

53. La méthode des nombres et des diviseurs offre de notables avantages, lorsqu'elle est employée, pour les comptes d'intérêts ou d'escompte, en plusieurs articles pour la même personne.

Exemple : Le 10 avril 1869, on a fait escompter à la fois les effets suivants, au taux de 6 0/0.

700 fr.,	payables à Saint-Quentin (Aisne),		le	29 mai 1869.
1 400	—	—	—	20 juin.
1 050	—	—	—	12 juillet.
835	—	—	—	24 mai.

Quel est l'escompte de ces quatre billets et quelle somme en recevra-t-on ?

Avant de faire le compte, il est avantageux de ranger les effets par ordre d'échéances, à commencer par la plus rapprochée, ce qui permet, après avoir trouvé le nombre de jours du premier effet, d'ajouter ou de déduire facilement le nombre de jours de l'effet suivant, et ainsi de suite jusqu'au dernier.

53. Dans quel cas la méthode des nombres et des diviseurs est-elle avantageuse ? — Donnez-en la règle.

Voici le compte :

		Échéances.		Jours.		Nombres.
835 fr.	—	24 mai	—	44	—	36 740
700	—	29 mai	—	49	—	34 300
1 400	—	20 juin	—	71	—	99 400
1 050	—	12 juillet	—	93	—	97 650
3 985 (à payer).						268 090

Cela fait, on calcule successivement le nombre de jours, compris entre le 24 mai, le 29 mai, le 20 juin, le 12 juillet et le 10 avril 1869, ce qui donne 44 jours, pour le premier effet de commerce ; 49, pour le second ; 71, pour le troisième, et 93, pour le quatrième, qu'on écrit les uns au-dessous des autres, à la colonne des jours et respectivement en regard de chaque capital correspondant ; puis, on multiplie le premier capital 835 par 44 jours et l'on obtient 36 740, qu'on place à la colonne des nombres. De même 700 francs par 49 ; 1 400 par 71 et 1 050 par 93 : on écrit chacun de leurs produits 34 300, 99 400, 97 650, à la colonne des nombres. Enfin, on fait la somme des cinq produits écrits à cette colonne, et l'on obtient 268 090, qu'on divise par le diviseur fixe $\dfrac{360 \times 100}{6} = 6\,000$, ce qui donne les intérêts demandés,

ou

$$268\,090 \text{ fr.} : 6000 =$$
$$26\,809 \quad : 600 = 44^{\text{fr}},68$$

R. : $44^{\text{fr}},68$.

Règle. *Pour calculer l'escompte au moyen de la méthode des nombres et des diviseurs, on range d'abord les effets à payer les uns au-dessous des autres, et par ordre d'échéances ; puis, on calcule le nombre de jours qu'il y a, entre le jour de l'escompte et celui de l'échéance de chaque effet commercial. Par ce nombre de jours, on multiplie la somme portée sur cet effet : le produit obtenu donne le premier nombre, qu'on écrit à la dernière colonne à droite. On opère de même pour tous les autres effets présentés à l'escompte. Enfin, on fait la somme des capitaux, celle des nombres, et l'on divise cette dernière par le diviseur fixe correspondant au taux donné. On obtient la somme à recevoir de plusieurs effets escomptés, en retranchant de leur somme l'escompte trouvé. — On suit la même marche pour le calcul des comptes d'intérêts.*

Problèmes sur l'escompte commercial.

[Les résoudre au moyen de la méthode des nombres et des diviseurs.]

143. Une personne escompte, le 15 juillet 1869, à 6 0/0, un billet de 2 350 francs, payable le 8 octobre suivant. Calculer l'escompte de ce billet.

144. On demande l'escompte d'un billet de 1 650 francs, payable le 15 septembre 1869 et escompté le 18 juillet précédent, sachant que l'escompte est de 6 0/0.

145. Un billet de 2 500 francs est escompté à 6 0/0, plus une commission de $\frac{1}{8}$ 0/0. Il a été présenté à la banque le 8 mai 1869, et il était payable le 17 octobre suivant. On demande la valeur actuelle de ce billet.

146. On propose de calculer la somme que retiendra un banquier, sur un billet de 1 960 francs, payable le 10 décembre 1869 et escompté le 25 octobre précédent, sachant que l'escompte est de 6 0/0 et la commission de $\frac{1}{4}$ 0/0.

147. On a escompté, le 24 septembre 1869, à 6 0/0, plus une commission de $\frac{1}{2}$ 0/0, un billet de 3 750 francs, payable le 19 novembre suivant.

Quelle somme a-t-on retirée de ce billet?

148. On demande ce qu'on recevra d'un billet de 2 750 francs, escompté à 6 0/0, plus une commission de 1 0/0, payable le 15 décembre 1869 et qu'on a escompté le 5 septembre précédent.

149. Le 10 juillet 1869, on a fait escompter les effets suivants, au taux de 6 0/0 :

800 francs,	payables à Paris,	le	8 mai 1869
1 250	—	—	15 avril
1 000	—	—	10 mars
et 975	—	—	20 mai

Quelle somme doit-on recevoir, pour ces quatre effets escomptés?

150. Un négociant, le 8 mars 1869, a fait escompter les effets suivants, au taux de 6 0/0 :

950 francs, payables à Paris, le 10 juillet 1869
2 500   —   —   4 juin
1 700   —   —   12 mai
et 1 950   —   —   20 avril.

Faire son compte.

151. A 6 0/0, il a été escompté, le 15 juillet 1869, les effets suivants :

765 francs, payables à Paris, le 12 septembre 1869
1 350   —   —   25 août
2 750   —   —   12 août
et 1 750   —   —   8 août.

Quelle somme recevra-t-on de ces quatre billets?
152. Un commerçant, le 25 février 1869, a fait escompter, à 6 0/0, les effets suivants :

1 570 francs, payables à Paris, le 12 juin 1869
900   —   —   8 mai
1 375   —   —   15 avril
et 1 869   —   —   24 mars.

Faire le compte de ce commerçant.

Méthode des parties aliquotes.

54. La *méthode* des parties *aliquotes* est celle qui procède par la décomposition du *temps* et du *taux*.

Décomposition du temps.

55. Supposons qu'il s'agisse d'un compte d'intérêt, au taux commercial de 6 p. 100, en représentant le capital par C, l'intérêt pour 60 jours sera égal à

$$I = \frac{C \cdot 60}{6\,000} = \frac{C}{100},$$

c'est-à-dire que cet intérêt peut se déterminer simplement, en prenant la centième partie du capital. Cela

54. Qu'appelle-t-on méthode des parties aliquotes? — 55. Comment se fait la décomposition du temps à l'aide de cette méthode?

posé, si l'on veut calculer l'intérêt produit pendant une période de temps quelconque, 75 jours, par exemple, on partage 75 en parties aliquotes de 60, c'est-à-dire en parties qui soient des *fractions sous-multiples* de 60, ce qui donne :

$$75 = 60 + 10 + 5.$$

Les deux dernières parties 10 + 5 représentent respectivement $\frac{1}{6}$, $\frac{1}{12}$ de 60.

La décomposition effectuée, on prend :

1° L'intérêt du capital pour 60 jours,

ou $\frac{1}{100}$ de ce capital ;

2° L'intérêt du même capital pour 10 jours,

ou $\frac{1}{6}$ du précédent intérêt ;

3° L'intérêt du capital pour 5 jours,

ou $\frac{1}{12}$ du premier intérêt.

Enfin, on ajoute ces trois intérêts partiels, et l'on obtient l'intérêt total.

Exemple : Soit à calculer l'intérêt de 2 450 francs, pendant 75 jours.

On dispose le calcul de la manière suivante :

Capital 2 450 fr.		Intérêts à 6 0/0.
Pour 60 jours.		$24^{fr},50$
10 . . . . $\frac{1}{6}$		$4,083$
5 . . . . $\frac{1}{12}$		$2,041$
Intérêts pour 75 jours.		$30^{fr},624$

R. : $30^{fr},624.$

Décomposition du taux.

56. Il arrive très-souvent que le taux est inférieur à 6 0/0 et quelquefois supérieur. Dans l'un de ces deux cas, il faut décomposer le taux en parties aliquotes de 6. Le tableau ci-dessous donne la relation entre un taux quelconque et 6 0/0.

Taux proposé 6 0/0.

1 . . . . $\frac{1}{6}$ de 6.

$1\frac{1}{2}$ ou $1+\frac{1}{2}$ . . . . . $\frac{1}{6}$ . . . $+\frac{1}{2}$ du $\frac{1}{6}$ de 6.

2 . . . . $\frac{1}{3}$ de 6.

$2\frac{1}{2}$ ou $2+\frac{1}{2}$ . . . . . $\frac{1}{3}$ . . . $+\frac{1}{2}$ du $\frac{1}{6}$ de 6.

3 . . . . $\frac{1}{2}$ de 6.

$3\frac{1}{2}$ ou $3+\frac{1}{2}$ . . . . . $\frac{1}{2}$ . . . $+\frac{1}{2}$ du $\frac{1}{6}$ de 6.

4 ou $3+1$ . . . . . . $\frac{1}{2}$ . . . $+\frac{1}{6}$ de 6.

$4\frac{1}{2}$ ou $3+1+\frac{1}{2}$ . . . . $\frac{1}{2}$ . . . $+\frac{1}{6}$ de 6 $+\frac{1}{12}$ de 6.

5 ou $3+2$ . . . . . . $\frac{1}{2}$ . . . $+\frac{1}{3}$ de 6.

$5\frac{1}{2}$ ou $3+2+\frac{1}{2}$ . . . . $\frac{1}{2}$ . . . $+\frac{1}{3}$ de 6 $+\frac{1}{12}$ de 6.

$6\frac{1}{2}$ ou $6+\frac{1}{2}$ . . . . . . 6 0/0 . . $+\frac{1}{12}$ de 6.

7 ou $6+1$ . . . . . . 6 0/0 . . $+\frac{1}{6}$ de 6.

$7\frac{1}{2}$ ou $6+1+\frac{1}{2}$ . . . . 6 0/0 . . $+\frac{1}{6}$ de 6 $+\frac{1}{12}$ de 6.

8 ou $6+2$ . . . . . . 6 0/0 . . $+\frac{1}{3}$ de 6.
etc.

Exemple. — 56. Exposer la décomposition du taux. Exemples. —

I. Exemple : L'intérêt d'un capital à 6 0/0 est, pour un temps donné, 72 francs. On veut connaître l'intérêt de ce capital pendant le même temps et à $3\frac{1}{2}$ 0/0.

Solution.   Intérêt à 6 0/0.   72 francs.

3 0/0 . . . . . $\frac{1}{2}$ . . . . . 36 francs.

$+\frac{1}{2}$ 0/0 . . . . . $\frac{1}{12}$ 6

L'intérêt à $3\frac{1}{2}$ 0/0 donne donc   42 francs.

R. : 42 francs.

II. Exemple : Calculer l'intérêt produit, en 60 jours, par 1 850 francs, au taux de $5\frac{1}{2}$ 0/0.

Solution.   Capital 1 850 fr. . . . . Intérêt à 6 0/0 . . . $18^{fr},50$
à 60 jours.

$-\frac{1}{2}$ 0/0 . . . $1^{fr},54$

L'intérêt, à $5\frac{1}{2}$ 0/0, égale donc $16^{fr},96$

R. : $16^{fr},96$.

III. Exemple : On demande l'intérêt de 3 800 francs, à $7\frac{1}{2}$ 0/0, pour 60 jours.

Solution.   Capital 3 800 fr. . . . . Intérêt à 6 0/0 . . . $38^{fr},00$
à 60 jours.

$+1$ . . . $\frac{1}{6}$ . . . 6 ,33

$+\frac{1}{2}$ . . . $\frac{1}{12}$ . . . 3 ,17

L'intérêt, à $7\frac{1}{2}$ 0/0, donne. . . . . $47^{fr},50$

R. : $47^{fr},50$.

Décomposition du temps et du taux.

57. Quelquefois on a à calculer l'intérêt d'un capital placé à un taux quelconque, pendant un certain nombre de jours, en partant de 6 0/0 et pour 60 jours. Dans ces deux cas, on calcule l'intérêt à 6 0/0 par la méthode des parties aliquotes, et l'on passe de l'intérêt au taux demandé.

Exemple : Soit à calculer l'intérêt de 4575 francs, pour 75 jours, à $5\frac{1}{2}$ 0/0.

Solution. $75 = 60 + 10 + 5.$

Capital 4575 fr.		Intérêts à 6 0/0.
Pour 60 jours.		45^{fr},75
— 10 —	$\frac{1}{6}$	7 ,625
— 5 —	$\frac{1}{12}$	3 ,8125
Intérêt à 6 0/0		57^{fr},1875
$-\frac{1}{2}$ 0/0 $\frac{1}{12}$		4 ,7656
		52^{fr},4219

R. : 52^{fr},4219.

Cette méthode, réunissant les avantages de la décomposition du temps et du taux, est d'une grande utilité dans la pratique.

Problèmes sur l'escompte en dehors.

[Résoudre les problèmes suivants au moyen de la méthode des parties aliquotes.]

153. Calculer l'intérêt de 3560 francs, à 6 0/0, pendant 75 jours.

154. On demande l'intérêt de 2178 francs, à 6 0/0, pendant 85 jours.

57. Comment calcule-t-on les intérêts par la décomposition du temps et du taux?

155. L'intérêt d'un capital à 6 0/0 est, pour un temps donné, 86 francs. Quel serait l'intérêt de ce capital, si, pendant le même temps, le taux était à $3\frac{1}{2}$ 0/0?

156. Lorsque le taux d'un capital est à 6 0/0, ce capital produit 92 francs. Combien donnerait-il s'il était à $4\frac{1}{2}$ 0/0, pendant le même temps?

157. On demande l'intérêt produit en 30 jours, par 1 650 francs, au taux de $5\frac{1}{2}$ 0/0.

158. Quel est l'intérêt de 2 500 francs, à 7 0/0, pendant 60 jours?

159. On propose de calculer l'intérêt de 2 750 francs, à $7\frac{1}{2}$ 0/0, pour 90 jours.

160. On demande l'intérêt de 3 970 francs, pour 75 jours, à $5\frac{1}{2}$ 0/0.

161. Calculer l'intérêt de 4 784 francs, pour 65 jours, à $6\frac{1}{2}$ 0/0.

162. Faire connaître l'intérêt de 1 964 francs, pour 70 jours, à $2\frac{1}{2}$ 0/0.

Du choix des deux méthodes.

58. Il est à remarquer que la méthode des parties aliquotes ne peut s'appliquer avec avantage qu'à des billets isolés, tandis que la méthode des nombres et des diviseurs peut être employée dans tous les cas, que le billet soit isolé ou non. On fera donc usage de la première, lorsqu'on aura à calculer les intérêts d'un seul effet commercial, et de la seconde, lorsqu'on aura à faire le calcul des intérêts de plusieurs billets, appartenant à la même personne.

58. Quelle remarque y a-t-il à faire sur le choix des deux mé-

Tableau donnant le nombre de jours compris entre deux dates.

Janvier.	Février.	Mars.	Avril.	Mai.	Juin.	Juillet.	Août.	Septembre.	Octobre.	Novembre.	Décembre.
0	31	59	90	120	151	181	212	243	273	304	334

59. On se sert du tableau qui donne le nombre de jours compris entre deux dates, en lisant, sous chaque mois, le nombre de jours de l'année écoulés avant le premier de ce mois; puis, on prend la différence de deux nombres, lorsque les deux mois portent le même quantième. Dans le cas contraire, on ajoute ou l'on retranche la différence, en plus ou en moins, du quantième commun aux deux mois, et l'on obtient ainsi le nombre de jours compris entre deux dates données.

I. Exemple : Calculer le nombre de jours compris, entre le 10 avril et le 10 octobre.

Solution. En comptant du 10 avril au 10 octobre, sous octobre, nous trouvons 273, et sous avril, 90. Le nombre de jours demandé sera :

$$273 - 90 = 163 \text{ jours.}$$

R. : 163 jours.

II. Exemple : On demande combien il y a de jours, du 10 avril au 20 octobre.

Solution. Du 10 avril au 10 octobre, je trouve, sous octobre, 273, et, sous avril, 90; je soustrais 90 de 273, et j'obtiens :

$$273 - 90 = 163 \text{ jours.}$$

thodes? — 59. Comment se sert-on du tableau qui donne le nombre de jours compris entre deux dates? Exemples.

Enfin, du 10 au 20 octobre, il y a 10 jours en plus ; j'ajoute ces 10 jours aux 163 jours obtenus, et il vient :

$$163 + 10 = 173 \text{ jours.}$$

R. : 173 jours.

III. Exemple : Combien de jours, du 8 mai au 4 septembre?

Solution. Je calcule d'abord combien il y a de jours, du 8 mai au 8 septembre,

ou $343 - 120 = 123$ jours.

Puis, du 8 mai au 4, je trouve 4 jours. Je retranche ces 4 jours de 123, et j'obtiens le nombre de jours demandé,

ou $123 - 4 = 119$ jours.

R. : 119 jours.

IV. Exemple : Déterminer le nombre de jours qu'il y a entre le 15 octobre et le 12 mars suivant.

Solution. On calcule d'abord combien il y a de jours, du 15 octobre au 15 mars. Pour cela, on prend 273 sous octobre et 59 sous mars, on ajoute 365 au plus petit nombre, et l'on retranche le plus grand de la somme,

ou $(365 + 59) - 273 = 424 - 273 = 151$ jours.

Cela fait, on recule du 15 mars au 12 mars, c'est-à-dire 3 jours, de sorte que le nombre demandé sera

$$151 - 3 = 148 \text{ jours.}$$

R. : 148 jours.

DE L'ÉCHÉANCE MOYENNE OU COMMUNE.

60. On fait usage du calcul de l'échéance *moyenne* ou *commune*, lorsqu'on désire remplacer plusieurs billets ou effets commerciaux, à échéances diverses, par un *seul billet* équivalent.

Règle. *On trouve l'échéance moyenne ou commune de deux ou plusieurs billets payables à des époques différentes, en multipliant le montant de chaque billet, par le nombre de jours comptés jusqu'à son échéance, et l'on obtient ainsi autant de produits qu'il y a de billets donnés. Enfin, on additionne, d'une part, toutes les sommes portées sur chaque billet; de l'autre, tous les produits obtenus; puis, l'on divise le total de ces produits par celui du montant des billets : leur quotient donnera le nombre de jours jusqu'à l'échéance demandée.*

Exemple : Blanchart remet à Devienne, le 10 avril 1869, les effets suivants :

1°	835 fr., payables à Saint-Quentin,	le 24 mai 1869;
2°	700	—	—	le 29 mai;
3°	1 400	—	—	le 20 juin;
4°	1 050	—	—	le 12 juillet;

et lui demande un billet, à échéance moyenne, équivalent à ces quatre effets. Dans combien de jours ce billet sera-t-il payable?

Solution. La méthode des nombres et des diviseurs nous donne :

		Échéances.		Jours.		Nombres.
835 fr.	—	24 mai	—	44	—	36 740
700	—	20 mai	—	49	—	34 300
1 400	—	20 juin	—	71	—	99 400
1 050	—	12 juillet	—	93	—	97 650
3 985 fr.						268 090

Cela fait nous dirons : si nous connaissions le nombre de jours demandé, que nous représenterons par J, en le multipliant par 3 985, nous aurions J × 3 985 = 268 090. Nous

60. Dans quel cas fait-on usage du calcul de l'échéance moyenne ou commune? — Donnez-en la règle et un exemple.

connaissons donc un produit 268 090, et l'un de ses facteurs
3 985; donc le facteur inconnu J, ou la réponse demandée,
sera égale à

$$J = \frac{268\,090}{3\,985} = 67 \text{ jours.}$$

Donc, enfin, le nouveau billet, destiné à remplacer les
quatre effets donnés, est payable dans 67 jours, et son
échéance sera par conséquent le 16 juillet 1869.

Problèmes à résoudre, sur l'échéance moyenne ou commune.

163. Un banquier a quatre billets, savoir :

Le 1er de 2 600 fr., payable dans 60 jours.
2e   1 500   —   90
3e   3 500   —   40
4e   2 000   —   110

Il voudrait échanger ces quatre billets contre un seul de 2 600 fr.
+ 1 500 fr. + 3 500 fr. + 2 000 fr. ou 9 600 francs.
Dans combien de jours ce billet sera-t-il payable?

164. Lemaire remet à Duflot, le 15 avril 1870, les effets suivants :

1°   975 fr., payables le 25 mai 1870 ;
2°   600   —   28 mai ;
3° 1 500   —   24 juin ;
4° 1 250   —   14 juillet ;

et lui demande un billet à échéance moyenne, équivalent à ces
quatre effets. Dans combien de jours ce billet sera-t-il payable?

165. Un négociant a cinq billets, savoir :

Le 1er de   950 fr., payable dans 30 jours.
2e   1 275   —   60
3e   2 500   —   90
4e   1 900   —   75
5e   2 850   —   80

Il désire remplacer ces cinq effets par un autre équivalent. On
demande le montant de ce nouveau billet et la date de son échéance.

166. Le 25 mai 1870, il est remis à un débiteur les effets suivants :

1° 1 050 fr., payables le 26 juin 1870 ;
2° 1 175   —   4 juillet ;
3° 1 380   —   11
4° 1 500   —   23

Arithm. prat. 2.

En échange de ces quatre effets, on lui demande un billet équivalent. Quel sera le montant du nouveau billet, et quelle en sera la date d'échéance?

167. Le 20 juin 1870, on veut échanger cinq billets contre un seul équivalent, savoir :

1°	550 fr.,	payables le	13 août 1870;
2°	786	—	17 septembre;
3°	972	—	19 octobre;
4°	1 000	—	25 —
5°	1 700	—	28 —

On demande le montant de ce nouveau billet et la date de son échéance?

168. Le 19 juillet 1870, il a été échangé six billets contre un seul équivalent, savoir :

1°	600 fr.,	payables le	22 août 1870;
2°	950	—	28 —
3°	1 100	—	1er septembre;
4°	1 700	—	15 —
5°	2 000	—	20 —
6°	1 450	—	25 —

On propose de calculer successivement le montant et l'échéance de ce nouveau billet.

RÈGLE DES MOYENNES.

61. On appelle règle des *moyennes*, celle qui a pour but de calculer une quantité moyenne à plusieurs autres données.

Règle. *Pour calculer la* moyenne, *entre deux ou plusieurs quantités données, on additionne toutes ces quantités et l'on divise leur somme par un nombre qui représente autant d'unités qu'il y a de quantités additionnées.*

I. Exemple : Calculer la moyenne entre 8 et 16.

Solution.

$$8 + 16 = 24.$$

$$\frac{24}{2} = 12.$$

J'additionne 8 et 16, et j'obtiens 24; puis, je divise 24 par 2, et il vient 12, pour moyenne entre 8 et 16.

61. Qu'appelle-t-on règle des moyennes? — Règle. Exemples.

5.

II. Exemple : On demande la moyenne entre les nombres 8, 7, 4, 9, 12 et 14.

Solution. $8 + 7 + 4 + 9 + 12 + 14 = 54.$

$$\frac{54}{6} = 9.$$

Je fais la somme des nombres proposés ; je divise cette somme par 6, et j'obtiens 9 pour moyenne demandée.

Nota. On obtiendra, de la même manière, la moyenne entre des fractions décimales, des nombres décimaux et des fractions ordinaires.

Problèmes à résoudre, sur la Règle des moyennes.

169. Calculer la moyenne entre les nombres 9 et 7.

170. Quelle est la moyenne entre 15 et 23?

171. On désire connaître la moyenne des nombres 15, 22 et 35.

172. On a mesuré quatre coupons de toile. On a obtenu, pour le premier, 0 m.,90 ; pour le second, 0 m.,85 ; pour le troisième, 0 m.,94, et, pour le quatrième, 0 m.,98.

Quelle est la longueur moyenne de ces quatre coupons?

173. On demande la quantité moyenne des fractions décimales 0,25, 0,30, 0,72, 0,64, 0,78, 0,80 et 0,87.

174. On a mesuré quatre fois une distance. On a trouvé successivement 575 m., 576 m., 575 m.,5 et 575 m.,95. Quelle est la longueur moyenne de ces quantités?

175. On propose de calculer la longueur moyenne des quantités suivantes : 27 m.,70, 38 m.,50, 60 m.,65 et 71 m.,86.

176. Quelle est la moyenne des six quantités suivantes : 78 m., 0 m.,745, 16 m.,74, 4 m.,785, 0 m.,97 et 24 m.,34?

177. Pour parcourir une distance, un courrier a employé successivement 6 heures $\frac{3}{4}$, 6 heures $\frac{2}{3}$, 6 heures $\frac{2}{5}$ et 6 heures $\frac{5}{8}$. Quelle est la moyenne du temps qu'il a employé pour parcourir cette distance?

178. Quatre robinets remplissent un bassin : le premier, en 8 heures $\frac{1}{2}$; le second, en 7 heures $\frac{1}{4}$; le troisième, en 10 heures $\frac{2}{3}$, et le quatrième, en 6 heures $\frac{1}{2}$. On demande le temps que mettrait un robinet de dimension moyenne à ces quatre robinets, pour remplir ce même bassin?

DES COMPTES-COURANTS D'INTÉRÊT.

62. On appelle des *comptes-courants d'intérêt* des comptes qui portent, ou un intérêt égal et réciproque, pour toutes les sommes qui composent le débit et le crédit, ou un intérêt inégal et non réciproque, suivant les conditions établies par les correspondants.

63. Les comptes-courants d'intérêt peuvent avoir lieu entre banquiers, commerçants et non commerçants; toute personne, quelle que soit sa position, peut avoir un compte-courant ouvert chez les banquiers.

64. Les correspondants, avant de se lier d'affaires, doivent arrêter les bases sur lesquelles reposent leurs transactions, déterminer les époques auxquelles ils régleront leurs comptes d'intérêt, fixer le taux auquel ils calculeront l'intérêt des sommes desquelles ils seront réciproquement débiteurs et créanciers, et convenir, enfin, du prix de leurs commissions et de leurs provisions.

65. Les *comptes-courants* se règlent ordinairement tous les *trois mois,* ou tous les *six mois.*

66. Les comptes-courants se règlent au moyen de deux méthodes : la *méthode directe* et la *méthode inverse.*

67. On appelle *méthode directe,* celle par laquelle on établit le compte-courant, en calculant *directement* les intérêts, depuis le jour où chaque somme porte intérêt, jusqu'au jour du règlement.

68. On appelle *méthode indirecte,* celle par laquelle on opère comme si toutes les sommes du débit et du crédit portaient intérêt à partir de la date antérieure à toutes les autres.

62. Qu'appelle-t-on comptes-courants d'intérêt? — 63. Entre qui peuvent avoir lieu les comptes-courants d'intérêt? — 64. Avant de se lier d'affaires, que doivent faire les correspondants? — 65. Comment se règlent les comptes-courants? — 66. Au moyen de combien de méthodes se règlent les comptes-courants? Énoncez-les.— 67. Qu'appelle-t-on méthode directe? — 68. Qu'appelle-t-on méthode indirecte?

69. On appelle *balance* la différence entre deux nombres qui, ajoutée au plus faible, établit l'égalité, l'équilibre.

70. Exemple : Ravin a déposé chez un banquier : 360 francs le 12 février ; 450 francs le 20 mars, et 800 francs le 22 avril. Le banquier a payé pour lui 250 francs le 10 mars ; 400 francs le 8 avril, et 850 francs le 25 mai. On propose d'établir le compte-courant de Ravin au 31 juillet, sachant que, d'après le règlement du 31 décembre précédent, ce négociant était créancier de la banque pour une somme de 5850 francs, et que le banquier prend une commission de $\frac{1}{4}$ 0/0 sur les sommes déposées chez lui.

Après avoir dessiné le cadre ci-contre, divisé en *dix* colonnes, dont les cinq premières sont destinées au *Doit*, et les cinq autres à l'*Avoir*, j'écris, dans la première colonne, à gauche, les noms des mois (mars, avril et mai), pendant lesquels le banquier a payé des sommes pour le compte de Ravin ; dans la seconde, les dates (10, 8 et 25) de ces payements ; dans la troisième, leur montant respectif (250, 400, 850) ; dans la quatrième, le nombre de jours (143, 114 et 67), compris entre le 10 mars, le 8 avril, le 25 mai et le 31 juillet suivant ; et, dans la cinquième colonne, les nombres (35750, 45600 et 56950), obtenus en multipliant 250 francs par 143 jours, 400 francs par 114 jours et 850 francs par 67 jours.

Le *Doit* étant ainsi disposé, je passe à l'*Avoir* :

Dans la sixième colonne de ce cadre, qui est la première de l'*Avoir*, j'écris les noms des mois (décembre, février, mars et avril), qui représentent les époques des versements faits par Ravin ; dans la septième, les dates (31, 12, 20 et 22) de ces versements ; dans la huitième, leur valeur (5850 francs, 360 francs, 450 francs et 850 francs) ; dans la neuvième, les jours (212, 169, 133 et 100) compris entre le 31 décembre, le 12 février, le 20 mars, le 22 avril et le 31 juillet ; et, dans la dixième

---

— 69. Qu'appelle-t-on balance ? — 70. Expliquez, sur un exemple, comment on fait un compte-courant d'intérêt, au moyen de la méthode directe. Règle. — Et de la méthode indirecte ? Règle.

MÉTHODE DIRECTE.

M. Ravin, son compte-courant, à 4 0/0 l'an, au 31 juillet 1870,
chez M. X..., banquier à Paris.

Doit.

Mars.	10	250f,00 . . . espèces.	143	35 750	
Avril.	8	400,00 . . . espèces.	114	45 600	
Mai.	25	850,00 . . . espèces.	67	56 950	
		Bal. des nombres.		1 302 590	
		4,03 comm. $\frac{1}{4}$ 0/0, sur			
		1 610 fr.			
		6 100,70 solde créditeur.			
		7 604f,73		1 440 890	

Avoir.

Décembre.	31	5 850f,00 . . . créancier.	212	1 240 200	
Février.	12	360,00 . . . espèces.	169	60 840	
Mars.	20	450,00 . . . espèces.	133	59 8?0	
Avril.	22	800,00 . . . espèces.	100	80 000	
		144,73 Intérêts sur la ba- lance des *nombres*.			
		7 604f,73		1 440 890	
Juillet.	31	6 100f,70 créanc. à nouveau.			

Paris, le 31 juillet 1870.

X...

Observation. — Souvent, pour simplifier les calculs, au lieu des nombres obtenus, on écrit seulement, dans la 5e colonne du *Doit* et de l'*Avoir*, la partie entière du centième de chaque nombre, mais on augmente de 1 le chiffre des unités, lorsque le chiffre des dixièmes est 5 ou plus fort que 5. Ainsi, dans la 5e colonne du *Doit*, on écrit 358, 456, 570; et, dans la 5e colonne de l'*Avoir*, 12 402, 608, 599 et 800.

et dernière colonne, les nombres (1 240 200, 60 840, 59 850 et 80 000), provenant de la multiplication de 5 850 francs par 212 jours, 360 francs par 169 jours, 450 francs par 133 jours et 800 francs par 100 jours.

Puis, je calcule la commission $\frac{1}{4}$ 0/0 des sommes déposées par Ravin chez le banquier (360 francs + 450 francs + 800 francs ou 1 610 francs), les intérêts des trois sommes dues par Ravin (250 francs, 400 francs et 850 francs) et ceux que lui donne son Avoir (5 850 francs, 360 francs, 450 francs et 800 francs). Pour cela, je divise, par 90 (diviseur fixe pour le taux de 4 0/0), le centième de la somme des nombres du *Doit* et celle des nombres de l'*Avoir*; j'en prends la différence et il vient :

$$\frac{14\,408,90}{90} - \frac{1\,383,00}{90} = \frac{13\,025,90}{90} = 144^\text{f},73 \text{ (Intérêts dus à Ravin).}$$

J'écris ces intérêts à l'*Avoir* de Ravin, parce que la somme des nombres de l'*Avoir* est supérieure à celle des nombres du *Doit* : car, dans le cas contraire, je l'aurais porté au *Doit*. Je prends la différence entre le total des sommes dues par Ravin et le total des sommes qui lui sont dues et je trouve : 7 604 fr.,73 — 1 504 fr.,03 = 6 100 fr.,70 en sa faveur. Je porte cette somme au *Doit*; je l'additionne aux autres nombres (250 francs, 400 francs, 850 francs et 4 fr.,03), et j'obtiens 7 604 fr.,73, somme égale au total de l'*Avoir*.

Règle. *Pour faire un compte-courant d'intérêt, au moyen de la méthode directe, on dessine d'abord un cadre divisé en dix colonnes, dont les cinq premières, à gauche, sont destinées au* Doit, *et les cinq autres, à l'*Avoir; *puis, on écrit, dans la première colonne du* Doit, *les noms des mois où le banquier a payé des sommes pour le compte de son client; dans la seconde, leurs dates respectives; dans la troisième, le montant de ces sommes; dans la quatrième, les nombres des jours compris entre le moment des avances et du règlement de compte; et, dans la cinquième, les nombres correspondants. On suit la même marche pour l'*Avoir. *Cela fait, au* Doit *comme à l'*Avoir, *on multiplie chaque somme avancée ou déposée, par le nombre des jours obte-*

*nus, ce qui donne les nombres du passif et ceux de l'actif;
on calcule les intéréts sur la balance des nombres, au profit
du négociant; on les ajoute aux autres sommes qui lui sont
dues, afin d'établir son actif; on calcule ensuite la commission des sommes déposées par lui; on l'additionne avec les
sommes au Doit, ce qui en donne le total; enfin, on fait la balance de la somme de ces nombres, et l'on en écrit le résultat,
pour obtenir l'équilibre de ces nombres, et celle des sommes
des capitaux portés au Doit et à l'Avoir : on connaît ainsi la
situation du client, à l'égard du banquier, et réciproquement.*

Au lieu d'établir le compte-courant d'intérêt comme
dans la méthode directe, en calculant les intérêts, depuis
le jour où chaque somme porte intérêt jusqu'au jour du
règlement, dans la méthode indirecte, on opère d'abord
comme si toutes les sommes au débit et au crédit portaient intérêt, à partir de la date antérieure à toutes les
autres, c'est-à-dire, dans l'exemple proposé, au 31 décembre 1869. Ainsi, la différence entre la somme des
capitaux du crédit et celle des capitaux du débit est
5 960 francs au crédit, de sorte que l'intérêt cherché
serait celui de 5 960 francs, du 31 décembre au 31 juillet, pour un espace de temps de 212 jours, qui donne
1 263 520 pour nombre. Ravin a donc l'intérêt calculé
sur le nombre 1 263 520.

Il est à remarquer qu'en opérant de cette manière, on
lui a retenu l'intérêt de 250 francs, à partir du 31 décembre, au lieu du 10 mars jusqu'au 31 juillet, ou pour
69 jours de trop; le banquier se trouve donc obligé
de lui rendre l'intérêt de 250 francs pour 69 jours, qui
sera calculé sur le nombre correspondant 17 250. On
opère de même pour les deux autres sommes du débit :
car, sur 400 francs, le banquier a retenu de trop
l'intérêt pour 98 jours, correspondant au nombre
39 200, et sur 850 francs, l'intérêt pour 145 jours,
correspondant au nombre 123 250. En faisant la somme
de ces trois nombres, on obtient 179 700.

Notons en outre qu'on a compté à Ravin l'intérêt de
360 francs, à partir du 31 décembre, au lieu du 12 février, jusqu'au 31 juillet, c'est-à-dire, pour 43 jours
de trop; on lui retiendra donc cet intérêt, qui sera
calculé sur le nombre correspondant 15 480. On lui

MÉTHODE INDIRECTE.

*M. Ravin, son compte-courant, à 4 0/0 l'an, au 31 juillet 1870,
chez M. X...., banquier à Paris.*

Doit.

Mars.	10	250fr,00 . . . . espèces.	69	17 250
Avril.	8	400 ,00 . . . . espèces.	98	39 200
Mai.	25	850 ,00 . . . . espèces.	145	123 250
		Balance des capitaux.. 5 960 fr.	212	1 263 520
		4 ,93 comm. $\frac{1}{4}$ 0/0, sur		
		1 610 fr.		
		6 100 ,70 solde créditeur.		
		7 604fr,73		1 443 220

Avoir.

			Époque.	
Décembre.	31	5 850fr,00 . . . . créancier.	43	15 480
Février.	12	360 ,00 . . . . espèces.	79	35 550
Mars.	20	450 ,00 . . . . espèces.	112	89 600
Avril.	22	800 ,00 . . . . espèces.		
		144 ,73 . . . . sur la balance des nombres.		1 302 590
		7 604fr,74		
Juillet.	31	6 100fr,70 créanc. à nouveau.		
		Paris, le 31 juillet 1870.		
		X....		
				1 443 220

L'observation, placée au bas du cadre de la méthode directe, peut aussi s'appliquer à la méthode indirecte.

retiendra encore l'intérêt de **450** francs pour **79** jours, pris sur le nombre correspondant **35 550**, et l'intérêt de **800** francs pour **112** jours, pris sur le nombre correspondant **89 600**. On devra donc lui retenir l'intérêt calculé sur la somme de ces trois nombres, ou sur **140 630**. D'où il résulte que Ravin possédera l'intérêt calculé sur le nombre **1 263 520**, plus l'intérêt calculé sur le nombre **179 700**, moins l'intérêt calculé sur le nombre **140 630**. L'intérêt qui lui est dû sera donc égal à (le diviseur fixe étant 90 à 4 0/0) :

$$\frac{12\,635,20}{90} + \frac{1\,797,00}{90} - \frac{1\,406,30}{90}$$

$$= \frac{12\,635,20 + 1\,797,00 - 1\,406,30}{90} = \frac{14\,432,20 - 1\,406,30}{90}$$

$$= \frac{13\,025,90}{90} = 144^{\text{fr}},73.$$

En résumant, on voit que le banquier doit à Ravin la balance des capitaux, c'est-à-dire **7 460** francs — **1 500** fr. = 5 960 fr. ⎫
plus les intérêts au 31 juillet 144,73 ⎬ 6 104 fr.,73
moins les frais de commission $\frac{1}{4}$ 0/0 sur
1 610 francs, ou — 4 ,02
et que le solde créditeur de Ravin s'élève à 6 100 fr.,71

Nota. On remarque que, par la méthode indirecte, les *nombres* inscrits au *débit* sont en réalité à l'*avoir* de Ravin, et que ceux qui sont inscrits à son *avoir* sont en réalité à son *débit*.

Règle. *Pour faire un compte-courant d'intérêt, au moyen de la méthode indirecte, on dessine d'abord un cadre composé de dix colonnes, dont les cinq premières sont destinées au Passif, et les cinq autres, à l'Actif ; puis, on prend pour époque la date qui est antérieure à toutes les autres ; on inscrit dans une colonne les nombres de jours compris entre cette date et celle de chaque somme portée, soit au Débit, soit au Crédit ; on calcule les nombres correspondants, et l'on fait la somme des nombres inscrits au Crédit et celle des nombres portés au Débit. Cela fait, on cherche la balance des capitaux, ou la différence entre la somme des capitaux qui sont au Débit et* celle des capitaux qui sont au Crédit, et l'on calcule le nombre de cette balance, en le multipliant par le nombre de jours, compris entre l'époque adoptée et la date du règlement. Si la balance est en faveur du titulaire du compte, on ajoute à ce nombre la somme des nombres inscrits au Débit, et l'on en retranche la somme des nombres inscrits au Crédit ; le centième du résultat, divisé par le diviseur fixe correspondant au taux, sera l'intérêt cherché et en faveur du titulaire. Si, au contraire, la balance est en faveur du banquier, on ajoute à son nombre la somme des nombres inscrits au Crédit, et l'on en retranche la somme des nombres inscrits au Débit : le centième du résultat, divisé par le diviseur fixe, sera l'intérêt en faveur du banquier. Enfin, on porte l'intérêt à la balance des capitaux, on en retranche ou l'on y ajoute les droits de commission dus au banquier, suivant que la balance des capitaux est en faveur du titulaire du compte, ou en faveur du banquier, et l'on obtient le solde définitif. Telle est la marche à suivre pour établir un compte-courant d'intérêt, au moyen de la méthode indirecte.

Problèmes à résoudre, sur les Comptes-courants d'intérêt.

[Chacun des problèmes suivants sera successivement résolu, au moyen de la méthode directe et de la méthode indirecte.]

179. W... a déposé chez un banquier : 450 francs le 26 février ; 500 francs le 22 mars, et 700 francs le 24 avril. Le banquier a payé pour lui 300 francs le 14 mars ; 350 francs le 10 avril, et 900 francs le 26 mai. Établir le compte-courant de W... au 31 juillet, sachant que, d'après le règlement de compte du 31 décembre précédent, ce négociant était créancier de la banque pour une somme de 6 000 francs, et que le banquier prend une commission de $\frac{1}{4}$ 0/0, sur la somme déposée chez lui.

180. D... a déposé chez un banquier : 500 francs le 25 février ; 450 francs le 18 mars, et 900 francs le 28 avril. Le banquier a payé, pour le compte de son client, 400 francs le 16 mars ; 550 francs le 12 avril, et 1200 francs le 24 mai. Établir le compte-courant de D..., au 30 juin, sachant que, d'après le règlement de compte du 31 décembre précédent, ce négociant était créancier de la banque pour une somme de 350 francs, et que le banquier prend une commission de $\frac{1}{8}$ 0/0, sur la somme déposée chez lui.

181. Au 31 mai, on propose d'établir le compte-courant de F..., sachant qu'il a déposé chez le banquier : 350 francs le 4 mars ;

450 francs le 22 mars, et 800 francs le 15 avril; que ce banquier a payé, pour le compte de F..., 300 francs le 10 mars, 400 francs le 16 avril, et 1 500 francs le 13 mai; que, d'après le règlement de compte du 31 décembre précédent, le client était créancier de la banque pour une somme de 4 650 francs, et que le banquier prend une commission de $\frac{1}{8}$ 0/0, sur la somme déposée chez lui.

182. B... a déposé chez un banquier : 750 francs le 8 février; 800 francs le 20 mars, et 950 francs le 26 avril. Le banquier a payé, pour le compte de son client, 450 francs le 8 mars; 500 francs le 18 avril, et 1 500 francs le 19 mai. Faire le compte-courant de B..., au 31 mai, sachant que, d'après le règlement de compte du 31 décembre précédent, il était créancier de la banque pour une somme de 2 500 francs, et que le banquier prend une commission de $\frac{1}{4}$ 0/0, pour la somme avancée par lui.

DES FONDS PUBLICS.

71. On appelle *fonds publics*, des titres de rentes, à des taux divers, qui sont inscrits au livre de la dette publique, et que l'État délivre en échange de l'argent qu'il emprunte.

72. En France, on distingue deux espèces de fonds publics : le 3 0/0 et le $4\frac{1}{2}$ 0/0.

73. On dit que le 3 0/0 et le $4\frac{1}{2}$ 0/0 sont au *pair*, lorsque le prix de la vente à la Bourse est égal à sa valeur nominale de 100 francs.

74. On appelle *cours* de la rente, le prix variable du 3 0/0 et du $4\frac{1}{2}$ 0/0, obtenu chaque jour à la Bourse, par leur vente ou leur achat.

Ainsi, lorsque l'on voit, sur le tableau du télégraphe

71. Qu'appelle-t-on fonds publics? — 72. Combien distingue-t-on d'espèces de fonds publics? — 73. Quand dit-on que le 3 0/0 et le $4\frac{1}{2}$ 0/0 sont au pair? — 74. Qu'appelle-t-on cours de la rente? —

ou dans les journaux, que le 3 0/0 a fait 73 fr.,50, et le 4 $\frac{1}{2}$ 102 fr.,80, cela veut dire que le *cours moyen* de la rente a été à la Bourse de 73 fr.,50 pour le 3 0/0, et de 102 fr.,80 pour le 4 $\frac{1}{2}$ 0/0.

75. La rente 3 0/0 se paye par *trimestres :* le 1er janvier, le 1er avril, le 1er juillet et le 1er octobre ; et la rente 4 $\frac{1}{2}$ se paye par *semestres :* le 22 mars et le 22 septembre.

76. On divise les titres de rente 3 0/0 et le 4 $\frac{1}{2}$ 0/0 en deux catégories : les titres *nominatifs* et les titres au *porteur.*

77. On appelle titres de rente nominatifs, ceux sur lesquels sont inscrits les nom et prénoms, la profession et la demeure de celui qui les possède. Il a seul le droit de les faire vendre.

78. On appelle titres de rente au porteur, ceux sur lesquels le nom du porteur n'est pas inscrit. Ils sont la propriété de celui qui les possède.

79. Il y a une différence bien sensible entre les emprunts de l'État et ceux des particuliers : l'État ne prend pas l'engagement de remplacer, par de l'argent, les titres qu'il souscrit ; il s'oblige seulement à en servir l'intérêt annuel, tandis que le débiteur ordinaire est tenu, à la fin de l'échéance, à rembourser au prêteur et le capital et les intérêts.

80. Les titres de rente nominatifs et au porteur se négocient sur un grand marché public, la Bourse, où les achats et les ventes se font par l'intermédiaire d'a-

75. Comment paye-t-on la rente 3 0/0 et la rente 4 $\frac{1}{2}$ 0/0 ? — 76. En combien de catégories divise-t-on les titres de rente 3 0/0 et 4 $\frac{1}{2}$ 0/0 ? — 77. Qu'appelle-t-on titres de rente nominatifs ? — 78. Qu'appelle-t-on des titres de rente au porteur ? — 79. Quelle différence faites-vous entre les emprunts de l'État et ceux des particuliers ? — 80. Comment négocie-t-on les titres de rente nominatifs et au por-

gents (agents de change), ayant seuls qualité pour faire ces opérations.

81. Sur chaque opération, achat ou vente, les agents de change prélèvent un courtage ou commission de $\frac{1}{8}$ 0/0. Ce droit se prend sur le *prix* de la rente achetée ou vendue. Il varie suivant la nature des autres valeurs.

82. Les agents de change ajoutent à leur courtage un *droit fixe* pour *timbre*; il est de 0 fr.,50 pour chaque opération inférieure à 10 000 francs de capital engagé, et 1 fr.,50 à partir de 10 000 francs.

83. On peut, en un temps donné, connaître la valeur des fonds publics par l'intermédiaire des journaux, où l'on trouve, sous forme de tableau, le *cours officiel* ou *cours moyen* de la *Bourse*, c'est-à-dire le prix le plus haut et le plus bas, atteint la veille pour chaque espèce de rentes, ou leur somme divisée par deux. Le *cours moyen* du jour est envoyé, par le télégraphe et affiché le soir même, dans toutes les villes de France. C'est ainsi qu'on peut, jour par jour, se renseigner sur la valeur des fonds publics.

84. Le courtage des agents de change se calcule en prenant le $\frac{1}{8}$ 0/0 du capital employé, ce qui se fait en divisant ce nombre par 100, et le résultat obtenu par 8.

Exemple. Soit à prendre le courtage de 2 500 francs employés à l'achat de rente française.

$$2 500 \text{ fr.} : 100 = 25,00$$
$$25,00 : 8 = \frac{25,00}{8} = 3^{fr},125 (\text{courtage}).$$

Problèmes à étudier, sur les Fonds publics.

52. Quel est le prix de 180 francs de rente 3 0/0, au cours de 73^{fr},50, courtage et timbre compris?

Solution. Je calcule d'abord le capital nécessaire pour acheter 180 francs de rente 3 0/0, au cours de 73^{fr},50, et j'y ajoute le courtage et le timbre.

$$3 \text{ fr.} \qquad\qquad 73^{fr},50$$
$$180 \qquad\qquad\qquad x$$

Si, pour avoir 3 francs de rente, il faut 73^{fr},50 de capital,

pour avoir 1 fr.   —   il faudrait $\dfrac{73^{fr},50}{3}$

et pour 180 fr.   —   — $\dfrac{73^{fr},50 \times 180}{3}$

$$= \dfrac{13\,230 \text{ fr.}}{3} = 4\,410 \text{ francs (capital employé).}$$

Cela fait, calculons le courtage de l'agent de change, ce qui se fait en prenant le $\dfrac{1}{8}$ de 4 410 francs : 100,

ou $44^{fr},10 : 8 = \dfrac{44^{fr},10}{8} = 5^{fr},51$ (courtage).

Pour avoir 180 francs de rente 3 0/0, dans ces conditions, il faudrait donc une somme égale à :

Capital employé	4 410 fr.
Courtage	5,51
Et droit de timbre	0,50
Total :	4 416^{fr},01

R. : 4 416^{fr},01.

53. Une personne s'adresse à un banquier pour qu'il lui achète 300 francs de rente 3 0/0, au cours de 73^{fr},30. Quelle somme devra-t-elle lui donner pour cet achat, sa commission, le courtage et le timbre compris?

Solution. Au capital employé, je joins le courtage et le timbre de l'agent de change, ainsi que la commission du banquier, et il vient :

$$\begin{array}{cc} 3 \text{ fr.} & 73^{fr},30 \\ 300 & x \end{array}$$

$$\frac{73^{fr},30 \times 300}{3} = \frac{21\,990,00}{3} = 7\,330 \text{ francs (capital employé).}$$

Le $\frac{1}{8}$ de 7 330 fr. : 100 = $73^{fr},30 : 8 = \frac{73^{fr},30}{8}$

$$= 9^{fr},16 \text{ (courtage).}$$

Il est donc dû au banquier une somme égale à :

Capital employé	7 330 fr.
Courtage	9 ,16
Timbre	0 ,50
Et la commission de $\frac{1}{8}$ 0/0 du banquier	9 ,16

$$\text{Total :} \quad \overline{7\,348^{fr},82}$$

R. : 7 348^{fr},82.

54. Avec 12 500 francs, combien peut-on acheter de rente 4 $\frac{1}{2}$ 0/0, au cours de 103^{fr},50, le courtage et le timbre compris?

Solution. Je retranche d'abord de 12 500 francs le courtage et le timbre; puis, je calcule ce qu'on peut avoir de rente 4 $\frac{1}{2}$ 0/0, au cours de 103^{fr},50, avec le reste de cette somme.

Le $\frac{1}{8}$ de 12 500 fr. : 100 = 125,00 : 8 = $\frac{125}{8}$

$$= 15^{fr},625 \quad \text{(courtage).}$$

$$\frac{1 \ ,50 \quad \text{(timbre).}}{17^{fr},125}$$

12 500 fr. — 17^{fr},125 = 12 500,000 — 17,125 = 12 482^{fr},875 (reste du capital employé).

$$\begin{array}{cc} 103^{fr},50 & 4^{fr},50 \\ 12\,482,875 & x \end{array}$$

$$\frac{4^{fr},50 \times 12\,482,875}{103^{fr},50} = \frac{56\,172^{fr},93750}{103,50}$$

$$= \frac{56\,172,93750}{103,500\circ\circ\circ} = \frac{564\,729\,375}{1\,035\,000} = 542^{fr},73.$$

R : 542^{fr},73, à moins de un demi-centième près par *défaut*.

55. Un banquier est chargé d'employer 8 700 francs à l'achat de rente 3 0/0, au cours de 73^{fr},65. On demande ce qu'il devra fournir de rente, pour cette somme, après avoir prélevé sa commission, le courtage et le timbre de l'agent de change ?

Solution. Après avoir retranché du capital donné 8 700 fr. le courtage, le timbre et la commission du banquier, je calcule la rente que l'on aura avec ce capital diminué des frais d'achat.

Le $\frac{1}{8}$ de 8 700 fr. : 100 $= 87,00 : 8 = \frac{87}{8} = 10^{fr}$,875 (courtage).

8700 fr. $- (10^{fr},875 + 0^{fr},50 + 10^{fr},875) = 8\,700^{fr},000 - 22^{fr},250$
$= 8\,677^{fr},750$ (capital diminué des frais d'achat).

$$
\begin{array}{ll}
73^{fr},65 & 3 \text{ fr.} \\
8\,677\ ,750 & x
\end{array}
$$

$$\frac{3^{fr} \times 8\,677,750}{73,65} = \frac{26\,033^{fr},250}{73,65} = \frac{26\,035,250}{73,650}$$

$$= \frac{2\,603\,525}{7\,365} = 353^{fr},47.$$

R. : 353^{fr},47.

56. Le 3 0/0 est au cours de 73^{fr},60 et le $4\frac{1}{2}$ 0/0 à 103 francs. Quel est le moins cher des deux fonds publics?

Solution. Calculons d'abord ce que coûte 1 franc de rente de chacun de ces deux fonds publics, et leur comparaison nous fera connaître le moins cher :

$$\frac{73^{fr},60}{3} = 24^{fr},53 \quad (3\ 0/0).$$

$$\frac{103 \text{ fr.}}{4,50} = \frac{103,00}{4,50} = \frac{10300}{450} = \frac{1030}{45}$$

$$= 22^{fr},88 \quad (4\frac{1}{2}\ 0/0).$$

En comparant ce que coûte 1 franc de rente 3 0/0 (24^{fr},53) et $4\frac{1}{2}$ 0/0 (22^{fr},88), on voit que le $4\frac{1}{2}$ 0/0 est le fonds public le moins cher.

57. Avec 1 500 francs de rente $4\frac{1}{2}$ 0/0, au cours de $102^{fr},50$, combien peut-on acheter de rente 3 0/0, au cours de $72^{fr},75$?

Solution. Calculons d'abord le capital qui a produit 1 500 francs de rente $4\frac{1}{2}$ 0/0; puis, ce qu'on aurait de rente 3 0/0 au cours de $72^{fr},75$, avec ce capital, diminué des frais ordinaires.

$$
\begin{array}{cc}
4^{fr},50 & 102^{fr},50 \\
1\,500 & x
\end{array}
$$

$$
\frac{102^{fr},50 \times 1\,500}{4,50} = \frac{153\,750,00}{4,50} = \frac{15\,375\,000}{450}
$$

$$
= \frac{1\,537\,500}{45} = 34\,166^{fr},66 \text{ (produit de la vente)}.
$$

Le $\frac{1}{8}$ de $34\,166^{fr},66 : 100 = \dfrac{341^{fr},6666}{8} = 42^{fr},70$ (courtage)

Timbre .... 1 ,50

Total des frais : $\overline{44^{fr},20.}$

$34\,166^{fr},66 - 44^{fr},20 = 34\,122^{fr},46$ (capital destiné à acheter de la rente 3 0/0 au cours de $72^{fr},75$).

$$
\begin{array}{cc}
72^{fr},75 & 3 \text{ fr.} \\
34\,122\,\,,46 & x
\end{array}
$$

$$
\frac{3 \text{ fr.} \times 34\,122,46}{72,75} = \frac{102\,367,38}{72,75} = \frac{10\,236\,738}{7275} = 1\,407^{fr},11
$$

R. : $1\,407^{fr},11.$

58. A quel taux place-t-on son argent, en achetant du 3 0/0 au cours de 75 francs?

Solution. 　　75 fr.　　　　　3 fr.
　　　　　　　　100　　　　　　　x

Si, pour 75 fr. de capital, on a 3 fr. de rente,

pour 1　　—　　on aurait $\dfrac{3}{75}$

et pour 100　　—　　—　　$\dfrac{3 \text{ fr.} \times 100}{75} = \dfrac{300}{75} = 4$ fr.

R. : 4 fr. 0/0.

59. Une personne qui a acheté 2 500 francs de rente 3 0/0, au cours de 72^{fr},30, les revend plus tard à 73^{fr},80. Quel bénéfice a-t-elle réalisé?

Solution.

Cours d'achat.

Cours. . . . . 72^{fr},30

$+\frac{1}{8}$ 0/0. . . . . 0 ,090

Cours réel. . . . . 72^{fr},390

Cours de vente.

Cours. . . . . 73^{fr},80 0 0

$-\frac{1}{8}$ 0/0. . . . . 0 ,09 2 2

Cours réel. . . . . 73 ,71 78
                      72 ,39 0 0

Différence. . . 1^{fr},32 7 8

Si, sur 3 fr. de rente, on gagne 1^{fr},3278

sur 1 fr.   —   on gagnerait $\dfrac{1^{fr},3278}{3}$

et sur 2 500   —   — $\dfrac{1^{fr},3278 \times 2\,500}{3}$

$$= \frac{3\,319^{fr},5000}{3} = 1\,106^{fr},50.$$

Timbres d'achat et de vente 1^{fr},50 × 2 = 3 fr.
1 106^{fr},50 — 3 fr. = 1 103^{fr},50.

R. : 1 103^{fr},50.

Problèmes à résoudre, sur les Fonds publics.

183. Calculez le prix de 1 500 francs de rente 3 0/0, au cours de 73 fr.,20, courtage et timbre compris.

184. Que coûteraient 1 750 francs de rente $4\frac{1}{2}$ 0/0, au cours de 103 francs, compris le courtage et le timbre?

185. Un banquier est chargé d'acheter 2 500 francs de rente 3 0/0, au cours de 73 fr.,35. Que lui doit-on pour cet achat, compris le courtage, le timbre et la commission?

186. Par l'intermédiaire d'un banquier, il a été acheté pour 3 750 francs de rente 3 0/0, au cours de 72 fr.,80. Combien doit-on pour cet achat, en tenant compte au banquier du courtage, du timbre et de sa commission de $\frac{1}{8}$ 0/0?

187. Combien, avec 15 500 francs, pourrait-on acheter de rente 3 0/0, au cours de 70 fr.,40, le courtage et le timbre compris?

188. Avec 18 950 francs, combien pourrait-on se faire de rente 4 $\frac{1}{2}$ 0/0, au cours de 102 fr.,75?

189. Un capitaliste charge un banquier d'employer 9 650 francs à l'achat de rente 3 0/0, au cours de 72 fr.,95. On demande ce que ce banquier devra fournir de rente avec cette somme, après en avoir retranché sa commission, le courtage et le timbre?

190. Après en avoir prélevé sa commission, le courtage et le timbre, combien un banquier pourrait-il acheter de rente 3 0/0, au cours de 74 francs, avec une somme de 18 700 francs?

191. Le 3 0/0 est au cours de 73 fr.,45 et le 4 $\frac{1}{2}$ 0/0 à 103 fr. On demande quel est le moins cher des deux fonds publics.

192. Quel est le moins cher des deux fonds publics, lorsque le 3 0/0 est à 72 fr.,10 et le 4 $\frac{1}{2}$ 0/0 à 101 fr.,25?

193. Pour 1 670 francs de rente 4 $\frac{1}{2}$ 0/0, au cours de 103 francs, combien pourrait-on acheter de rente 3 0/0 au cours de 72 fr.,45?

194. Combien pourrait-on, avec 1 700 francs de rente 4 $\frac{1}{2}$ 0/0 coté 102 francs, acheter de rente 3 0/0, au cours de 72 fr.,30?

195. En achetant de la rente 3 0/0, au cours de 72 fr.,50, à quel taux place-t-on son argent?

196. A quel taux place-t-on son argent, lorsqu'on achète de la rente 4 $\frac{1}{2}$ 0/0, au cours de 103 fr.,20?

197. Il a été acheté 2 600 francs de rente 3 0/0, au cours de 71 fr.,50, qu'on a revendue plus tard à 73 fr.,95. Quels bénéfices a-t-on réalisés sur cette double opération?

198. Quels bénéfices peut-on réaliser, en revendant 1 580 francs de rente 3 0/0, au cours de 73 fr.,50, qu'on avait achetée au cours de 72 fr.,10?

DES CAISSES D'ÉPARGNE.

85. On appelle *caisses d'épargne* des institutions de bienfaisance exclusivement consacrées à recevoir les petites sommes que les particuliers veulent y placer.

86. Les caisses d'épargne ont été créées uniquement dans un but d'utilité publique et pour offrir à toutes les personnes laborieuses le moyen de se créer des économies.

87. Chaque versement aux caisses d'épargne doit être de 1 franc au moins, et depuis 1 franc, sans fraction, jusqu'à 300 francs au plus par semaine (loi du 22 juin 1845, art. 1er).

88. Il est à remarquer qu'aucun versement ne sera reçu par les caisses d'épargne, sur un compte dont le crédit aura atteint 1 000 francs, soit par le capital, soit par l'accumulation des intérêts (loi du 30 juin 1851, art. 1er); que néanmoins les remplaçants dans l'armée de terre et de mer seront admis à déposer, en un *seul versement*, le prix stipulé dans l'acte de remplacement, à quelle somme qu'il s'élève, et que les marins, portés sur les contrôles de l'inscription maritime, ont droit à la même faveur (loi du 30 juin 1851, art. 3).

89. Le *titre* que les caisses d'épargne remettent aux déposants pour reconnaître leurs versements, se nomme *livret;* il est nominatif et non au porteur.

90. Nul ne peut avoir plus d'un livret dans la même caisse, ou dans des caisses différentes, sous peine de perdre l'intérêt de la totalité des sommes déposées (loi du 22 juin 1845, art. 5).

---

85. Qu'appelle-t-on caisses d'épargne? — 86. Dans quel but les caisses d'épargne ont-elles été créées? — 87. De quelle importance peut être chaque versement aux caisses d'épargne? — 88. Quelle remarque a-t-on à faire sur les versements? — 89. Quel nom porte le titre donné aux déposants, par les caisses d'épargne, pour reconnaître leurs versements? — 90. Chaque déposant peut-il avoir plusieurs livrets en son nom personnel? — 91. Comment les versements, les remboursements et les achats de rentes sont-ils portés sur les

91. Les versements, les remboursements et les achats de rentes sont portés aux livrets, par *addition* et par *soustraction*.

92. On appelle *bulletin de versement* un imprimé qui indique le numéro du livret du déposant, son nom seulement, la date de la somme versée, le jour même de la remise de ce bulletin. Ce bulletin tient lieu du livret déposé à la caisse pendant la semaine qui suit chaque versement.

93. L'argent versé à la caisse d'épargne produit par an 3 fr. 75 0/0.

94. Les comptes des déposants s'établissent aux caisses d'épargne, au moyen du calcul des *intérêts anticipés* et des *intérêts rétrogrades*.

95. On entend par *intérêts anticipés* ceux qui sont alloués aux déposants sur leurs versements, depuis le jour où ils sont faits, jusqu'à la fin de l'année.

96. On appelle *intérêts rétrogrades* ceux qui sont dus à la caisse sur tous les remboursements, depuis le jour où ils sont effectués jusqu'à la fin de l'année.

97. Les intérêts anticipés et les intérêts rétrogrades se calculent par semaines. Pour les versements, on compte une semaine en *moins* ; et, pour les remboursements, une semaine en *plus*.

98. Dans les caisses d'épargne, pour établir rapidement les comptes des déposants, on fait usage des tables qui donnent, pour chaque semaine de l'année, le calcul des intérêts sur toutes les sommes, depuis 1 franc jusqu'à 300 francs, et ensuite de 1 franc à 1.000 francs, pour l'année entière. Elles portent le nom de *tables d'intérêts*.

99. Pour effectuer la capitalisation des intérêts, on additionne la colonne des capitaux, celle des intérêts

livrets? — 92. Qu'appelle-t-on bulletin de versement? — 93. Combien rapporte annuellement l'argent placé à la caisse d'épargne? — 94. Comment établit-on les comptes des déposants aux caisses d'épargne? — 95. Qu'entend-on par intérêts anticipés? — 96. Qu'appelle-t-on intérêts rétrogrades? — 97. Comment calcule-t-on les intérêts anticipés et les intérêts rétrogrades? — 98. Dans les caisses d'épargne, quelle méthode emploie-t-on pour établir les comptes des déposants? — 99. Comment effectue-t-on la capitalisation des

anticipés et des intérêts rétrogrades ; on soustrait le montant des intérêts du débit de celui du crédit, et l'on capitalise la différence. A l'instant même, sur le solde nouveau, résultant de cette capitalisation, on porte, dans la colonne des intérêts anticipés, l'intérêt qui doit produire pour l'année entière le solde nouveau.

100. Lorsque, par suite du règlement annuel des intérêts, un compte excède 1 000 francs, si le déposant, pendant un délai de trois mois, n'a pas réduit son crédit au-dessous de cette limite, l'administration des caisses d'épargne achète pour son compte, d'office et sans frais, 10 francs de rentes dans le fonds qui, sans dépasser le pair, produit l'intérêt le plus élevé.

101. Lorsqu'il s'est écoulé un *délai* de *trente ans*, à partir tant du dernier versement ou remboursement que de tout achat de rente et de toute autre opération effectuée à la demande des déposants, les sommes que détiennent les caisses d'épargne aux comptes de ceux-ci sont placées en rentes sur l'État, et les titres de ces rentes, comme les titres des rentes achetées, soit en vertu de la loi du 22 juin 1845, soit en vertu de la loi du 30 juin 1851, à la demande des déposants ou d'office, sont remis à la caisse des dépôts et consignations, pour le compte des déposants. A partir du même moment, et jusqu'à la réclamation des déposants, le service des arrérages de la rente est suspendu. — Les reliquats des placements en rente ci-dessus énoncés, et les sommes qui, à raison de leur insuffisance, n'auraient pu être converties en rentes sur l'État, demeureront, à la même époque, acquis définitivement aux caisses d'épargne. — A l'égard des versements faits sous la condition stipulée par le donateur, que le titulaire n'en pourra disposer qu'après une époque déterminée, le délai de trente ans ne court qu'à partir de cette époque. — A l'égard de sommes déposées pour le compte des remplaçants dans les armées de terre et de mer, le délai de trente ans ne court qu'à

intérêts? — 100. Lorsque, par suite du règlement annuel des intérêts, le crédit d'un déposant excède 1 000 francs, que fait l'administration des caisses d'épargne? —101. Quelle remarque avez-vous à faire sur les comptes abandonnés par leurs titulaires depuis *trente*

partir de l'expiration de leur engagement. — Dans tous les cas, les noms des déposants seront publiés au *Moniteur* et dans la feuille d'annonces judiciaires de l'arrondissement où est située la caisse d'épargne dépositaire *six mois* avant l'expiration du délai de trente ans fixé ci-dessus (loi du 7 mai 1853, art. 4).

102. Dans les caisses d'épargne, il y a deux sortes de comptes à faire, pour connaître le solde de chacun des déposants : l'un s'établit par le calcul des intérêts anticipés (dans ce cas, le livret ne porte que des versements); et l'autre, au moyen des calculs anticipés et de calculs rétrogrades (dans ce cas, le livret porte à la fois des versements et des remboursements). Nous allons donner un exemple sur chacun de ces deux cas.

Problèmes à étudier, sur les Caisses d'épargne.

60. En 1869, un ouvrier a déposé à la caisse d'épargne les sommes suivantes, savoir :

1°	531^{fr},49 le 1er janvier	(montant du dernier compte arrêté au 31 décembre);
2°	100 » le 24	—
3°	100 » le 7 mars;	
4°	200 » le 9 mai;	
5°	70 » le 25 juillet.	

Le taux de l'argent déposé étant de 3^{fr},75 0/0, on propose de calculer le compte ou solde de cet ouvrier.

ans? — 102. Dans les caisses d'épargne, combien y a-t-il de sortes de comptes à faire, pour connaître le solde de chacun des déposants?

Solution.

Dates.	Opérations.	Intérêts rétrogrades.	Nombre de semaines.	Capitaux.	Intérêts anticipés.
1869	1er janvier	»	52	531 ,49	19 ,93
Janvier 24	Reçu	»	48	100 »	3 ,46
Mars 7	Reçu	»	42	100 »	3 ,02
Mai 9	Reçu	»	33	200 »	4 ,75
Juillet 25	Reçu	»	22	70 »	1 ,11
				1 001 ,49	32 ,27
	Intérêts capitalisés.			32 27	
.	Solde au 31 décembre 1869.			1 033 76	

R. : 1.033^{fr},76.

Après avoir disposé l'opération comme au tableau ci-dessus, je calcule d'abord, à 3^{fr},75 0/0, les intérêts de 531^{fr},49, pendant 52 semaines, ce qui me donne 19^{fr},93, que je porte à la colonne des intérêts anticipés : puis, j'opère de même sur 100 francs, pendant 48 semaines ; sur 100 francs, pendant 42 semaines ; sur 200 francs, pendant 33 semaines, et sur 70 francs, pendant 22 semaines, et il vient : 3^{fr},46, 3^{fr},02, 4^{fr},75 et 1^{fr},11, que j'écris au-dessous de 19^{fr},93. Cela fait, j'additionne ces cinq nombres et j'obtiens 32^{fr},27, que je capitalise, en les écrivant au-dessous du total des capitaux 1 001^{fr},49 : je fais la somme de ces deux totaux (1 001^{fr},49, 32^{fr},27), et je trouve 1 033^{fr},76, pour le compte ou solde de l'ouvrier dont il s'agit.

61. En 1869, une ouvrière a déposé et retiré de l'argent à la caisse d'épargne dans l'ordre suivant :

1° Versé 906^{fr},02, le 1er janvier (montant du dernier compte arrêté au 31 décembre).

2° Retiré 300 » le 28 avril ;

3° Retiré 100 » le 27 octobre.

On demande le compte de cette ouvrière, sachant que la caisse d'épargne donne 3^{fr},75 0/0 aux déposants.

Solution.

Dates.	Opérations.	Intérêts rétrogrades.	Nombre de semaines.	Capitaux.	Intérêts anticipés.
1869	1er janvier	»	52	906 ,02	33 ,97
Avril 28	Payé	7 ,78	36	300 »	
				606 ,02	
Octobre 27	Payé	0 ,72	10	100 »	
		8 ,50		506 ,02	8 ,50
	Intérêts capitalisés.			25 ,47	25 ,47
	Solde au 31 décembre 1869.			531 ,49	

R. : 531ʳ,49.

Le cadre ci-dessus dessiné, j'y écris d'abord la date du versement, dans la 1ʳᵉ et la 2ᵉ colonne, en allant de gauche à droite (1869, 1ᵉʳ janvier); puis, je place un guillemet (») dans la 3ᵉ colonne, 52 semaines dans la 4ᵉ, le capital versé ou reçu dans la 5ᵉ, et je calcule les intérêts anticipés de 906ʳ,02 à 3ʳ,75 0/0, pendant 52 semaines, et il vient 33ʳ,97, que j'écris à la 6ᵉ colonne. Cela fait, je passe au calcul des intérêts rétrogrades, relatifs aux remboursements. Après avoir écrit *avril* 28 dans la 1ʳᵉ colonne, le mot *payé* dans la seconde, 36 semaines dans la 4ᵉ, et 300 francs dans la 5ᵉ, au-dessous de 906ʳ,02, pour en prendre la différence, je calcule les intérêts rétrogrades de 300 francs à 3ʳ,75 0/0, et j'obtiens 7ʳ,78, que j'écris dans la 3ᵉ colonne; j'opère de même pour le 2ᶜ remboursement effectué octobre 27, et j'ai 0ʳ,72, que je place dans la 3ᵉ colonne, au-dessous de 7ʳ,78; j'en fais la somme (7ʳ,78 + 0ʳ,72), et je trouve pour total 8ʳ,50, que je porte dans la 6ᵉ colonne. Je retranche 100 francs de 606ʳ,02, et il reste 506ʳ,02, et les intérêts rétrogrades 8ʳ,50 des intérêts anticipés 33ʳ,97, ce qui donne 25ʳ,47, que je capitalise, en les portant dans la 5ᵉ colonne, au-dessous de 506ʳ,02; je fais la somme de ces deux nombres (506ʳ,02 + 25ʳ,47), et j'obtiens ainsi 531ʳ,49 pour le compte ou solde, au 31 décembre 1869, de l'ouvrière dont il est question dans le problème proposé.

Problèmes à résoudre, sur les Caisses d'épargne.

199. Pendant l'année 1869, un ouvrier a déposé à la caisse
d'épargne 40 fr.,54, le 1ᵉʳ janvier, et 10 francs, le 24 janvier. La
caisse payant 3 fr.,75 0/0, on demande le compte ou solde de cet
ouvrier au 31 décembre 1869.

200. Une ouvrière, en 1869, possédait à la caisse d'épargne
309 fr.,94, le 1ᵉʳ janvier; elle y a versé 50 francs, le 6 février, et
150 francs, le 10 avril. Établir son compte au 31 décembre 1869,
sachant que son argent produit 3 fr.,75 0/0.

201. Au 31 décembre 1869, établir le compte de M. D..., à la
caisse d'épargne, sachant qu'il y a versé 101 fr.,44, le 1ᵉʳ janvier
1869; 100 francs, le 13 du même mois; 200 francs, le 9 mai suivant,
et 100 francs, le 27 octobre, et que le taux de la caisse est de
3 fr.,75 0/0.

202. M. X .., pendant l'année 1869, a d'abord versé à la caisse
d'épargne 381 fr.,61, le 1ᵉʳ janvier, qu'il y possédait déjà; puis,
300 francs, le 16 du même mois; 109 francs, le 23 février, et 100 francs,
le 23 juillet. La caisse payant 3 fr.,75 0/0, on demande le solde de
M. X..., au 31 décembre.

203. On propose de calculer, au 31 décembre 1869, le solde de
M. B..., sachant que la caisse d'épargne accorde 3 fr.,75, et que,
pendant l'année 1869, il y a déposé 3 fr.,19, le 1ᵉʳ janvier; 25 francs,
le 28 février; 100 francs, le 21 juillet; 160 francs, le 27 août;
100 francs, le 11 octobre. et 5 francs, le 16 décembre.

204. Dans le cours de l'année 1869, M. C... a versé à la caisse
d'épargne, et il lui a été remboursé les sommes suivantes : déposé
263 fr.,79, le 1ᵉʳ janvier, et retiré 150 francs, le 18 janvier. Sachant
que l'argent y est payé à raison de 3 fr.,75 0/0, on propose d'établir le compte de M. C..., au 31 décembre 1869.

205. En 1869, Mᵐᵉ A... a versé à la caisse d'épargne et en a
retiré les sommes suivantes : du dernier compte arrêté, elle y a
laissé 120 fr.,44, le 1ᵉʳ janvier; elle y a retiré 100 francs, le 17 du
même mois, et 20 francs, le 8 mars. L'argent, à cette caisse, est
payé à raison de 3 fr.,75 0/0. Calculer le compte de Mᵐᵉ A..., au
31 décembre 1869.

206. Quel sera, au 31 décembre 1869, le solde d'un employé qui,
pendant le cours de l'année 1869, a versé à la caisse d'épargne et
en a retiré les sommes suivantes : versé ou plutôt laissé 669 fr.,36,
le 1ᵉʳ janvier (montant du dernier compte arrêté au 31 décembre);
retiré 200 francs, le 16 février, et 300 francs, le 16 mars, sachant
que la caisse paye aux déposants 3 fr.,75 0/0?

207. Un domestique, pendant l'année 1869, a déposé à la caisse
d'épargne et il lui a été remboursé les sommes suivantes : déposé

ou laissé 312 fr.,66 le 1ᵉʳ janvier (montant du dernier compte arrêté au 31 décembre); remboursé 62 fr.,66 le 17 janvier; 50 francs, le 13 juin; 10 francs, le 14 novembre; 20 francs, le 28 novembre et 70 francs, le 26 décembre. — La caisse payant 3 fr.,75 0/0, quel sera le compte ou solde de ce domestique, au 31 décembre 1869?

208. Une cuisinière, en 1869, a déposé à la caisse d'épargne et en a retiré les sommes suivantes : versé ou laissé pour son compte à nouveau 72 fr.,53, le 1ᵉʳ janvier; versé 50 francs, le 27 mai; 20 francs, le 10 juin, et retiré 10 francs, le 30 octobre, et 25 francs, le 24 décembre. Quel sera le solde de cette cuisinière au 31 décembre 1869, sachant que la caisse paye 3 fr.,75 0/0?

DES ASSURANCES.

103. On appelle *assurances* des garanties en espèces, représentées par un contrat et données par des compagnies, moyennant une *prime*.

104. On appelle *prime* d'assurances, la somme payée à une compagnie, pour être indemnisé des dommages causés par un incendie, ou par d'autres causes spécifiées dans le contrat passé entre l'*assureur* et l'*assuré*. — La prime est annuelle et payable d'avance. Néanmoins, dans l'assurance sur la vie, elle peut être fractionnée par semestres ou par trimestres, moyennant une augmentation peu importante sur l'intérêt du retard.

105. On appelle *assureur* celui qui garantit les risques, et *assuré* celui qui est garanti.

106. Les principales assurances sont :

Les assurances contre l'incendie;

Les assurances sur la vie;

Les assurances contre la grêle;

Les assurances maritimes contre les naufrages ou avaries;

Les assurances contre les accidents;

Les assurances contre les chances du tirage au sort, etc.

107. On appelle *taux* d'assurance, la somme que l'on

---

103. Qu'appelle-t-on assurances? — 104. Qu'appelle-t-on prime d'assurances et comment se paye-t-elle? — 105. Qu'appelle-t-on assureur et assuré? — 106. Nommez les principales assurances. — 107. Qu'ap-

paye pour 100 ou pour 1 000 à une compagnie, sur la valeur des choses qu'elle garantit.

108. On appelle *police* un contrat d'assurance par lequel une compagnie règle les conditions, de manière à garantir à l'assuré tous les avantages qu'il recherche. La *police* se paye ordinairement 2 francs.

Problèmes à étudier, sur les Assurances.

62. On a assuré contre l'incendie, à 1^{fr},50 pour mille, des bâtiments de simple exploitation agricole, estimés 25 000 francs. Quelle somme doit-on payer pour la prime de cette assurance?

Solution.

$$1\,000 \text{ fr.} \qquad 1^{fr}{,}50$$
$$25\,000 \qquad x$$

Si, pour 1 000 fr., on paye 1^{fr},50 de prime,

$$\text{— 1 fr., on payerait } \frac{1^{fr}{,}50}{1\,000}$$

et   — 25 000 — $\dfrac{1^{fr}{,}50 \times 25\,000}{1\,000}$

$$= \frac{37\,500{,}00}{1\,000} = 37^{fr}{,}50.$$

R. : 37^{fr},50.

63. Une personne, âgée de 30 ans, veut garantir à sa famille le payement d'une somme de 10 000 francs, exigible à son décès. Quelle prime aura-t-elle à payer annuellement, pendant sa vie, sachant que le taux de la prime est de 2^{fr},49 0/0?

Solution.

$$100 \text{ fr.} \qquad 2^{fr}{,}49$$
$$10\,000 \qquad x$$

Si, pour   100 fr. de capital, on paye 2^{fr},49 de prime,

$$\text{— 1 fr. — on payerait } \frac{2^{fr}{,}49}{100}$$

et   — 10 000 fr.   —   — $\dfrac{2^{fr}{,}49 \times 10\,000}{100}$

$$= \frac{24\,900}{100} = 249 \text{ francs.}$$

R. : 249 francs.

pelle-t-on taux d'assurance? — 108. Qu'est-ce qu'une police et quel en est le prix?

64. Un père de famille veut assurer une somme de 20 000 francs, payable à son enfant à l'âge de 21 ans. Quelle prime aura-t-il à verser annuellement, pendant 20 ans, pour obtenir ce capital, l'enfant étant âgé de 1 an et le taux de la prime étant de $2^{fr},84$ 0/0?

Solution.

$$100 \text{ fr.} \qquad 2^{fr},84$$
$$20\,000 \qquad x$$

Si, pour 100 fr. de capital, on paye $2^{fr},84$ de prime,

$$- \quad 1 \text{ fr.} \quad - \quad \text{on payerait } \frac{2^{fr},84}{100}$$

et $\quad - 20\,000$ fr. $\quad - \quad - \quad \dfrac{2^{fr},84 \times 20\,000}{100\,.}$

$$= \frac{56\,800,00}{100} = 568 \text{ francs.}$$

R. : 568 francs.

65. Un célibataire, âgé de 50 ans, veut déposer à une compagnie 25 000 francs, pour obtenir une rente viagère. Quelle sera l'importance de cette rente, le taux étant, à 50 ans, de $7^{fr},82$ 0/0?

Solution.

$$100 \text{ fr.} \qquad 7^{fr},82$$
$$25\,000 \qquad x$$

Si, pour 100 fr. de capital, on obtient $7^{fr},82$ de rente viagère,

$$- \quad 1 \text{ fr.} \quad - \quad \text{on obtiendrait } \frac{7^{fr},82}{100}$$

et $\quad - 25\,000$ fr. $\quad - \quad - \quad \dfrac{7^{fr},82 \times 25\,000}{100}$

$$= \frac{195\,500,00}{100} = 1\,955 \text{ fr. (rente viagère).}$$

R. : 1 955 francs.

66. On assure, à 2 francs 0/0, le transport de 35 000 francs de marchandises, qui éprouvent pour 500 francs d'avaries. Que gagne la compagnie d'assurances?

Solution.

$$100 \text{ fr.} \qquad 2 \text{ fr.}$$
$$35\,000 \qquad x$$

Si, pour   100 fr. de capital, on paye 2 fr. de prime,

$$- \qquad 1 \text{ fr.} \qquad - \qquad \text{on payerait} \ \frac{2 \text{ fr.}}{100}$$

et $- \ 35\,000$ fr. $-$ $-$ $\dfrac{2 \text{ fr.} \times 35\,000}{100}$

$$= \frac{70\,000 \text{ fr.}}{100} = 700 \text{ francs.}$$

La compagnie a évidemment, pour bénéfices, ce qu'elle a gagné moins ce qu'elle a perdu,

ou   700 fr. — 500 fr. = 200 fr.

R. : 200 francs.

67. Il a été assuré, à 2^{fr},40 0/0, le transport de 78 500 fr. de vins. Après avoir réglé son compte, il reste à la compagnie 1 050 francs de bénéfices. Calculer les avaries.

Solution.   100 fr.   2^{fr},40
                78 500 x

Si, pour 100 fr. de capital, l'assuré paye 2^{fr},40 de prime,

$$- \qquad 1 \text{ fr} \qquad - \qquad \text{il payerait} \ \frac{2^{\text{fr}},40}{100}$$

et $- \ 78\,500$ fr. $-$ $-$ $\dfrac{2^{\text{fr}},40 \times 78\,500}{100}$

$$= \frac{188\,400{,}00}{100} = 1\,884 \text{ francs.}$$

Les avaries s'élèvent donc à 1 884 fr. — 1 050 fr. = 834 francs.

R. : 834 francs.

68. Un transport de blé, pour une valeur de 50 900 francs, a été assuré moyennant une prime. Ce blé a éprouvé pour 584 francs d'avaries, et la compagnie d'assurances gagne 675 francs. On propose de calculer le taux de la prime d'assurances.

Solution. La prime égale 584 fr. + 675 fr. = 1 259 francs.

     50 900 fr.   1 259 fr.
       100   x

Si, pour 50 900 fr., l'assuré a payé 1 259 fr. de prime,

$$\text{—} \qquad 1 \text{ fr., il payerait } \frac{1\,259 \text{ fr.}}{50\,900}$$

et — 100 fr., — $\dfrac{1\,259 \text{ fr.} \times 100}{50\,900}$

$$= \frac{125\,900}{50\,900} = \frac{1\,259}{509} = 2^{\text{fr}},473.$$

Le *taux* de la prime d'assurance est donc de $2^{\text{fr}},47$.

R. : $2^{\text{fr}},47$.

69. Des colzas, assurés contre la grêle, à 3 francs 0/0, ont éprouvé pour 470 francs de dégâts, et la compagnie d'assurances gagne 350 francs. Quel est le prix des colzas assurés ?

Solution. La prime égale 470 fr. + 350 fr. = 820 francs.

3 fr.	100 fr.
820	x

Si 3 fr. de prime sont payés pour 100 fr. de capital,

$$1 \text{ fr.} \quad \text{—} \quad \text{serait payé pour } \frac{100 \text{ fr.}}{3}$$

et 820 fr. — — $\dfrac{100 \text{ fr.} \times 820}{3}$

$$= \frac{82\,000}{3} = 27\,333^{\text{fr}},33.$$

R. : $27\,333^{\text{fr}},33$.

Problèmes à résoudre, sur les Assurances.

209. Un cultivateur a fait assurer, contre l'incendie, les bâtiments de sa ferme, estimés 30 000 francs, moyennant une prime de 1 fr.,50 pour mille. Quelle somme doit-il payer pour la prime de cette assurance ?

210. Il a été assuré, à 1 fr.,25 pour mille, des bâtiments estimés 32 800 francs. Calculer la somme à payer pour la prime d'assurance.

211. Une personne, âgée de 32 ans, veut assurer à ses enfants le payement d'une somme de 15 000 francs, exigible à son décès. Quelle prime aura-t-elle à payer annuellement, pendant sa vie, sachant que le taux de la prime est de 2 fr.,62 0/0 ?

212. Un oncle, âgé de 60 ans, veut garantir à sa nièce le payement d'une somme de 25 000 francs, exigible à son décès. Quelle
prime aura-t-il à payer annuellement, pendant sa vie, sachant que
le taux de la prime est de 7 fr.,13 0/0?

213. Une mère prévoyante veut assurer une somme de
24 000 francs, payable à sa fille à l'âge de 21 ans. Quelle prime
aura-t-elle à verser annuellement, pendant 20 ans, pour obtenir ce
capital, sachant que l'enfant est âgée de 1 an, et que le taux de la
prime est de 2 fr.,84 0/0?

214. On propose de calculer la prime annuelle à verser, pendant
20 ans, par un père de famille qui veut assurer un capital de
25 000 francs, payable à son enfant, à l'âge de 21 ans, sachant que
cet enfant est actuellement âgé de 1 an, et que le taux de la prime
est de 2 fr.,84 0/0.

215. Il est déposé à une compagnie 18 500 francs, par un rentier
âgé de 52 ans, qui veut obtenir une rente viagère. Calculer l'importance de cette rente, sachant qu'à 52 ans le taux de la prime est
de 8 fr.,17 0/0.

216. Un employé, âgé de 53 ans, pour obtenir une rente viagère,
a déposé 17 500 francs à une compagnie d'assurances sur la vie.
Le taux de la prime est de 8 fr.,34 0/0. Quelle rente en recevra-t-il
chaque année?

217. On a assuré, à 2 francs 0/0, le transport de 36 850 francs de
marchandises, qui ont éprouvé pour 785 francs d'avaries. Faire
connaître le gain de la compagnie d'assurances.

218. Le transport de 52 500 francs de vins a été assuré à
2 fr.,40 0/0. Après le compte réglé, il reste à la compagnie 875 francs
de bénéfices. Calculer les avaries.

219. Pour garantir le transport de 60 900 francs de blé, il a été
fait une assurance moyennant une prime. Ce blé a éprouvé pour
765 francs d'avaries et la compagnie a gagné 830 francs. Quel est
le taux de la prime d'assurance?

220. Des œillettes, assurées contre la grêle, à 2 fr.,75 0/0, ont
éprouvé pour 964 francs de dégâts, et la compagnie d'assurances
gagne 470 francs. On propose de calculer le prix des œillettes assu-
rées.

RÈGLE DE PARTAGE.

109. On appelle *Règle de partage,* celle qui a pour but de partager un nombre en parties proportionnelles à des nombres donnés.

Règle. *Pour partager un nombre en parties proportionnelles à des nombres donnés, il faut d'abord additionner ces nombres ; puis, diviser par leur somme le nombre à partager, et multiplier le quotient par chacun des nombres donnés. Si les nombres donnés sont des fractions ordinaires, on les réduit au même dénominateur, et l'on effectue le partage proportionnellement aux numérateurs des fractions résultantes.*

Problèmes à étudier, sur la Règle de partage.

70. Partager 6 800 francs en parties proportionnelles aux nombres 2, 3 et 4.
Solution. Je fais d'abord la somme des trois nombres proportionnels donnés et il vient :

$$2 + 3 + 4 = 9 \text{ unités.}$$

Puis, je dis :

Si, pour 9 unités, on a 6 800 fr.

$$- \quad 1 \quad - \quad \text{on aurait } \frac{6\,800 \text{ fr.}}{9}$$

$$\text{et} - 2 - \text{ ou la 1}^{re} \text{ part, } \frac{6\,800 \text{ fr.} \times 2}{9} = \frac{13\,600}{9} = 1\,511^{fr},11$$

$$\text{De même,} \qquad 2^e \text{ part, } \frac{6\,800 \text{ fr.} \times 3}{9} = \frac{20\,400}{9} = 2\,266\ ,67$$

$$- \qquad 3^e \text{ part, } \frac{6\,800 \text{ fr.} \times 4}{9} = \frac{27\,200}{9} = 3\,022\ ,22$$

Total pareil, ou preuve : $\overline{\qquad 6\,800^{fr},00}$

71. 3 ouvriers ont travaillé à un même ouvrage. Le premier y a travaillé 4 jours ; le second, 5 jours, et le troisième, 6 jours. Ils ont gagné 50^{fr},25. Que revient-il à chacun ?

109. Qu'appelle-t-on règle de partage ? Comment fait-on cette règle ?

Solution. Je fais d'abord la somme des jours pendant lesquels les trois ouvriers ont travaillé

$$4 + 5 + 6 = 15 \text{ jours.}$$

Puis, je dis :

Si, en 15 jours, ces ouvriers ont gagné 50^{fr},25,

— 1 — ils gagneraient $\dfrac{50^{fr},25}{15}$

et — 4 — ou la 1re part, $\dfrac{50^{fr},25 \times 4}{15} = \dfrac{201}{15} = 13^{fr},40$

De même, 2e part, $\dfrac{50^{fr},25 \times 5}{15} = \dfrac{251^{fr},25}{15} = 16 \ ,75$

3e part, $\dfrac{50^{fr},25 \times 6}{15} = \dfrac{301^{fr},50}{15} = 20 \ ,10$

Preuve : $\overline{50^{fr},25}$

72. On propose de partager 24 000 francs entre 4 personnes, de manière que la seconde ait le double de la première ; la troisième, le triple de la seconde, et la quatrième, le quadruple de la troisième. Quelle est la part de chacune?

Solution. En désignant le premier nombre proportionnel par 1, le second sera 2, le troisième, 6, et le quatrième, 24. La somme de ces nombres proportionnels égale

$$1 + 2 + 6 + 24 = 33.$$

Cela fait, je dis :

Si, pour 33 unités, on a 24 000 fr.

— 1 — ou la 1re part, on aurait $\dfrac{24\,000 \text{ fr.}}{33} = 727^{fr},27$

Si, pour 1 unité, on a 727^{fr},27,

— 2 — ou la 2e part, on aurait $727^{fr},27 \times 2 = 1\,454 \ 55$

De même, 3e part, $727^{fr},27 \times 6 = 4\,363 \ 64$

4e part, $727^{fr},27 \times 24 = 17\,454 \ 54$

Preuve : $\overline{24\,000^{fr},00}$

73. Partager 16 500 francs en parties proportionnelles aux fractions décimales et aux nombres décimaux suivants :

$$0,4, \quad 0,65, \quad 2,5 \quad \text{et} \quad 4,76.$$

Solution. Après avoir complété les décimales par des zéros

$$0,40 \quad 0,65 \quad 2,50 \quad 4,76$$

et fait abstraction de la virgule

$$40 \quad 65 \quad 250 \quad 476$$

j'obtiens pour la somme de ces quatre nombres proportionnels :

$$40 + 65 + 250 + 476 = 831.$$

Si, pour 831 unités, on a 16 500 francs,

$$- \quad 1 \quad - \quad \text{on aurait } \frac{16\,500 \text{ fr.}}{831}$$

et $-$ 40 $-$ ou la 1re part,

$$\frac{16\,500 \text{ fr.} \times 40}{831} = \frac{660\,000}{831} = 794^{fr},23$$

De même, 2e part, $\dfrac{16\,500 \text{ fr.} \times 65}{831} = \dfrac{1\,072\,500}{831} = 1\,290\,,61$

3e part, $\dfrac{16\,500 \text{ fr.} \times 250}{831} = \dfrac{4\,125\,000}{831} = 4\,963\,,89$

4e part, $\dfrac{16\,500 \text{ fr.} \times 476}{831} = \dfrac{7\,854\,000}{831} = 9\,451\,,27$

Preuve : $\overline{16\,500^{fr},00}$

74. Une rentière laisse en mourant 50 000 francs qu'elle lègue de la manière suivante : la moitié à son neveu, le tiers à sa nièce et le sixième à sa vieille domestique. Quelle est la part de chacun ?

Solution. Je fais la somme des fractions ordinaires proposées :

$$\frac{1}{2} + \frac{1}{3} + \frac{1}{6} = \frac{6}{12} + \frac{4}{12} + \frac{2}{12}.$$

Je multiplie chacune de ces fractions par 12, en barrant leur dénominateur 12, et il vient :

$$6 \quad 4 \quad 2 ;$$

j'en fais la somme

$$6 + 4 + 2 = 12.$$

Si, pour 12 unités, on a 50 000 fr.,

$$- \quad 1 \quad - \text{ on aurait } \frac{50\,000 \text{ fr.}}{12}$$

et — 6 — ou la part du neveu,

$$\frac{50\,000 \text{ fr.} \times 6}{12} = \frac{300\,000}{12} = 25\,000 \text{ fr.}$$

De même, la part de la nièce,

$$\frac{50\,000 \text{ fr.} \times 4}{12} = \frac{200\,000}{12} = 16\,666^{\text{fr}},67$$

— la part de la vieille domestique,

$$\frac{50\,000 \text{ fr.} \times 2}{12} = \frac{100\,000}{12} = 8\,333\,,33$$

$$\text{Preuve :} \quad \overline{50\,000^{\text{fr}},00}$$

75. Un propriétaire lègue en mourant la moitié de son bien à sa femme, le tiers à sa nièce et le reste, 30 000 francs, aux pauvres. Calculer la part de chacun.

Solution. Le bien du propriétaire dont il s'agit est évidemment égal à

$$\frac{1}{2} + \frac{1}{3} + 30\,000 \text{ francs,}$$

ou à

$$\frac{6}{12} + \frac{4}{12} + 30\,000 \text{ fr.,}$$

ou enfin à

$$\frac{10}{12} + 30\,000 \text{ fr.}$$

Or, le bien de ce propriétaire peut être représenté par $\frac{12}{12}$;

donc 30 000 francs $= \frac{12}{12} - \frac{10}{12} = \frac{2}{12}$.

Si $\frac{2}{12}$ du bien $= 30\,000$ fr.,

$\frac{1}{12}$ du bien égalera $\dfrac{30\,000 \text{ fr.}}{2}$

et $\frac{6}{12}$, ou la part de la femme, $\dfrac{30\,000 \text{ fr.} \times 6}{2} = \dfrac{180\,000}{2}$

$$= 90\,000 \text{ fr.}$$

De même, la part de la nièce, $\dfrac{30\,000 \times 4}{2} = \dfrac{120\,000}{2} = 60\,000$ fr.

$$\text{R. :} \quad \begin{cases} 1° \text{ Part de la femme,} & 90\,000 \text{ fr.} \\ 2° \text{ Part de la nièce,} & 60\,000 \\ 3° \text{ Part des pauvres,} & 30\,000 \end{cases}$$

76. Deux élèves, l'un âgé de 12 ans et l'autre de 14, ont fait pour 50 francs de dégâts dans un pensionnat. Calculer ce qu'ils doivent payer chacun en raison directe et en raison inverse de leur âge.

Solution. La part des deux élèves étant proportionnelle à leur âge, pour la raison directe il vient :

$$12 + 14 = 26 \text{ ans.}$$

Si, pour 26 ans, on a 50 fr.,

$$\quad - \quad 1 \quad - \quad \text{on aurait } \dfrac{50}{26}$$

et $- 12 -$ ou la part du premier, $\dfrac{50 \text{ fr.} \times 12}{26} = \dfrac{600}{26} = 23^{fr},08$

De même, la part du deuxième, $\dfrac{50 \text{ fr.} \times 14}{26} = \dfrac{700}{26} = 26\ ,92$

$$\text{Preuve : } \overline{50^{fr},00}$$

Actuellement, considérons le cas où la raison est inverse :

$$\dfrac{1}{12} + \dfrac{1}{14} = \dfrac{14}{168} + \dfrac{12}{168},$$

ou, en faisant disparaître le dénominateur commun 168,

$$14 + 12 = 26 \text{ ans.}$$

Si, pour 26 ans, on a 50 fr.

$$\quad - \quad 1 \quad - \quad \text{on aurait } \dfrac{50}{26}$$

et $- 14 -$ ou la part du premier, $\dfrac{50 \text{ fr.} \times 14}{26} = \dfrac{700}{26} = 26^{fr},92$

De même, la part du deuxième, $\dfrac{50 \text{ fr.} \times 12}{26} = \dfrac{600}{26} = 23\ ,08$

$$\text{Preuve : } \overline{50^{fr},00}$$

77. Partager 5 360 francs entre quatre personnes, de manière que la part de la première soit à celle de la seconde

comme 2 est à 3, à celle de la troisième comme 4 est à 5 et à celle de la quatrième comme 6 est à 7.

Solution. D'après les données du problème, si je représente la première part par 1, la seconde sera $\frac{3}{2}$, la troisième $\frac{5}{4}$ et la quatrième $\frac{7}{6}$,

ou $\qquad \frac{12}{12} \quad \frac{18}{12} \quad \frac{15}{12}$ et $\frac{14}{12}$

ou enfin, en faisant disparaître le dénominateur commun 12,

$$12, \quad 18, \quad 15 \quad \text{et} \quad 14.$$

Leur somme égale

$$12 + 18 + 15 + 14 = 59 \text{ unités.}$$

Cela fait, je dis :

Si, pour 59 unités, on a 5 360 fr.,

$$- \quad 1 \quad - \quad \text{on aurait } \frac{5\,360}{59}$$

et — 12 — ou la 1re part, $\dfrac{5\,360 \text{ fr.} \times 12}{59} = \dfrac{64\,320}{59} = 1\,090^{\text{fr}},17$

De même, 2e part, $\dfrac{5\,360 \text{ fr.} \times 18}{59} = \dfrac{96\,480}{59} = 1\,635\,\,,25$

3e part, $\dfrac{5\,360 \text{ fr.} \times 15}{59} = \dfrac{80\,400}{59} = 1\,362\,\,,72$

4e part, $\dfrac{5\,360 \text{ fr.} \times 14}{59} = \dfrac{75\,040}{59} = 1\,271\,\,,86$

$$\text{Preuve :} \quad \overline{5\,360^{\text{fr}},00}$$

78. Faire le partage de 8 450 francs entre quatre personnes, de manière que la part de la première soit à celle de la seconde comme 2 est à 3; que la part de la seconde soit à celle de la troisième comme 4 est à 5, et que la part de la troisième soit à celle de la quatrième comme 6 est à 7.

Solution. Si l'on représente la première part par 1, la deuxième sera $\frac{3}{2}$, la troisième $\frac{5}{4}$ de $\frac{3}{2}$ ou $\frac{15}{8}$, et la quatrième $\frac{7}{6}$ de $\frac{15}{8}$ ou $\frac{35}{16}$,

ou $\qquad \frac{16}{16}, \quad \frac{24}{16}, \quad \frac{30}{16}$ et $\frac{35}{16}$, ou, en faisant disparaître le dénominateur commun 16, il vient :

$$16, \quad 24, \quad 30 \quad \text{et} \quad 35.$$

Leur somme donne :

$$16 + 24 + 30 + 35 = 105 \text{ unités.}$$

Si, pour 105 unités, on a 8 450 fr.,

$$- \quad 1 \quad - \quad \text{on aurait } \frac{8\,450 \text{ fr.}}{105}$$

et — 16 — ou la 1re part,

$$\frac{8\,450 \text{ fr.} \times 16}{105} = \frac{135\,200}{105} = 1\,287^{fr},61$$

De même, 2e part,

$$\frac{8\,450 \text{ fr.} \times 24}{105} = \frac{202\,800}{105} = 1\,931\ ,43$$

3e part,

$$\frac{8\,450 \text{ fr.} \times 30}{105} = \frac{253\,500}{105} = 2\,414\ ,29$$

4e part,

$$\frac{8\,450 \text{ fr.} \times 35}{105} = \frac{295\,750}{105} = 2\,816\ ,67$$

Preuve : $\overline{\quad 8\,450^{fr},00}$

79. Partager 30 000 francs entre quatre personnes, de manière que la première ait 350 francs de moins que la seconde, la seconde 540 francs de moins que la troisième, et la troisième 850 francs de moins que la quatrième.

Solution. En représentant par x la part de la première personne, on a :

1re part	x	
2e part	$x + 350$ . . . . $= \ 350$ fr.	
3e part	$x + 350 + 540$ . . . $= \ 890$	
4e part	$x + 350 + 540 + 850 = 1\,740$	

$$\overline{4x} \qquad \qquad \overline{2\,980 \text{ fr.}}$$

$$4x + 2\,980 \text{ fr.} = 30\,000 \text{ fr.}$$

$$4x = 30\,000 - 2\,980 = 27\,020 \text{ fr.}$$

$$x = \frac{27\,020 \text{ fr.}}{4} = 6\,755 \text{ francs.}$$

En remplaçant x par sa valeur, ou la première part trouvée 6 755 francs, on obtient :

1ᵣₑ part.	6 755
2ᵉ part. . . . . 6 755 fr. + 350 fr. =	7 105
3ᵉ part. . . . . . 6 755 fr. + 350 fr. + 540 fr. =	7 645
4ᵉ part 6 755 fr. + 350 fr. + 540 fr. + 850 fr. =	8 495

Preuve : 30 000 fr.

Problèmes à résoudre, sur la Règle de partage.

221. Partager 4 500 francs, en parties proportionnelles aux nombres 2, 3 et 4.

222. On propose de partager 5 600 francs, en parties proportionnelles aux nombres 7, 9 et 10.

223. Trois menuisiers ont travaillé à un même ouvrage. Le premier y a travaillé 2 jours; le second, 3 jours, et le troisième, 5 jours. Cet ouvrage est payé 60 francs. Calculer la part de chacun.

224. Trois troupes d'ouvriers ont gagné 8 750 francs, pour un travail fait en commun. La première troupe était composée de 14 ouvriers; la seconde, de 16, et la troisième, de 19. Partager le gain total entre ces trois troupes, eu égard au nombre d'ouvriers de chacune d'elles.

225. 30 000 francs sont à partager entre 4 personnes, de manière que la deuxième ait le double de la première; la troisième autant que les deux premières, et la quatrième autant que la seconde et la troisième. Quelle est la part de chacune?

226. Partager 29 500 francs entre quatre personnes, de manière que la seconde ait le double de la première; la troisième, autant que les deux premières, et la quatrième, autant que la première et la troisième.

227. Partager 18 750 francs proportionnellement aux fractions décimales et aux nombres décimaux suivants : 0,5, 0,75, 3,5 et 5,70.

228. Partager 28 176 fr.,55 proportionnellement aux nombres 10 564 fr.,21, 11 128 fr.,39, et 10 000 francs.

229. On propose de partager 40 500 francs en parties proportionnelles aux fractions $\frac{1}{2}$, $\frac{1}{3}$ et $\frac{1}{4}$. Déterminer chacune de ces parties.

230. Une personne laisse en mourant 32 800 francs qu'elle a donnés de la manière suivante : la $\frac{1}{2}$ à son neveu; le $\frac{1}{3}$ au bureau de bienfaisance, et le $\frac{1}{6}$ à sa vieille domestique. Quelle est la part de chacun.

231. Un rentier lègue en mourant la $\frac{1}{2}$ de son bien à sa veuve, le $\frac{1}{3}$ à son neveu, et le reste, 20 000 francs, à sa nièce. Calculer la part de chacun.

232. Par son testament, un oncle lègue à sa nièce les $\frac{2}{3}$ de sa fortune, qui s'élève à 2 000 000 de francs; le $\frac{1}{4}$ du reste à son neveu, et le 2e reste, à l'Hôtel-Dieu. On demande la part du neveu et celle de l'hospice.

233. Jules a 13 ans et Arthur 10 ans. On propose de leur partager 250 francs en raison inverse de leur âge.

234. 9 740 francs sont à partager en quatre parties, de manière que la première soit à la seconde comme 3 est à 4, à la troisième comme 5 est à 6, et à la quatrième comme 7 est à 8.

235. Faire le partage de 10 750 francs, entre quatre personnes, de sorte que la part de la première soit à celle de la seconde comme 3 est à 4; que la part de la seconde soit à celle de la troisième comme 5 est à 6, et que la part de la troisième soit à celle de la quatrième comme 7 est à 8.

236. Partager 50 600 francs entre 3 personnes, de manière que la première ait 300 francs de moins que la seconde, et que la seconde ait 420 francs de moins que la troisième.

RÈGLE DE SOCIÉTÉ OU DE COMPAGNIE.

110. On appelle *Règle de société*, une opération qui a pour but de calculer le *bénéfice* ou la *perte* que font plusieurs associés, proportionnellement à leurs mises de fonds et au temps pendant lequel ces mises sont restées dans l'association.

111. Il y a deux sortes de règles de société : la règle de société *simple* et la règle de société *composée*.

112. La règle de société est simple, quand toutes les mises de fonds sont restées, pendant le même temps, dans l'entreprise.

110. Qu'appelle-t-on règle de société? — 111. Combien distingue-t-on de sortes de règles de société? — 112. Dans quel cas la règle de société est-elle simple? — Comment fait-on cette règle? —

Règle. *Pour faire la règle de société simple, on divise le bénéfice ou la perte des associés par la somme des mises, et l'on
multiplie le quotient par chaque mise.*

113. La règle de société est composée, lorsque les
mises de fonds sont restées, dans l'entreprise, pendant
des temps différents.

Règle. *Pour faire la règle de société composée, il faut
d'abord multiplier chaque mise par le temps correspondant;
puis, additionner les produits, diviser par le total la somme à
partager, et multiplier le quotient par chacun des produits.*

Problèmes à étudier, sur la Règle de société.

1° Règle de société simple.

80. Deux négociants se sont associés et ont mis dans le
commerce : le premier, 10 000 francs ; le second, 12 000 francs.
Ils ont réalisé 9 750 francs de bénéfices. Quelle est la part
de chacun proportionnellement à leurs mises de fonds?

Solution. Faisons d'abord la somme des mises, ce qui
nous donne :

$$10\,000 \text{ fr.} + 12\,000 \text{ fr.} = 22\,000 \text{ fr.}$$

Puis, nous disons :

Si, pour 22 000 fr., on a 9 750 fr. de bénéfices,

$$- \qquad 1 \quad - \text{ on aurait } \frac{9\,750}{22\,000}$$

et — 10 000 — ou la part du premier négociant,

$$\frac{9\,750\text{fr.} \times 10\,000}{22\,000} = \frac{97\,500\,000}{22\,000} = \frac{97\,500}{22} = 4\,431^{\text{fr}},82.$$

De même, la part du deuxième négociant, $\dfrac{9\,750^{\text{fr}} \times 12\,000}{22\,000}$

$$= \frac{117\,000\,000}{22\,000} = \frac{117\,000}{22} = 5\,318^{\text{fr}},18.$$

113. Quand dit-on que la règle de société est composée? — Comment fait-on cette règle?

Preuve :

Part du premier négociant	4 431^{fr},82
— du second —	5 318 ,18
Total pareil :	9 750^{fr},00

2° *Règle de société composée.*

84. Deux personnes se sont associées et ont fait 3 000 francs de bénéfices. La première a laissé 6 000 francs dans le commerce, pendant 8 mois, et la seconde, 7 000 francs, pendant 9 mois. Calculer le bénéfice de chacune proportionnellement aux mises et au temps.

Solution. Je multiplie d'abord chaque mise par le temps pendant lequel elle est restée dans l'association et il vient :

$$6\,000 \text{ fr.} \times 8 = 48\,000 \text{ francs.}$$
$$7\,000 \text{ fr.} \times 9 = 63\,000$$

Puis, je fais la somme des deux produits obtenus :

$$48\,000 \text{ fr.} + 63\,000 \text{ fr.} = 111\,000 \text{ francs.}$$

Cela fait, je dis :

Si, pour 111 000 fr., on a 3 000 fr. de bénéfices,

$$- \quad 1 \text{ fr., on aurait } \frac{3\,000 \text{ fr.}}{111\,000}$$

et — 48 000 fr., ou la part de la 1re personne, $\dfrac{3\,000 \text{ fr.} \times 48\,000}{111\,000}$

$$= \frac{144\,000\,000}{111\,000} = \frac{144\,000}{111} = 1\,297^{fr},29.$$

De même, la part de la 2e personne, $\dfrac{30\,000 \text{ fr.} \times 63\,000}{111\,000}$

$$= \frac{189\,000\,000}{111\,000} = \frac{189\,000}{111} = 1\,702^{fr},71.$$

Preuve :

Le bénéfice de la première personne :	1 297^{fr},29
— de la deuxième —	1 702 ,71
Total pareil :	3 000^{fr},00

Problèmes à résoudre, sur la Règle de société.

237. Deux personnes se sont associées. La première a mis dans le commerce 9 500 francs, et la seconde, 10 000 francs. Elles ont fait 6 000 francs de bénéfices. Quelle est la part de chacune proportionnellement à leurs mises de fonds?

238. Trois associés ont fait 8 000 francs de bénéfices. Le premier a mis 3 000 francs dans le commerce; le second, 4 000 francs, et le troisième, 8 000 francs. Partager les bénéfices proportionnellement à ces mises.

239. Deux propriétaires ont fait une entreprise dans laquelle ils ont perdu 6 000 francs. Le premier y a mis 8 000 francs. et le second, 12 000 francs. On demande la perte de chacun, sachant qu'elle doit être proportionnelle aux mises de fonds?

240. Trois négociants se sont associés et ont mis dans l'industrie : le premier, 10 000 francs; le second, 15 000 francs, et le troisième, 16 000 francs. Ils ont fait 8 750 francs de bénéfices. Quelle est la part de chacun, eu égard à leurs mises de fonds?

241. Trois industriels associés ont à supporter une perte de 10 000 francs. Le premier a mis 12 000 francs dans l'association; le second, 20 000 francs, et le troisième, 25 000 francs. Calculer la perte de chacun.

242. Deux capitalistes associés ont fait 6 300 francs de bénéfices. Le premier a laissé 10 500 francs dans l'association pendant 6 mois; le second, 15 000 francs pendant 5 mois. Faire connaître la part de chacun, eu égard aux mises et au temps.

243. Trois personnes associées ont éprouvé 10 500 francs de perte. La première a laissé 18 000 francs dans l'association pendant 7 mois; la seconde, 20 000 francs pendant 9 mois, et la troisième, 16 000 francs pendant 10 mois. Quelle est la perte de chacune?

244. Deux associés ont fait 12 000 francs de bénéfice. Le premier a laissé 16 700 francs dans l'association, pendant 1 an et 3 mois, et le second, 25 000 francs pendant 11 mois. On demande la part de chaque associé.

245. Les mises de deux associés sont égales; celle du premier est restée 8 mois dans l'association, et celle du second, 10 mois. Ils ont fait 6 500 francs de bénéfice. Quelle est la part de chacun?

246. Une personne commence une entreprise avec 16 000 francs. 10 mois après, elle prend un associé, qui apporte 18 000 francs. Au bout d'un an, il y a un bénéfice de 10 000 francs. Calculer la part de chacun.

247. Deux négociants se sont associés : la mise du premier, triple de celle du second, est restée 8 mois dans l'association, et celle

du second y est restée 10 mois. La perte totale éprouvée est de 8 500 francs. Quelle est la perte de chacun ?

248. Deux associés ont mis dans le commerce, le premier, 14 000 francs pendant 6 mois, et le second, 17 000 francs pendant 8 mois. Le premier associé a reçu 4 500 francs pour sa part dans les bénéfices. On demande la part du second et le total des bénéfices.

RÈGLE DE MÉLANGE OU D'ALLIAGE.

114. On appelle *Règle de mélange* ou *d'alliage*, celle qui a pour but de trouver la valeur *moyenne* de plusieurs choses, connaissant le nombre et la valeur particulière de chacune, ou de déterminer les quantités de chaque espèce qui entrent dans un mélange ou dans un alliage, lorsqu'on connaît la valeur de chaque espèce et la valeur totale du mélange ou de l'alliage.

115. Un *mélange* est l'union intime de liquides ou de matières sèches, et un *alliage* est le résultat de la combinaison, par fusion, de plusieurs métaux.

116. Il y a deux cas à considérer dans les règles de mélange ou d'alliage :

1er Cas. On a à calculer le prix moyen de plusieurs objets ;

2e Cas. On a à trouver la quantité de chaque prix qui doit entrer dans le mélange, ou dans l'alliage, le prix moyen étant donné.

117. On appelle *titre* d'un alliage d'or ou d'argent, la quantité d'or ou d'argent contenue dans un kilogramme de cet alliage.

118. On appelle *lingot* une quantité quelconque d'un métal ou d'un alliage.

119. Le *mouillage des vins* consiste à ajouter aux vins purs, encore en fûts, une certaine quantité d'eau avant de les vendre.

114. Qu'appelle-t-on règle de mélange ou d'alliage ? — 115. Quelle différence faites-vous entre un mélange et un alliage ? — 116. Combien y a-t-il de cas à considérer dans les règles de mélange ou d'alliage ? Énoncez-les. — 117. Qu'appelle-t-on titre d'un alliage d'or ou d'argent ? — 118. Qu'appelle-t-on lingot ? — 119. Enfin, en quoi consiste le mouillage des vins ?

Problèmes à étudier, sur les Règles de mélange ou d'alliage, et sur le mouillage des vins.

1er Cas.

82. On mélange 40 litres de vin à $0^{fr},70$ le litre avec 60 litres de vin à $1^{fr},10$. Quel sera le prix d'un litre de ce mélange?

Solution. Calculons d'abord la somme de litres et le prix total du mélange proposé

$$0^{fr},70 \times 40 \text{ lit.} = 28 \text{ fr.}$$
$$1\ ,10 \times 60 \quad = 66$$
$$\overline{\quad 100 \text{ lit.} \quad} \quad \overline{94 \text{ fr.}}$$

Je dis ensuite :

Si 100 litres de mélange coûtent 94 fr.,

1 litre de ce mélange coûterait 100 fois moins que 100 lit.,

$$\text{ou } \frac{94 \text{ fr.}}{100} = 0^{fr},94.$$

R. : $0^{fr},94$.

83. On a fondu 35 kilogr. de cuivre à $1^{fr},25$ le kilogr. avec 15 kilogr. d'étain à $2^{fr},60$. A combien revient le kilogr. de cet alliage?

Solution. Je calcule d'abord le prix du cuivre et celui de l'étain,

$$1^{fr},25 \times 35 \text{ kilog.} = 43^{fr},75$$
$$2\ ,60 \times 15 \quad = 39\ ,00$$
$$\overline{\quad 50 \text{ kilog.} \quad} \quad \overline{82^{fr},75}$$

Puis, je fais successivement la somme des kilogrammes de cuivre et d'étain, qui forment l'alliage, celle de leur valeur, et je dis :

Si 50 kilogr. d'alliage coûtent $82^{fr},75$,

1 kilogr. coûterait 50 fois moins que 50 kilogr.,

$$\text{ou } \frac{82^{fr},15}{50} = 1^{fr},65.$$

R. : $1^{fr},65$.

2ᵉ Cas.

84. Dans quel rapport faut-il mélanger du vin à 0ᶠʳ,50 le litre avec du vin à 0ᶠʳ,35, pour en obtenir un mélange valant 0ᶠʳ,40 le litre?

Données.

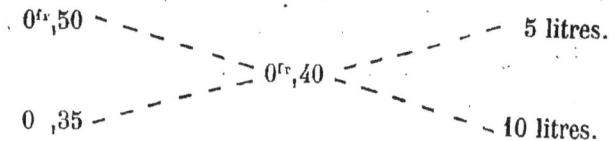

Solution. Je place d'abord, l'un au-dessous de l'autre, les prix des vins à mélanger, et en regard, à droite, le prix du mélange; puis, je prends la différence entre le nombre 40 et les deux nombres 50 et 35, et j'écris les résultats obtenus 5 et 10 *en croix.* Je trouve ainsi que, pour obtenir le mélange proposé, il faudra 5 litres de vin à 0ᶠʳ,50 et 10 litres à 0ᶠʳ,35.

Preuve.

$$
\begin{array}{l}
5 \text{ litres de vin à } \quad 0^{fr},50 \; = 2^{fr},50 \\
\underline{10} \qquad — \qquad \text{à } 0\;,35 \; = \underline{3\;,50} \\
15 \text{ lit. de vins mélangés valent } 6^{fr},00
\end{array}
$$

D'un autre côté, 15 litres de mélange à 0ᶠʳ,40 valent également 6 francs. Donc le mélange obtenu est fait dans des proportions convenables.

R. : $\left\{ \begin{array}{l} 1° \quad 5 \text{ litres à } 0^{fr},50 \\ 2° \; 10 \text{ litres à } 0^{fr},35 \end{array} \right.$

85. On a deux lingots d'argent : l'un au titre de 0,940, l'autre au titre de 0,750. Dans quel rapport faut-il les allier, pour former un lingot ou alliage au titre de 0,890?

Données.

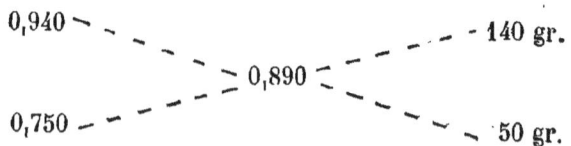

Solution.

Dates.	Opérations.	Intérêts rétrogrades.	Nombre de semaines.	Capitaux.	Intérêts anticipés.
1869	1er janvier	»	52	531 ,49	19 ,93
Janvier 24	Reçu	»	48	100 »	3 ,46
Mars 7	Reçu	»	42	100 »	3 ,02
Mai 9	Reçu	»	33	200 »	4 ,75
Juillet 25	Reçu	»	22	70 »	1 ,11
				1 001 ,49	32 ,27
	Intérêts capitalisés.			32 27	
	Solde au 31 décembre 1869.			1 033 76	
				R. : 1 033fr,76.	

Après avoir disposé l'opération comme au tableau ci-dessus, je calcule d'abord, à 3fr,75 0/0, les intérêts de 531fr,49, pendant 52 semaines, ce qui me donne 19fr,93, que je porte à la colonne des intérêts anticipés : puis, j'opère de même sur 100 francs, pendant 48 semaines ; sur 100 francs, pendant 42 semaines ; sur 200 francs, pendant 33 semaines, et sur 70 francs, pendant 22 semaines, et il vient : 3fr,46, 3fr,02, 4fr,75 et 1fr,11, que j'écris au-dessous de 19fr,93. Cela fait, j'additionne ces cinq nombres et j'obtiens 32fr,27, que je capitalise, en les écrivant au-dessous du total des capitaux 1 001fr,49 : je fais la somme de ces deux totaux (1 001fr,49, 32fr,27), et je trouve 1 033fr,76, pour le compte ou solde de l'ouvrier dont il s'agit.

61. En 1869, une ouvrière a déposé et retiré de l'argent à la caisse d'épargne dans l'ordre suivant :

1° Versé 906fr,02, le 1er janvier (montant du dernier compte arrêté au 31 décembre).

2° Retiré 300 » le 28 avril ;

3° Retiré 100 » le 27 octobre.

On demande le compte de cette ouvrière, sachant que la caisse d'épargne donne 3fr,75 0/0 aux déposants.

Solution.

Dates.	Opérations.	Intérêts rétrogrades.	Nombre de semaines.	Capitaux.	Intérêts anticipés.
1869 Avril 28	1er janvier Payé	» 7 ,78	52 36	906 ,02 300 »	33 ,97
Octobre 27	Payé	0 ,72	10	606 ,02 100 »	
		8 ,50		506 ,02	8 ,50
	Intérêts capitalisés.			25 ,47	25 ,47
	Solde au 31 décembre 1869.			531 ,49	

R. : 534^{fr},49.

Le cadre ci-dessus dessiné, j'y écris d'abord la date du versement, dans la 1re et la 2e colonne, en allant de gauche à droite (1869, 1er janvier); puis, je place un guillemet (») dans la 3e colonne, 52 semaines dans la 4e, le capital versé ou reçu dans la 5e, et je calcule les intérêts anticipés de 906^{fr},02 à 3^{fr},75 0/0, pendant 52 semaines, et il vient 33^{fr},97, que j'écris à la 6e colonne. Cela fait, je passe au calcul des intérêts rétrogrades, relatifs aux remboursements. Après avoir écrit *avril* 28 dans la 1re colonne, le mot *payé* dans la seconde, 36 semaines dans la 4e, et 300 francs dans la 5e, au-dessous de 906^{fr},02, pour en prendre la différence, je calcule les intérêts rétrogrades de 300 francs à 3^{fr},75 0/0, et j'obtiens 7^{fr},78, que j'écris dans la 3e colonne; j'opère de même pour le 2e remboursement effectué octobre 27, et j'ai 0^{fr},72, que je place dans la 3e colonne, au-dessous de 7^{fr},78; j'en fais la somme (7^{fr},78 + 0^{fr},72), et je trouve pour total 8^{fr},50, que je porte dans la 6e colonne. Je retranche 100 francs de 606^{fr},02, et il reste 506^{fr},02, et les intérêts rétrogrades 8^{fr},50 des intérêts anticipés 33^{fr},97, ce qui donne 25^{fr},47, que je capitalise, en les portant dans la 5e colonne, au-dessous de 506^{fr},02; je fais la somme de ces deux nombres (506^{fr},02 + 25^{fr},47), et j'obtiens ainsi 531^{fr},49 pour le compte ou solde, au 31 décembre 1869, de l'ouvrière dont il est question dans le problème proposé.

Problèmes à résoudre, sur les Caisses d'épargne.

199. Pendant l'année 1869, un ouvrier a déposé à la caisse d'épargne 40 fr.,54, le 1ᵉʳ janvier, et 10 francs, le 24 janvier. La caisse payant 3 fr.,75 0/0, on demande le compte ou solde de cet ouvrier au 31 décembre 1869.

200. Une ouvrière, en 1869, possédait à la caisse d'épargne 309 fr.,94, le 1ᵉʳ janvier; elle y a versé 50 francs, le 6 février, et 150 francs, le 10 avril. Établir son compte au 31 décembre 1869, sachant que son argent produit 3 fr.,75 0/0.

201. Au 31 décembre 1869, établir le compte de M. D..., à la caisse d'épargne, sachant qu'il y a versé 101 fr.,44, le 1ᵉʳ janvier 1869; 100 francs, le 13 du même mois; 200 francs, le 9 mai suivant, et 100 francs, le 27 octobre, et que le taux de la caisse est de 3 fr.,75 0/0.

202. M. X .., pendant l'année 1869, a d'abord versé à la caisse d'épargne 381 fr.,61, le 1ᵉʳ janvier, qu'il y possédait déjà; puis, 300 francs, le 16 du même mois; 109 francs, le 23 février, et 100 francs, le 23 juillet. La caisse payant 3 fr.,75 0/0, on demande le solde de M. X..., au 31 décembre.

203. On propose de calculer, au 31 décembre 1869, le solde de M. B..., sachant que la caisse d'épargne accorde 3 fr.,75, et que, pendant l'année 1869, il y a déposé 3 fr.,19, le 1ᵉʳ janvier; 25 francs, le 28 février; 100 francs, le 21 juillet; 160 francs, le 27 août; 100 francs, le 11 octobre, et 5 francs, le 16 décembre.

204. Dans le cours de l'année 1869, M. C... a versé à la caisse d'épargne, et il lui a été remboursé les sommes suivantes : déposé 263 fr.,79, le 1ᵉʳ janvier, et retiré 150 francs, le 18 janvier. Sachant que l'argent y est payé à raison de 3 fr.,75 0/0, on propose d'établir le compte de M. C..., au 31 décembre 1869.

205. En 1869, Mᵐᵉ A... a versé à la caisse d'épargne et en a retiré les sommes suivantes : du dernier compte arrêté, elle y a laissé 120 fr.,44, le 1ᵉʳ janvier; elle y a retiré 100 francs, le 17 du même mois, et 20 francs, le 8 mars. L'argent, à cette caisse, est payé à raison de 3 fr.,75 0/0. Calculer le compte de Mᵐᵉ A..., au 31 décembre 1869.

206. Quel sera, au 31 décembre 1869, le solde d'un employé qui, pendant le cours de l'année 1869, a versé à la caisse d'épargne et en a retiré les sommes suivantes : versé ou plutôt laissé 669 fr.,36, le 1ᵉʳ janvier (montant du dernier compte arrêté au 31 décembre); retiré 200 francs, le 16 février, et 300 francs, le 16 mars, sachant que la caisse paye aux déposants 3 fr.,75 0/0?

207. Un domestique, pendant l'année 1869, a déposé à la caisse d'épargne et il lui a été remboursé les sommes suivantes : déposé

ou laissé 312 fr.,66 le 1er janvier (montant du dernier compte arrêté au 31 décembre); remboursé 62 fr.,66 le 17 janvier; 50 francs, le 13 juin; 10 francs, le 14 novembre; 20 francs, le 28 novembre et 70 francs, le 26 décembre. — La caisse payant 3 fr.,75 0/0, quel sera le compte ou solde de ce domestique, au 31 décembre 1869?

208. Une cuisinière, en 1869, a déposé à la caisse d'épargne et en a retiré les sommes suivantes : versé ou laissé pour son compte à nouveau 72 fr.,53, le 1er janvier; versé 50 francs, le 27 mai; 20 francs, le 10 juin, et retiré 10 francs, le 30 octobre, et 25 francs, le 24 décembre. Quel sera le solde de cette cuisinière au 31 décembre 1869, sachant que la caisse paye 3 fr.,75 0/0?

DES ASSURANCES.

103. On appelle *assurances* des garanties en espèces, représentées par un contrat et données par des compagnies, moyennant une *prime*.

104. On appelle *prime* d'assurances, la somme payée à une compagnie, pour être indemnisé des dommages causés par un incendie, ou par d'autres causes spécifiées dans le contrat passé entre l'*assureur* et l'*assuré*. — La prime est annuelle et payable d'avance. Néanmoins, dans l'assurance sur la vie, elle peut être fractionnée par semestres ou par trimestres, moyennant une augmentation peu importante sur l'intérêt du retard.

105. On appelle *assureur* celui qui garantit les risques, et *assuré* celui qui est garanti.

106. Les principales assurances sont :
Les assurances contre l'incendie;
Les assurances sur la vie;
Les assurances contre la grêle;
Les assurances maritimes contre les naufrages ou avaries;
Les assurances contre les accidents;
Les assurances contre les chances du tirage au sort, etc.

107. On appelle *taux* d'assurance, la somme que l'on

103. Qu'appelle-t-on assurances? — 104. Qu'appelle-t-on prime d'assurances et comment se paye-t-elle? — 105. Qu'appelle-t-on assureur et assuré? — 106. Nommez les principales assurances. — 107. Qu'ap-

paye pour 100 ou pour 1 000 à une compagnie, sur la
valeur des choses qu'elle garantit.

108. On appelle *police* un contrat d'assurance par
lequel une compagnie règle les conditions, de manière à
garantir à l'assuré tous les avantages qu'il recherche.
La *police* se paye ordinairement 2 francs.

Problèmes à étudier, sur les Assurances.

62. On a assuré contre l'incendie, à $1^{fr},50$ pour mille,
des bâtiments de simple exploitation agricole, estimés
25 000 francs. Quelle somme doit-on payer pour la prime
de cette assurance?

Solution.   1 000 fr. $1^{fr},50$
                    25 000 x

Si, pour 1 000 fr., on paye $1^{fr},50$ de prime,

—   1 fr., on payerait $\dfrac{1^{fr},50}{1\,000}$

et   — 25 000   — $\dfrac{1^{fr},50 \times 25\,000}{1\,000}$

$= \dfrac{37\,500,00}{1\,000} = 37^{fr},50.$

R. : $37^{fr},50$.

63. Une personne, âgée de 30 ans, veut garantir à sa
famille le payement d'une somme de 10 000 francs, exigible
à son décès. Quelle prime aura-t-elle à payer annuellement,
pendant sa vie, sachant que le taux de la prime est de
$2^{fr},49$ 0/0?

Solution.   100 fr. $2^{fr},49$
                    10 000 x

Si, pour   100 fr. de capital, on paye $2^{fr},49$ de prime,

—   1 fr.   —   on payerait $\dfrac{2^{fr},49}{100}$

et   — 10 000 fr.   —   — $\dfrac{2^{fr},49 \times 10\,000}{100}$

$= \dfrac{24\,900}{100} = 249$ francs.

R. : 249 francs.

pelle-t-on taux d'assurance? — 108. Qu'est-ce qu'une police et quel
en est le prix?

64. Un père de famille veut assurer une somme de 20 000 francs, payable à son enfant à l'âge de 21 ans. Quelle prime aura-t-il à verser annuellement, pendant 20 ans, pour obtenir ce capital, l'enfant étant âgé de 1 an et le taux de la prime étant de $2^{fr},84$ 0/0 ?

Solution.

$$100 \text{ fr.} \qquad 2^{fr},84$$
$$20\,000 \qquad x$$

Si, pour 100 fr. de capital, on paye $2^{fr},84$ de prime,

— 1 fr. — on payerait $\dfrac{2^{fr},84}{100}$

et — 20 000 fr. — — $\dfrac{2^{fr},84 \times 20\,000}{100}$

$$= \frac{56\,800,00}{100} = 568 \text{ francs.}$$

R. : 568 francs.

65. Un célibataire, âgé de 50 ans, veut déposer à une compagnie 25 00 francs, pour obtenir une rente viagère. Quelle sera l'importance de cette rente, le taux étant, à 50 ans, de $7^{fr},82$ 0/0 ?

Solution.

$$100 \text{ fr.} \qquad 7^{fr},82$$
$$25\,000 \qquad x$$

Si, pour 100 fr. de capital, on obtient $7^{fr},82$ de rente viagère,

— 1 fr. — on obtiendrait $\dfrac{7^{fr},82}{100}$

et — 25 000 fr. — — $\dfrac{7^{fr},82 \times 25\,000}{100}$

$$= \frac{195\,500,00}{100} = 1\,955 \text{ fr. (rente viagère).}$$

R. : 1 955 francs.

66. On assure, à 2 francs 0/0, le transport de 35 000 francs de marchandises, qui éprouvent pour 500 francs d'avaries. Que gagne la compagnie d'assurances ?

Solution.

$$100 \text{ fr.} \qquad 2 \text{ fr.}$$
$$35\,000 \qquad x$$

Si, pour   100 fr. de capital, on paye 2 fr. de prime,

$$— \qquad 1 \text{ fr.} \qquad — \qquad \text{on payerait } \frac{2 \text{ fr.}}{100}$$

$$\text{et} \quad — \quad 35\,000 \text{ fr.} \qquad — \qquad — \qquad \frac{2 \text{ fr.} \times 35\,000}{100}$$

$$= \frac{70\,000 \text{ fr.}}{100} = 700 \text{ francs.}$$

La compagnie a évidemment, pour bénéfices, ce qu'elle a gagné moins ce qu'elle a perdu,

ou $\qquad\qquad$ 700 fr. — 500 fr. = 200 fr.

R. : 200 francs.

67. Il a été assuré, à $2^{fr},40$ 0/0, le transport de 78 500 fr. de vins. Après avoir réglé son compte, il reste à la compagnie 1 050 francs de bénéfices. Calculer les avaries.

Solution. $\qquad$ 100 fr. $\qquad\qquad 2^{fr},40$
$\qquad\qquad\qquad$ 78 500 $\qquad\qquad\qquad x$

Si, pour 100 fr. de capital, l'assuré paye $2^{fr},40$ de prime,

$$— \qquad 1 \text{ fr} \qquad — \qquad \text{il payerait } \frac{2^{fr},40}{100}$$

$$\text{et} \quad — \quad 78\,500 \text{ fr.} \qquad — \qquad — \qquad \frac{2^{fr},40 \times 78\,500}{100}$$

$$= \frac{188\,400,00}{100} = 1\,884 \text{ francs.}$$

Les avaries s'élèvent donc à 1 884 fr. — 1 050 fr. = 834 francs.

R. : 834 francs.

68. Un transport de blé, pour une valeur de 50 900 francs, a été assuré moyennant une prime. Ce blé a éprouvé pour 584 francs d'avaries, et la compagnie d'assurances gagne 675 francs. On propose de calculer le taux de la prime d'assurances.

Solution. La prime égale 584 fr. + 675 fr. = 1 259 francs.

$$50\,900 \text{ fr.} \qquad\qquad 1\,259 \text{ fr.}$$
$$100 \qquad\qquad\qquad x$$

Si, pour 50 900 fr., l'assuré a payé 1 259 fr. de prime,

—   1 fr., il payerait $\dfrac{1\,259\ \text{fr.}}{50\,900}$

et   —   100 fr.,   — $\dfrac{1\,259\ \text{fr.} \times 100}{50\,900}$

$$= \frac{125\,900}{50\,900} = \frac{1\,259}{509} = 2^{\text{fr}},473.$$

Le *taux* de la prime d'assurance est donc de $2^{\text{fr}},47$.

R. : $2^{\text{fr}},47$.

69. Des colzas, assurés contre la grêle, à 3 francs 0/0, ont éprouvé pour 470 francs de dégâts, et la compagnie d'assurances gagne 350 francs. Quel est le prix des colzas assurés ?

Solution. La prime égale 470 fr. + 350 fr. = 820 francs.

       3 fr.   100 fr.
      820   x

Si 3 fr. de prime sont payés pour 100 fr. de capital,

     1 fr.   —   serait payé pour $\dfrac{100\ \text{fr.}}{3}$

et   820 fr.   —   — $\dfrac{100\ \text{fr.} \times 820}{3}$

$$= \frac{82\,000}{3} = 27\,333^{\text{fr}},33.$$

R. : $27\,333^{\text{fr}},33$.

Problèmes à résoudre, sur les Assurances.

209. Un cultivateur a fait assurer, contre l'incendie, les bâtiments de sa ferme, estimés 30 000 francs, moyennant une prime de 1 fr.,50 pour mille. Quelle somme doit-il payer pour la prime de cette assurance?

210. Il a été assuré, à 1 fr.,25 pour mille, des bâtiments estimés 32 800 francs. Calculer la somme à payer pour la prime d'assurance.

211. Une personne, âgée de 32 ans, veut assurer à ses enfants le payement d'une somme de 15 000 francs, exigible à son décès. Quelle prime aura-t-elle à payer annuellement, pendant sa vie, sachant que le taux de la prime est de 2 fr.,62 0/0?

212. Un oncle, âgé de 60 ans, veut garantir à sa nièce le paye-ment d'une somme de 25 000 francs, exigible à son décès. Quelle prime aura-t-il à payer annuellement, pendant sa vie, sachant que le taux de la prime est de 7 fr.,13 0/0?

213. Une mère prévoyante veut assurer une somme de 24 000 francs, payable à sa fille à l'âge de 21 ans. Quelle prime aura-t-elle à verser annuellement, pendant 20 ans, pour obtenir ce capital, sachant que l'enfant est âgée de 1 an, et que le taux de la prime est de 2 fr.,84 0/0?

214. On propose de calculer la prime annuelle à verser, pendant 20 ans, par un père de famille qui veut assurer un capital de 25 000 francs, payable à son enfant, à l'âge de 21 ans, sachant que cet enfant est actuellement âgé de 1 an, et que le taux de la prime est de 2 fr.,84 0/0.

215. Il est déposé à une compagnie 18 500 francs, par un rentier âgé de 52 ans, qui veut obtenir une rente viagère. Calculer l'impor-tance de cette rente, sachant qu'à 52 ans le taux de la prime est de 8 fr.,17 0/0.

216. Un employé, âgé de 53 ans, pour obtenir une rente viagère, a déposé 17 500 francs à une compagnie d'assurances sur la vie. Le taux de la prime est de 8 fr.,34 0/0. Quelle rente en recevra-t-il chaque année?

217. On a assuré, à 2 francs 0/0, le transport de 36 850 francs de marchandises, qui ont éprouvé pour 785 francs d'avaries. Faire connaître le gain de la compagnie d'assurances.

218. Le transport de 52 500 francs de vins a été assuré à 2 fr.,40 0/0. Après le compte réglé, il reste à la compagnie 875 francs de bénéfices. Calculer les avaries.

219. Pour garantir le transport de 60 900 francs de blé, il a été fait une assurance moyennant une prime. Ce blé a éprouvé pour 765 francs d'avaries et la compagnie a gagné 830 francs. Quel est le taux de la prime d'assurance?

220. Des œillettes, assurées contre la grêle, à 2 fr.,75 0/0, ont éprouvé pour 964 francs de dégâts, et la compagnie d'assurances gagne 470 francs. On propose de calculer le prix des œillettes assu-rées.

RÈGLE DE PARTAGE.

109. On appelle *Règle de partage*, celle qui a pour but de partager un nombre en parties proportionnelles à des nombres donnés.

Règle. Pour partager un nombre en parties proportionnelles à des nombres donnés, il faut d'abord additionner ces nombres ; puis, diviser par leur somme le nombre à partager, et multiplier le quotient par chacun des nombres donnés. Si les nombres donnés sont des fractions ordinaires, on les réduit au même dénominateur, et l'on effectue le partage proportionnellement aux numérateurs des fractions résultantes.

Problèmes à étudier, sur la Règle de partage.

70. Partager 6 800 francs en parties proportionnelles aux nombres 2, 3 et 4.

Solution. Je fais d'abord la somme des trois nombres proportionnels donnés et il vient :

$$2 + 3 + 4 = 9 \text{ unités.}$$

Puis, je dis :

Si, pour 9 unités, on a 6 800 fr.

$$- \quad 1 \quad - \quad \text{on aurait } \frac{6\,800 \text{ fr.}}{9}$$

$$\text{et } - \quad 2 \quad - \quad \text{ou la 1}^{\text{re}} \text{ part, } \frac{6\,800 \text{ fr.} \times 2}{9} = \frac{13\,600}{9} = 1\,511^{\text{fr}},11$$

$$\text{De même,} \qquad 2^{\text{e}} \text{ part, } \frac{6\,800 \text{ fr.} \times 3}{9} = \frac{20\,400}{9} = 2\,266\ ,67$$

$$- \qquad 3^{\text{e}} \text{ part, } \frac{6\,800 \text{ fr.} \times 4}{9} = \frac{27\,200}{9} = 3\,022\ ,22$$

Total pareil, ou preuve : $\overline{6\,800^{\text{fr}},00}$

71. 3 ouvriers ont travaillé à un même ouvrage. Le premier y a travaillé 4 jours ; le second, 5 jours, et le troisième, 6 jours. Ils ont gagné 50^{fr},25. Que revient-il à chacun ?

109. Qu'appelle-t-on règle de partage ? Comment fait-on cette règle ?

Solution. Je fais d'abord la somme des jours pendant lesquels les trois ouvriers ont travaillé

$$4 + 5 + 6 = 15 \text{ jours.}$$

Puis, je dis :

Si, en 15 jours, ces ouvriers ont gagné $50^{fr},25$,

— 1 — ils gagneraient $\dfrac{50^{fr},25}{15}$

et — 4 — ou la 1re part, $\dfrac{50^{fr},25 \times 4}{15} = \dfrac{204}{15} = 13^{fr},40$

De même, 2e part, $\dfrac{50^{fr},25 \times 5}{15} = \dfrac{251^{fr},25}{15} = 16 \ ,75$

3e part, $\dfrac{50^{fr},25 \times 6}{15} = \dfrac{301^{fr},50}{15} = 20 \ ,10$

Preuve : $\overline{50^{fr},25}$

72. On propose de partager 24 000 francs entre 4 personnes, de manière que la seconde ait le double de la première ; la troisième, le triple de la seconde, et la quatrième, le quadruple de la troisième. Quelle est la part de chacune ?

Solution. En désignant le premier nombre proportionnel par 1, le second sera 2, le troisième, 6, et le quatrième, 24. La somme de ces nombres proportionnels égale

$$1 + 2 + 6 + 24 = 33.$$

Cela fait, je dis :

Si, pour 33 unités, on a 24 000 fr.

— 1 — ou la 1re part, on aurait $\dfrac{24\,000 \text{ fr.}}{33} = 727^{fr},27$

Si, pour 1 unité, on a $727^{fr},27$,
— 2 — ou la 2e part, on aurait

$727^{fr},27 \times 2 = 1\,454 \ \ 55$

De même, 3e part, $727^{fr},27 \times 6 = 4\,363 \ \ 64$

4e part, $727^{fr},27 \times 24 = 17\,454 \ \ 54$

Preuve : $\overline{24\,000^{fr},00}$

73. Partager 16 500 francs en parties proportionnelles aux fractions décimales et aux nombres décimaux suivants :

$$0,4, \quad 0,65, \quad 2,5 \quad \text{et} \quad 4,76.$$

Solution. Après avoir complété les décimales par des zéros

$$0,40 \quad 0,65 \quad 2,50 \quad 4,76$$

et fait abstraction de la virgule

$$40 \quad 65 \quad 250 \quad 476$$

j'obtiens pour la somme de ces quatre nombres proportionnels :

$$40 + 65 + 250 + 476 = 831.$$

Si, pour 831 unités, on a 16 500 francs,

$$- \quad 1 \quad - \quad \text{on aurait } \frac{16\,500 \text{ fr.}}{831}$$

et $-$ 40 $-$ ou la 1re part,

$$\frac{16\,500 \text{ fr.} \times 40}{831} = \frac{660\,000}{831} = 794^{fr},23$$

De même, 2e part, $\dfrac{16\,500 \text{ fr.} \times 65}{831} = \dfrac{1\,072\,500}{831} = 1\,290 ,61$

3e part, $\dfrac{16\,500 \text{ fr.} \times 250}{831} = \dfrac{4\,125\,000}{831} = 4\,963 ,89$

4e part, $\dfrac{16\,500 \text{ fr.} \times 476}{831} = \dfrac{7\,854\,000}{831} = 9\,451 ,27$

$$\text{Preuve :} \quad \overline{16\,500^{fr},00}$$

74. Une rentière laisse en mourant 50 000 francs qu'elle lègue de la manière suivante : la moitié à son neveu, le tiers à sa nièce et le sixième à sa vieille domestique. Quelle est la part de chacun?

Solution. Je fais la somme des fractions ordinaires proposées :

$$\frac{1}{2} + \frac{1}{3} + \frac{1}{6} = \frac{6}{12} + \frac{4}{12} + \frac{2}{12}.$$

Je multiplie chacune de ces fractions par 12, en barrant leur dénominateur 12, et il vient :

$$6 \quad 4 \quad 2;$$

j'en fais la somme

$$6 + 4 + 2 = 12.$$

Si, pour 12 unités, on a 50 000 fr.,

$$— \quad 1 \quad — \text{ on aurait } \frac{50\,000 \text{ fr.}}{12}$$

et — 6 — ou la part du neveu,

$$\frac{50\,000 \text{ fr.} \times 6}{12} = \frac{300\,000}{12} = 25\,000 \text{ fr.}$$

De même, la part de la nièce,

$$\frac{50\,000 \text{ fr.} \times 4}{12} = \frac{200\,000}{12} = 16\,666^{\text{fr}},67$$

— la part de la vieille domestique,

$$\frac{50\,000 \text{ fr.} \times 2}{12} = \frac{100\,000}{12} = 8\,333\,,33$$

$$\text{Preuve : } \overline{50\,000^{\text{fr}},00}$$

75. Un propriétaire lègue en mourant la moitié de son bien à sa femme, le tiers à sa nièce et le reste, 30 000 francs, aux pauvres. Calculer la part de chacun.

Solution. Le bien du propriétaire dont il s'agit est évidemment égal à

$$\frac{1}{2} + \frac{1}{3} + 30\,000 \text{ francs,}$$

ou à $$\frac{6}{12} + \frac{4}{12} + 30\,000 \text{ fr.,}$$

ou enfin à $$\frac{10}{12} + 30\,000 \text{ fr.}$$

Or, le bien de ce propriétaire peut être représenté par $\frac{12}{12}$;

donc $30\,000$ francs $= \frac{12}{12} - \frac{10}{12} = \frac{2}{12}$.

Si $\frac{2}{12}$ du bien $= 30\,000$ fr.,

$\frac{1}{12}$ du bien égalera $\dfrac{30\,000 \text{ fr.}}{2}$

et $\frac{6}{12}$, ou la part de la femme, $\dfrac{30\,000 \text{ fr.} \times 6}{2} = \dfrac{180\,000}{2}$

$$= 90\,000 \text{ fr.}$$

De même, la part de la nièce, $\dfrac{30\,000 \times 4}{2} = \dfrac{120\,000}{2} = 60\,000$ fr.

R. :
$\begin{cases} 1° \text{ Part de la femme,} & 90\,000 \text{ fr.} \\ 2° \text{ Part de la nièce,} & 60\,000 \\ 3° \text{ Part des pauvres,} & 30\,000 \end{cases}$

76. Deux élèves, l'un âgé de 12 ans et l'autre de 14, ont fait pour 50 francs de dégâts dans un pensionnat. Calculer ce qu'ils doivent payer chacun en raison directe et en raison inverse de leur âge.

Solution. La part des deux élèves étant proportionnelle à leur âge, pour la raison directe il vient :

$$12 + 14 = 26 \text{ ans.}$$

Si, pour 26 ans, on a 50 fr.,

— 1 — on aurait $\dfrac{50}{26}$

et — 12 — ou la part du premier, $\dfrac{50 \text{ fr.} \times 12}{26} = \dfrac{600}{26} = 23^{fr},08$

De même, la part du deuxième, $\dfrac{50 \text{ fr.} \times 14}{26} = \dfrac{700}{26} = 26\ ,92$

Preuve : $\overline{50^{fr},00}$

Actuellement, considérons le cas où la raison est inverse :

$$\frac{1}{12} + \frac{1}{14} = \frac{14}{168} + \frac{12}{168},$$

ou, en faisant disparaître le dénominateur commun 168,

$$14 + 12 = 26 \text{ ans.}$$

Si, pour 26 ans, on a 50 fr.

— 1 — on aurait $\dfrac{50}{26}$

et — 14 — ou la part du premier, $\dfrac{50 \text{ fr.} \times 14}{26} = \dfrac{700}{26} = 26^{fr},92$

De même, la part du deuxième, $\dfrac{50 \text{ fr.} \times 12}{26} = \dfrac{600}{26} = 23\ ,08$

Preuve : $\overline{50^{fr},00}$

77. Partager 5 360 francs entre quatre personnes, de manière que la part de la première soit à celle de la seconde comme 2 est à 3, à celle de la troisième comme 4 est à 5 et à celle de la quatrième comme 6 est à 7.

Solution. D'après les données du problème, si je représente la première part par 1, la seconde sera $\frac{3}{2}$, la troisième $\frac{5}{4}$ et la quatrième $\frac{7}{6}$,

ou $\qquad \frac{12}{12} \quad \frac{18}{12} \quad \frac{15}{12} \quad$ et $\quad \frac{14}{12}$

ou enfin, en faisant disparaître le dénominateur commun 12,

$$12, \quad 18, \quad 15 \quad \text{et} \quad 14.$$

Leur somme égale

$$12 + 18 + 15 + 14 = 59 \text{ unités.}$$

Cela fait, je dis :

Si, pour 59 unités, on a 5 360 fr.,

$$- \quad 1 \quad - \quad \text{on aurait} \quad \frac{5\,360}{59}$$

et — 12 — ou la 1re part, $\dfrac{5\,360 \text{ fr.} \times 12}{59} = \dfrac{64\,320}{59} = 1\,090^{fr},17$

De même, 2e part, $\dfrac{5\,360 \text{ fr.} \times 18}{59} = \dfrac{96\,480}{59} = 1\,635\ ,25$

3e part, $\dfrac{5\,360 \text{ fr.} \times 15}{59} = \dfrac{80\,400}{59} = 1\,362\ ,72$

4e part, $\dfrac{5\,360 \text{ fr.} \times 14}{59} = \dfrac{75\,040}{59} = 1\,271\ ,86$

$$\text{Preuve :} \qquad 5\,360^{fr},00$$

78. Faire le partage de 8 450 francs entre quatre personnes, de manière que la part de la première soit à celle de la seconde comme 2 est à 3; que la part de la seconde soit à celle de la troisième comme 4 est à 5, et que la part de la troisième soit à celle de la quatrième comme 6 est à 7.

Solution. Si l'on représente la première part par 1, la deuxième sera $\frac{3}{2}$, la troisième $\frac{5}{4}$ de $\frac{3}{2}$ ou $\frac{15}{8}$, et la quatrième $\frac{7}{6}$ de $\frac{15}{8}$ ou $\frac{35}{16}$,

ou $\qquad \frac{16}{16}, \quad \frac{24}{16}, \quad \frac{30}{16} \quad \text{et} \quad \frac{35}{16},$

ou, en faisant disparaître le dénominateur commun 16, il vient :

$$16, \quad 24, \quad 30 \quad \text{et} \quad 35.$$

Leur somme donne :

$$16 + 24 + 30 + 35 = 105 \text{ unités.}$$

Si, pour 105 unités, on a 8 450 fr.,

$$- \quad 1 \quad - \quad \text{on aurait } \frac{8\,450 \text{ fr.}}{105}$$

et $- \quad 16 \quad -$ ou la 1re part,

$$\frac{8\,450 \text{ fr.} \times 16}{105} = \frac{135\,200}{105} = 1\,287^{\text{fr}},61$$

De même, 2e part, $\dfrac{8\,450 \text{ fr.} \times 24}{105} = \dfrac{202\,800}{105} = 1\,931\,,43$

3e part, $\dfrac{8\,450 \text{ fr.} \times 30}{105} = \dfrac{253\,500}{105} = 2\,414\,,29$

4e part, $\dfrac{8\,450 \text{ fr.} \times 35}{105} = \dfrac{295\,750}{105} = 2\,816\,,67$

Preuve : $\overline{8\,450^{\text{fr}},00}$

79. Partager 30 000 francs entre quatre personnes, de manière que la première ait 350 francs de moins que la seconde, la seconde 540 francs de moins que la troisième, et la troisième 850 francs de moins que la quatrième.

Solution. En représentant par x la part de la première personne, on a :

1re part	x	
2e part	$x + 350$ . . . . $=$	350 fr.
3e part	$x + 350 + 540$ . . . . $=$	890
4e part	$x + 350 + 540 + 850 =$	1 740
	$\overline{4x}$	$\overline{2\,980 \text{ fr.}}$

$$4x + 2\,980 \text{ fr.} = 30\,000 \text{ fr.}$$

$$4x = 30\,000 - 2\,980 = 27\,020 \text{ fr.}$$

$$x = \frac{27\,020 \text{ fr.}}{4} = 6\,755 \text{ francs.}$$

En remplaçant x par sa valeur, ou la première part trouvée 6 755 francs, on obtient :

1ʳᵉ part.	6 755
2ᵉ part.	6 755 fr. + 350 fr. = 7 105
3ᵉ part.	6 755 fr. + 350 fr. + 540 fr. = 7 645
4ᵉ part	6 755 fr. + 350 fr. + 540 fr. + 850 fr. = 8 495

Preuve :   30 000 fr.

Problèmes à résoudre, sur la Règle de partage.

221. Partager 4 500 francs, en parties proportionnelles aux nombres 2, 3 et 4.

222. On propose de partager 5 600 francs, en parties proportionnelles aux nombres 7, 9 et 10.

223. Trois menuisiers ont travaillé à un même ouvrage. Le premier y a travaillé 2 jours; le second, 3 jours, et le troisième, 5 jours. Cet ouvrage est payé 60 francs. Calculer la part de chacun.

224. Trois troupes d'ouvriers ont gagné 8 750 francs, pour un travail fait en commun. La première troupe était composée de 14 ouvriers; la seconde, de 16, et la troisième, de 19. Partager le gain total entre ces trois troupes, eu égard au nombre d'ouvriers de chacune d'elles.

225. 30 000 francs sont à partager entre 4 personnes, de manière que la deuxième ait le double de la première; la troisième autant que les deux premières, et la quatrième autant que la seconde et la troisième. Quelle est la part de chacune?

226. Partager 29 500 francs entre quatre personnes, de manière que la seconde ait le double de la première; la troisième, autant que les deux premières, et la quatrième, autant que la première et la troisième.

227. Partager 18 750 francs proportionnellement aux fractions décimales et aux nombres décimaux suivants : 0,5, 0,75, 3,5 et 5,70.

228. Partager 28 176 fr.,55 proportionnellement aux nombres 10 564 fr.,21, 11 128 fr.,39, et 10 000 francs.

229. On propose de partager 40 500 francs en parties proportionnelles aux fractions $\frac{1}{2}$, $\frac{1}{3}$ et $\frac{1}{4}$. Déterminer chacune de ces parties.

230. Une personne laisse en mourant 32 800 francs qu'elle a donnés de la manière suivante : la $\frac{1}{2}$ à son neveu; le $\frac{1}{3}$ au bureau de bienfaisance, et le $\frac{1}{6}$ à sa vieille domestique. Quelle est la part de chacun.

231. Un rentier lègue en mourant la $\frac{1}{2}$ de son bien à sa veuve, le $\frac{1}{3}$ à son neveu, et le reste, 20 000 francs, à sa nièce. Calculer la part de chacun.

232. Par son testament, un oncle lègue à sa nièce les $\frac{2}{3}$ de sa fortune, qui s'élève à 2 000 000 de francs; le $\frac{1}{4}$ du reste à son neveu, et le 2e reste, à l'Hôtel-Dieu. On demande la part du neveu et celle de l'hospice.

233. Jules a 13 ans et Arthur 10 ans. On propose de leur partager 250 francs en raison inverse de leur âge.

234. 9 740 francs sont à partager en quatre parties, de manière que la première soit à la seconde comme 3 est à 4, à la troisième comme 5 est à 6, et à la quatrième comme 7 est à 8.

235. Faire le partage de 10 750 francs, entre quatre personnes, de sorte que la part de la première soit à celle de la seconde comme 3 est à 4; que la part de la seconde soit à celle de la troisième comme 5 est à 6, et que la part de la troisième soit à celle de la quatrième comme 7 est à 8.

236. Partager 50 600 francs entre 3 personnes, de manière que la première ait 300 francs de moins que la seconde, et que la seconde ait 420 francs de moins que la troisième.

RÈGLE DE SOCIÉTÉ OU DE COMPAGNIE.

110. On appelle *Règle de société,* une opération qui a pour but de calculer le *bénéfice* ou la *perte* que font plusieurs associés, proportionnellement à leurs mises de fonds et au temps pendant lequel ces mises sont restées dans l'association.

111. Il y a deux sortes de règles de société : la règle de société *simple* et la règle de société *composée.*

112. La règle de société est simple, quand toutes les mises de fonds sont restées, pendant le même temps, dans l'entreprise.

110. Qu'appelle-t-on règle de société? — 111. Combien distingue-t-on de sortes de règles de société? — 112. Dans quel cas la règle de société est-elle simple? — Comment fait-on cette règle? —

Règle. *Pour faire la règle de société simple, on divise le bénéfice ou la perte des associés par la somme des mises, et l'on multiplie le quotient par chaque mise.*

113. La règle de société est composée, lorsque les mises de fonds sont restées, dans l'entreprise, pendant des temps différents.

Règle. *Pour faire la règle de société composée, il faut d'abord multiplier chaque mise par le temps correspondant; puis, additionner les produits, diviser par le total la somme à partager, et multiplier le quotient par chacun des produits.*

Problèmes à étudier, sur la Règle de société.

1° *Règle de société simple.*

80. Deux négociants se sont associés et ont mis dans le commerce : le premier, 10 000 francs ; le second, 12 000 francs. Ils ont réalisé 9 750 francs de bénéfices. Quelle est la part de chacun proportionnellement à leurs mises de fonds ?

Solution. Faisons d'abord la somme des mises, ce qui nous donne :

$$10\,000 \text{ fr.} + 12\,000 \text{ fr.} = 22\,000 \text{ fr.}$$

Puis, nous disons :

Si, pour 22 000 fr., on a 9 750 fr. de bénéfices,

$$-\quad 1 \quad - \text{ on aurait } \frac{9\,750}{22\,000}$$

et — 10 000 — ou la part du premier négociant,

$$\frac{9\,750\text{fr.} \times 10\,000}{22\,000} = \frac{97\,500\,000}{22\,000} = \frac{97\,500}{22} = 4\,431^{\text{fr}},82.$$

De même, la part du deuxième négociant, $\dfrac{9\,750^{\text{fr}} \times 12\,000}{22\,000}$

$$= \frac{117\,000\,000}{22\,000} = \frac{117\,000}{22} = 5\,318^{\text{fr}},18.$$

113. Quand dit-on que la règle de société est composée ? — Comment fait-on cette règle ?

Preuve :

Part du premier négociant	4 431^{fr},82
— du second —	5 318 ,18
Total pareil :	9 750^{fr},00

2° *Règle de société composée.*

84. **Deux** personnes se sont associées et ont fait 3 000 francs de bénéfices. La première a laissé 6 000 francs dans le commerce, pendant 8 mois, et la seconde, 7 000 francs, pendant 9 mois. Calculer le bénéfice de chacune proportionnellement aux mises et au temps.

Solution. Je multiplie d'abord chaque mise par le temps pendant lequel elle est restée dans l'association et il vient :

$$6\,000 \text{ fr.} \times 8 = 48\,000 \text{ francs.}$$
$$7\,000 \text{ fr.} \times 9 = 63\,000$$

Puis, je fais la somme des deux produits obtenus :

$$48\,000 \text{ fr.} + 63\,000 \text{ fr.} = 111\,000 \text{ francs.}$$

Cela fait, je dis :

Si, pour 111 000 fr., on a 3 000 fr. de bénéfices,

— 1 fr., on aurait $\dfrac{3\,000 \text{ fr.}}{111\,000}$

et — 48 000 fr., ou la part de la 1re personne, $\dfrac{3\,000 \text{ fr.} \times 48\,000}{111\,000}$

$$= \frac{144\,000\,000}{111\,000} = \frac{144\,000}{111} = 1\,297^{fr},29.$$

De même, la part de la 2e personne, $\dfrac{30\,000 \text{ fr.} \times 63\,000}{111\,000}$

$$= \frac{189\,000\,000}{111\,000} = \frac{189\,000}{111} = 1\,702^{fr},71.$$

Preuve :

Le bénéfice de la première personne :	1 297^{fr},29
— de la deuxième —	1 702 ,71
Total pareil :	3 000^{fr},00

Problèmes à résoudre, sur la Règle de société.

237. Deux personnes se sont associées. La première a mis dans le commerce 9 500 francs, et la seconde, 10 000 francs. Elles ont fait 6 000 francs de bénéfices. Quelle est la part de chacune proportionnellement à leurs mises de fonds?

238. Trois associés ont fait 8 000 francs de bénéfices. Le premier a mis 3 000 francs dans le commerce; le second, 4 000 francs, et le troisième, 8 000 francs. Partager les bénéfices proportionnellement à ces mises.

239. Deux propriétaires ont fait une entreprise dans laquelle ils ont perdu 6 000 francs. Le premier y a mis 8 000 francs, et le second, 12 000 francs. On demande la perte de chacun, sachant qu'elle doit être proportionnelle aux mises de fonds?

240. Trois negociants se sont associés et ont mis dans l'industrie : le premier, 10 000 francs; le second, 15 000 francs, et le troisième, 16 000 francs. Ils ont fait 8 750 francs de bénéfices. Quelle est la part de chacun, eu égard à leurs mises de fonds?

241. Trois industriels associés ont à supporter une perte de 10 000 francs. Le premier a mis 12 000 francs dans l'association; le second, 20 000 francs, et le troisième, 23 000 francs. Calculer la perte de chacun.

242. Deux capitalistes associés ont fait 6 300 francs de bénéfices. Le premier a laissé 10 500 francs dans l'association pendant 6 mois; le second, 15 000 francs pendant 5 mois. Faire connaître la part de chacun, eu égard aux mises et au temps.

243. Trois personnes associées ont éprouvé 10 500 francs de perte. La première a laissé 18 000 francs dans l'association pendant 7 mois; la seconde, 20 000 francs pendant 9 mois, et la troisième, 16 000 francs pendant 10 mois. Quelle est la perte de chacune?

244. Deux associés ont fait 12 000 francs de bénéfice. Le premier a laissé 16 700 francs dans l'association, pendant 1 an et 3 mois, et le second, 25 000 francs pendant 11 mois. On demande la part de chaque associé.

245. Les mises de deux associés sont égales; celle du premier est restée 8 mois dans l'association, et celle du second, 10 mois. Ils ont fait 6 500 francs de bénéfice. Quelle est la part de chacun?

246. Une personne commence une entreprise avec 16 000 francs. 10 mois après, elle prend un associé, qui apporte 18 000 francs. Au bout d'un an, il y a un bénéfice de 10 000 francs. Calculer la part de chacun.

247. Deux négociants se sont associés : la mise du premier, triple de celle du second, est restée 8 mois dans l'association, et celle

du second y est restée 10 mois. La perte totale éprouvée est de
8 500 francs. Quelle est la perte de chacun?

248. Deux associés ont mis dans le commerce, le premier,
14 000 francs pendant 6 mois, et le second, 17 000 francs pendant
8 mois. Le premier associé a reçu 4 500 francs pour sa part dans
les bénéfices. On demande la part du second et le total des bénéfices.

RÈGLE DE MÉLANGE OU D'ALLIAGE.

114. On appelle *Règle de mélange* ou *d'alliage*, celle
qui a pour but de trouver la valeur *moyenne* de plusieurs choses, connaissant le nombre et la valeur particulière de chacune, ou de déterminer les quantités de
chaque espèce qui entrent dans un mélange ou dans un
alliage, lorsqu'on connaît la valeur de chaque espèce et
la valeur totale du mélange ou de l'alliage.

115. Un *mélange* est l'union intime de liquides ou de
matières sèches, et un *alliage* est le résultat de la combinaison, par fusion, de plusieurs métaux.

116. Il y a deux cas à considérer dans les règles de
mélange ou d'alliage:

1er Cas. On a à calculer le prix moyen de plusieurs
objets;

2e Cas. On a à trouver la quantité de chaque prix
qui doit entrer dans le mélange, ou dans l'alliage, le prix
moyen étant donné.

117. On appelle *titre* d'un alliage d'or ou d'argent, la
quantité d'or ou d'argent contenue dans un kilogramme
de cet alliage.

118. On appelle *lingot* une quantité quelconque d'un
métal ou d'un alliage.

119. Le *mouillage des vins* consiste à ajouter aux vins
purs, encore en fûts, une certaine quantité d'eau avant
de les vendre.

114. Qu'appelle-t-on règle de mélange ou d'alliage? — 115. Quelle
différence faites-vous entre un mélange et un alliage? — 116. Combien y a-t-il de cas à considérer dans les règles de mélange ou d'alliage? Énoncez-les. — 117. Qu'appelle-t-on titre d'un alliage d'or
ou d'argent? — 118. Qu'appelle-t-on lingot? — 119. Enfin, en quoi
consiste le mouillage des vins?

Problèmes à étudier, sur les Règles de mélange ou d'alliage, et sur le mouillage des vins.

1er Cas.

82. On mélange 40 litres de vin à 0^{fr},70 le litre avec 60 litres de vin à 1^{fr},10. Quel sera le prix d'un litre de ce mélange?

Solution. Calculons d'abord la somme de litres et le prix total du mélange proposé

$$0^{fr},70 \times 40 \text{ lit.} = 28 \text{ fr.}$$
$$1\,,10 \times 60 \quad = 66$$
$$\overline{\hspace{1cm}}$$
$$100 \text{ lit.} \quad 94 \text{ fr.}$$

Je dis ensuite :

Si 100 litres de mélange coûtent 94 fr.,

1 litre de ce mélange coûterait 100 fois moins que 100 lit.,

ou $\dfrac{94 \text{ fr.}}{100} = 0^{fr}$,94.

R. : 0^{fr},94.

83. On a fondu 35 kilogr. de cuivre à 1^{fr},25 le kilogr. avec 15 kilogr. d'étain à 2^{fr},60. A combien revient le kilogr. de cet alliage?

Solution. Je calcule d'abord le prix du cuivre et celui de l'étain,

$$1^{fr},25 \times 35 \text{ kilog.} = 43^{fr},75$$
$$2\,,60 \times 15 \quad = 39\,,00$$
$$\overline{\hspace{1cm}}$$
$$50 \text{ kilog.} \quad 82^{fr},75$$

Puis, je fais successivement la somme des kilogrammes de cuivre et d'étain, qui forment l'alliage, celle de leur valeur, et je dis :

Si 50 kilogr. d'alliage coûtent 82^{fr},75,

1 kilogr. coûterait 50 fois moins que 50 kilogr.,

ou $\dfrac{82^{fr},15}{50} = 1^{fr}$,65.

R. : 1^{fr},65.

2ᵉ Cas.

84. Dans quel rapport faut-il mélanger du vin à 0ᶠʳ,50 le litre avec du vin à 0ᶠʳ,35, pour en obtenir un mélange valant 0ᶠʳ,40 le litre ?

Données.

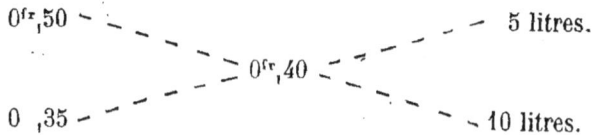

Solution. Je place d'abord, l'un au-dessous de l'autre, les prix des vins à mélanger, et en regard, à droite, le prix du mélange ; puis, je prends la différence entre le nombre 40 et les deux nombres 50 et 35, et j'écris les résultats obtenus 5 et 10 *en croix.* Je trouve ainsi que, pour obtenir le mélange proposé, il faudra 5 litres de vin à 0ᶠʳ,50 et 10 litres à 0ᶠʳ,35.

Preuve.

5 litres de vin à   0ᶠʳ,50 = 2ᶠʳ,50
10   —   à 0 ,35 = 3 ,50
——
15 lit. de vins mélangés valent 6ᶠʳ,00

D'un autre côté, 15 litres de mélange à 0ᶠʳ,40 valent également 6 francs. Donc le mélange obtenu est fait dans des proportions convenables.

R. : { 1° 5 litres à 0ᶠʳ,50
       { 2° 10 litres à 0ᶠʳ,35

85. On a deux lingots d'argent : l'un au titre de 0,940, l'autre au titre de 0,750. Dans quel rapport faut-il les allier, pour former un lingot ou alliage au titre de 0,890 ?

Données.

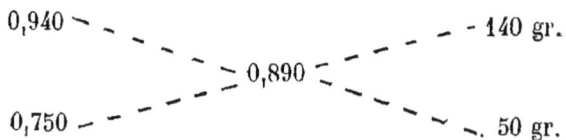

Après avoir disposé l'opération comme ci-dessus, je prends la différence entre le nombre 0,890 et les deux nombres 0,940 et 0,750; j'écris les résultats obtenus 140 et 50 *en croix*, et je trouve que l'alliage demandé contiendra 140 grammes au titre de 0,940 et 50 grammes au titre de 0,750.

$$R. : \begin{cases} 1° \ 140 \text{ gr. au titre de } 0,940 \\ 2° \ \ 50 \text{ gr.} \quad — \quad 0,750. \end{cases}$$

86. Un débitant, avec du vin à $0^{fr},95$ et à $0^{fr},60$ le litre, veut faire un mélange de 250 litres qu'il puisse revendre $0^{fr},70$ le litre, sans perte ni gain. Combien doit-il en prendre de litres de chaque qualité pour faire ce mélange?

Données.

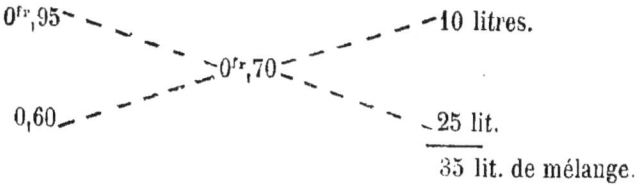

$$\begin{array}{r} 35 \text{ lit. de mélange.} \end{array}$$

En prenant la différence du prix de vente $0^{fr},70$ aux deux prix supérieur $0^{fr},95$ et inférieur $0^{fr},60$, et en écrivant les résultats 10 litres et 25 litres *en croix*, je trouve que, pour 35 litres de mélange, il faut 10 litres à $0^{fr},95$ et 25 litres à $0^{fr},60$.

Cela fait, je dis :

Si, pour 35 litres de mélange, il faut 10 litres de vin à $0^{fr},95$,

$$— \ 1 \ — \ — \ \text{il faudrait } \frac{10 \text{ lit.}}{35}$$

et — 250 — — — $\dfrac{10 \text{ lit.} \times 250}{35} = \dfrac{2\,500}{35} = 71^{lit},43$

(à $0^{fr},95$ le litre).

Si enfin, pour 35 litres de mélange, il faut 25 lit. de vin à $0^{fr},60$,

pour 1 — — il faudrait $\dfrac{25 \text{ lit.}}{35}$

et pour 250 litres de mélange, il faudrait

$$\frac{25 \text{ lit.} \times 250}{35} = \frac{6\,250}{35} = 178^{lit},57$$

(à $0^{fr},60$ le litre).

Preuve : $\overline{250^{lit},0}$

$$R. : \begin{cases} 1° \ \ 71^{lit},43 \text{ à } 0^{fr},95 \text{ le litre.} \\ 2° \ 178 \ ,57 \text{ à } 0 \ ,60 \quad — \end{cases}$$

87. Combien faut-il allier de grammes d'un lingot d'or au titre de 0,920, avec un autre lingot au titre de 0,770, pour avoir 1 kilogr. d'un troisième lingot au titre de 0,860?

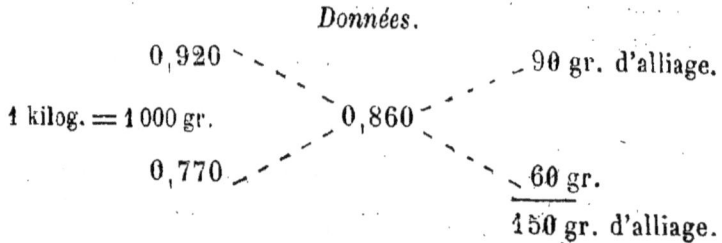

Données.

$$
\begin{array}{ccc}
0,920 & & 90 \text{ gr. d'alliage.} \\
1 \text{ kilog.} = 1\,000 \text{ gr.} & 0,860 & \\
0,770 & & 60 \text{ gr.} \\
& & 150 \text{ gr. d'alliage.}
\end{array}
$$

Les données du problème étant disposées comme ci-dessus, je prends la différence entre le titre proposé 0,860 et les titres supérieur 0,920 et inférieur 0,770, et je trouve que, pour un alliage de 150 gr., il faut 90 gr. de lingot d'or au titre de 0,920, et 60 gr. de lingot également d'or au titre de 0,770, ou, en simplifiant, sur 15 gr. 9 gr. d'une part et 6 gr. de l'autre, que j'écris *en croix.*

Cela fait, je dis :

Si 9 + 6, ou 15 gr. d'alliage contiennent 9 gr. du 1er lingot (0,920),

$$1 \text{ gr. de cet alliage contiendrait } \frac{9 \text{ gr.}}{15}$$

et 1 kilo. ou 1000 gr. de cet alliage contiendrait $\dfrac{9 \text{ gr.} \times 1\,000}{15}$

$$= \frac{9\,000}{15} = 600 \text{ gr.}$$

De même, si 15 grammes d'alliage contiennent 6 gr. du second lingot (0,770),

$$1 \text{ gramme de cet alliage contiendrait } \frac{6 \text{ gr.}}{15}$$

et 1000 grammes contiendraient $\dfrac{6 \text{ gr.} \times 1000}{15}$

$$= \frac{6000}{15} = 400 \text{ grammes.}$$

Donc, pour faire l'alliage proposé, il faudra

600 grammes du lingot au titre de 0,920
et 400 — — — 0,770

Preuve : 1000 grammes ou 1 kilogramme.

R. : $\begin{cases} 1° \ 600 \text{ gr. du lingot au titre de } 0,920 \\ 2° \ 400 \text{ gr. du lingot au titre de } 0,770 \end{cases}$

88. Un négociant a acheté 20 barriques de vin contenant chacune 220 litres, au prix de 0^{fr},40 le litre, tous les frais compris. Il mouille ce vin à raison de 15 0/0 d'eau. Combien doit-il le revendre l'hectolitre pour gagner 30 0/0?

Solution. Je calcule successivement le nombre de litres achetés, le mouillage, le prix d'achat de ce vin et le bénéfice 30 0/0.

$$
\begin{array}{r}
44,00 \\
\times\,15\ 0/0 \\
\hline
220 \\
44 \\
\hline
660
\end{array}
$$

220 lit. $\times$ 20 barriques $=$ 4 400 litres.
15 0/0 d'eau pour le mouillage   660

                     5 060 litres.

0^{fr},40 $\times$ 4 400 lit. $=$ 1 760 fr. (prix d'achat).

Je calcule également le prix de vente.

$$
\begin{array}{r}
17,60 \\
\times\ 30 \\
\hline
528,00
\end{array}
$$

1760 fr. : 100 $=$ 17^{fr},60
17^{fr},60 $\times$ 30 $=$ 528 fr.
1760 fr. $+$ 528 fr. $=$ 2 288 fr. (Prix de vente).

Cela fait, je dis :

Si 5 060 litres de vin sont vendus   2 288 fr.

1 lit.   —   serait vendu $\dfrac{2\,288\ \text{fr.}}{5060}$

et 1 hectol. ou 100 lit. de vin seront vendus $\dfrac{2\,288\ \text{fr.} \times 100}{5060}$

$$
\frac{228\,800}{5\,060} = \frac{22\,880}{506} = 45^{fr},21.
$$

$$
\begin{array}{r|l}
22\,880,00 & 506 \\
\hline
2\,640 & 45,21 \\
1100 & \\
880 & \\
374 &
\end{array}
$$

R : 45^{fr},21.

Problèmes à résoudre, sur les règles de mélange ou d'alliage et sur le mouillage des vins.

249. On mélange 40 litres de vin à 0 fr.,75 le litre avec 60 litres à 0 fr.,90. Calculer le prix du litre de mélange.

250. 20 kilogr. de thé à 8 francs le kilogr. sont mélangés avec 18 kilogr. de thé à 12 francs le kilogr. On demande le prix de ce mélange.

251. Il a été fondu ensemble 25 kilogr. de cuivre à 1 fr.,25 le kilogr., et 12 kilogr. d'étain à 2 fr.,60 le kilogr. Quel est le prix du kilogr. de cet alliage?

252. Le laiton ou cuivre jaune est formé de 75 parties de cuivre et de 25 de zinc. Le cuivre coûte 1 fr.,60 le kilogr. et le zinc, 0 fr.,40 le kilogr. On demande le prix d'un kilogr. de laiton.

253. Un négociant possède deux sortes de vins, dont l'un à 0 fr.,80 le litre et l'autre à 1 fr.,20. Combien doit-il prendre de litres de ces vins, pour en faire un mélange qui lui revienne à 0 fr.,85 le litre?

254. Combien faut-il mélanger de litres de vin à 0 fr.,80 et à 0 fr.,60 le litre, pour obtenir 150 litres de vin à 0 fr.,65 le litre?

255. Avec du vin à 0 fr.,90 et à 0 fr.,60 le litre, on veut faire un mélange de 250 litres qu'on puisse vendre 0 fr.,70 le litre, sans perte ni gain. Combien doit-on prendre de litres de chaque qualité pour faire ce mélange?

256. Un orfévre a deux lingots d'or : l'un au titre de 0,930 et l'autre au titre de 0,850. Dans quel rapport doit-il les allier pour former un troisième lingot au titre de 0,900?

257. Un bijoutier a deux lingots d'or aux titres de 0,900 et de 0,730. Combien doit-il prendre de grammes de chacun pour en composer un lingot de 880 gr., au titre de 0,835?

258. On possède deux lingots : l'un au titre de 0,910 et l'autre au titre de 0,750. Combien faut-il prendre de grammes de chacun de ces deux lingots, pour composer 1 200 grammes d'un troisième lingot dont le titre serait 0,800?

259. On verse 15 litres d'eau dans 100 litres de vin à 0 fr.,95 le litre. Quel est le prix du litre de mélange?

260. Dans quel rapport faut-il mélanger du vin à 1 fr.,10 le litre et de l'eau, pour obtenir un mélange qui revienne à 0 fr.,90 le litre?

261. Combien faudrait-il mélanger de litres de vin à 0 fr.,90 le litre et de litres d'eau, pour avoir 120 litres de mélange à 0 fr.,80 le litre?

262. Le laiton est formé de 75 parties de cuivre et de 25 de zinc. Combien 20 kilogr. de laiton contiennent-ils de kilogr. de cuivre et de zinc?

263. Le bronze des canons est formé de 90 parties de cuivre et de 10 parties d'étain. Combien une pièce de canon du poids de 200 kilogr. contient-elle de kilogr. de cuivre et d'étain?

264. Dans quel rapport faut-il allier un lingot d'or au titre de 0,850 et de l'or pur, pour en élever le titre à 0,910?

265. Combien faut-il allier de grammes de cuivre et de grammes d'un lingot au titre de 0,910, pour obtenir 1.700 gr. d'un lingot au titre de 0,820?

266. Un orfévre a deux lingots de 1 800 gr. chacun : l'un est au titre de 0,920, et l'autre, de 0,750. Combien doit-il ajouter de grammes du deuxième au premier lingot, pour en abaisser le titre à 0,840?

267. Sachant qu'un lingot, au titre de 0,750, pèse 1 200 gr.,

combien faudrait-il ajouter d'or pur à ce lingot, pour en élever le titre à 0,840?

268. Une personne a deux lingots : le premier contient 485 gr. d'argent et 35 gr. de cuivre ; le second, 370 gr. d'argent et 100 gr. de cuivre. Combien doit-elle prendre de grammes de chaque lingot, pour avoir 680 gr. d'un troisième lingot qui contienne 590 gr. d'argent?

269. Un marchand a acheté 25 barriques de vin contenant chacune 220 litres, au prix de 0^{fr},35 le litre, rendues dans ses magasins. Ce vin est mouillé à raison de 10 0/0. Combien doit-il revendre l'hectolitre de ce vin pour gagner 25 0/0?

270. Un négociant a acheté 30 barriques de vin d'une contenance moyenne de 218 litres, au prix de 25 francs l'hectolitre, plus 250 francs de frais de transport, de droits d'octroi et d'entrée. Ce vin est mouillé à raison de 18 0/0. On demande combien il devra revendre l'hectol. de ce vin pour gagner 20 0/0?

POIDS SPÉCIFIQUE OU DENSITÉ DES CORPS.

120. Les corps se présentent sous trois états : à l'état *solide,* à l'état *liquide* et à l'état *gazeux.*

121. Un corps est à l'état solide, lorsque son volume et sa forme demeurent constants et ne peuvent être modifiés sans une action mécanique ou un changement de température. Exemple : l'or, l'argent, le fer, le cuivre, etc.

122. Un corps est à l'état liquide, lorsque son volume demeure constant, mais que sa forme dépend de celle du vase dans lequel il est contenu. Exemple : l'eau, le vin, le mercure, etc.

123. Un corps est à l'état gazeux, lorsque sa forme et son volume sont essentiellement variables, et qu'il tend à occuper tout l'espace dans lequel il est enfermé. Exemple : l'air, le chlore, l'acide sulfureux, etc.

124. On appelle *poids spécifique* ou *densité* le poids de l'unité de volume d'un corps.

D'après cette définition, si l'on choisit le décimètre

---

120. Sous combien d'états les corps se présentent-ils? — 121. Comment reconnaît-on qu'un corps est à l'état solide? — 122. — à l'état liquide? — 123. — à l'état gazeux? — 124. Qu'appelle-t-on poids spécifique ou densité? — Quelle remarque faites-vous sur

cube pour unité de volume, les calculs donneront pour résultats des kilogrammes; si, au contraire, on prend le centimètre cube pour unité de volume, on obtiendra des grammes.

125. Comme il existe une relation entre le poids d'un corps, son volume et son poids spécifique ou densité, en désignant le poids par P, le volume par V et la densité par D, il vient :

$$P = VD \qquad (1)$$

$$V = \frac{P}{D} \qquad (2)$$

$$D = \frac{P}{V}. \qquad (3)$$

126. On emploie la formule (1) pour obtenir le poids d'un corps; la formule (2), son volume; la formule (3), sa densité.

Poids spécifiques ou densités des corps.

Corps solides.

Bois.

	Vert.	Sec.
Acajou,	1,063	0,785
Aune,	0,950	0,690
Aubépine,	—	0,810
Bouleau,	0,930	0,660
Buis,	1,180	0,900
Cerisier,	0,900	0,680
Charme,	0,910	0,740
Châtaignier,	0,950	0,652
Chêne,	1,150	0,785
Frêne,	0,920	0,745
Hêtre,	1,150	0,714
Liége,	»	0,240
Marronnier,	»	0,657
Merisier,	0,910	0,730
Mûrier blanc,	1,170	0,750

	Vert.	Sec.
Mûrier noir,	»	0,670
Noyer,	0,950	0,600
Orme blanc,	1,000	0,670
Pêcher,	0,850	0,371
Peuplier d'Italie,	0,850	0,371
Peuplier de Hollande,	»	0,528
Peuplier blanc d'Espagne,	0,910	0,529
Peuplier noir,	0,870	0,410
Poirier,	»	0,657
Poirier sauvage,	1,130	0,700
Pommier,	»	0,733
Prunier,	»	0,771
Sapin,	»	0,657
Saule,	1,000	0,460
Saule marceau,	0,870	0,540
Sureau,	»	0,685

cette définition?— 125. Expliquez et donnez les formules relatives aux poids spécifiques.

	vert.	sec.
Tilleul,	0,760	0,557
Tremble,	0,710	0,530
Vigne,	»	1,314.

Métaux.

Acier ordinaire,	7,8165
— trempé,	7,840
— écroui,	7,718
— écroui trempé,	7,716
— fondu,	7,920
— en barres,	7,830
Argent pur fondu,	10,4743
— forgé,	10,7107
— des pièces de 1 fr.	10,321
— des orfévres,	11 $\frac{1}{2}$
— au titre de la monnaie fondue,	10,0476
Cuivre rouge fondu, coulé,	8,788
— passé à la filière,	8,8785
— laminé,	8,950
— jaune non forgé,	8,400
— laiton fondu passé a la filière,	8,395
— forgé,	8,544
Étain natif de Sibérie,	8,584
— natif,	7,262
— fondu,	7,291
Fer fondu,	7,207
— laminé, tôle,	7,700
Fonte blanche { à grains fins,	7,890
— ordinaires,	7,599
— moyens,	7,350
Fonte grise,	7,669
— presque noire,	6,800
— noire,	7,260
Or natif fondu,	19,2581
— forgé, 24 carats,	19,3617
— monnaie,	17,6474
— de Napoléon,	18,174
Platine,	19,500
Plomb fondu,	11,3523

Zinc fondu,	6,861
— laminé,	7,191

Substances diverses.

Ardoises neuves,	2,854
— qui a servi,	2,812
— à dessiner,	2,110
Argile,	1,927
Beurre,	0,942
Briques,	1,990
— rouges,	2,168
— rouges polies,	2,080
— à carreaux,	1,500
Cire blanche,	0,968
— jaune,	0,964
— à frotter,	0,897
Chaux grasse, vive,	0,800
— éteinte,	1,330
Cristal de roche,	2,650
Diamant,	3,530
Émeraude verte,	2,770
Faïence ordinaire,	2,340
Glace (eau congelée),	0,930
— de St-Gobain,	2,483
Graisse de cochon,	0,937
— de veau,	0,934
— de mouton,	0,924
— de bœuf,	0,923
Grès cristal,	2,6111
— des paveurs,	2,385
— à bâtir,	1,933
— a filtrer,	1,933
Houille compacte,	1,328
Lard,	0,947
Liége,	0,240
Marbre commun,	2,717
— campon vert,	2,742
— blanc de Paros,	2,832
— rouge du Piémont,	2,849
— vert des Pyrénées,	2,732
— noir,	2,732
— jaune de Sienne,	2,678
Maçonnerie de pierres de taille,	2,400

Maçonnerie de cailloux,	2,300
— de moellons,	2,150
— de mortier ordinaire,	1,700
— de briques,	1,750
— fraîche en moellons,	2,240
— fraîche en briques,	1,870
Miel,	1,452
Meules à moulin,	2,484
Mortier de chaux et sable,	1,630
— à chaux et mâchefer.	1,128
Plâtre cuit,	1,213
— cuit et tamisé,	1,230
Pierre lithographique,	2,724
— à bâtir tendre,	1,140
— franche,	1,700
— dure,	2,280
— ponce,	0,915
— à polir rude,	2,667
— demi-douce,	2,657
— verte,	2,773
— douce,	2,776
— fine Vaugirard,	2,458
— Notre-Dame,	2,378
— Vaugirard dite cliquart,	2,357
— — noire,	2,186
— dite roche Châtillon,	2,122
Porcelaine Chine,	2,545
— Saxe,	2,488
— Sèvres,	2,146
Poterie commune,	2,140
Sable fin et pur,	1,399
— fin et humide,	1,900
Sel gemme,	2,125
Soufre natif,	2,033
— fondu,	1,900
Sucre blanc,	1,606
— cassonade,	1,060
Suif,	0,942
Terre ordinaire,	1,250
— franche,	1,200

Terre végétale,	1,400
— argileuse,	1,600
— glaise,	1,900
— forte,	1,450
— petites pierres,	1,910
— de bruyère,	0,614
— sablonneuse,	0,693
Tourbe sèche,	0,514
— humide,	0,785
Vase,	1,642
Verre blanc,	3,254
— de bouteille,	2,732

Corps liquides.

Acide nitrique,	1,217
— sulfurique,	1,841
Alcol (esprit de vin)	0,837
— rectifié,	0,829
Bière rouge,	1,034
— blanche,	1,023
Brôme,	2,966
Cidre,	1,018
Eau-de-vie ordinaire 51°	0,932
— — 61°	0,911
Eau de mer,	1,026
— distillée,	1,000
Esprit de bois,	0,821
Essence de térébenthine,	0,870
Huile de lin,	0,9403
— d'olive,	0,913
Lait de vache,	1,0324
— de jument,	1,034
— de brebis,	1,0409
— d'ânesse,	1,035
— de chèvre,	1,0341
— de femme,	1,020
Mercure,	13,598
Sulfure de carbone,	1,293
Vin de Champagne,	0,997
— de Bordeaux,	0,9939
— de Bourgogne,	0,9915
— de Mâcon,	0,985
— de Madère,	1,038
— de Malaga,	1,022

Vinaigre d'Orléans,	1,013	Azote,	0,972
— distillé,	1,009	Chlore,	2,44
— ordinaire rouge,	1,024	Hydrogène,	0,069
		Oxygène,	1,106
Corps gazeux.		Vapeur d'eau,	0,624
Acide carbonique,	1,529	Un litre d'air pèse 1 gr., 299.	

Problèmes à étudier, sur le poids spécifique ou densité des corps.

89. On demande le poids d'une poutre en chêne, dont le volume est 1^{mc},875 et la densité 1,15 ?

Solution. Le poids d'un corps quelconque s'obtenant en multipliant son volume par sa densité, nous pouvons faire ici usage de la formule (1), et il vient :

$$P = VD$$

ou, en remplaçant les lettres de la formule par leur valeur,

$$P = 1^{mc},875 \times 1,15$$
$$= 1875^{dc} \times 1,15$$
$$= 2156^{kil},25.$$

R. : 2156^{kil},25.

90. Une feuille de zinc, dont la densité est 7,20, pèse 2^{kilogr},926. On propose d'en calculer le volume.

Solution. Puisqu'il s'agit de calculer le volume de cette feuille de zinc, l'application de la formule (2) donnera le résultat demandé.

$$V = \frac{P}{D}$$

ou $$V = \frac{2^{kil},926}{7,20} = \frac{2,926}{7,20} = \frac{2\,926}{7\,200} = 0^{dc},406388.$$

R. : 0^{dc},406388.

91. Une barre d'argent fondu pesant 8^{kilogr},66250, a 0^{mc},825 de volume. Calculer la densité de cet argent.

Solution. Ayant à calculer, dans ce problème, la densité d'une barre d'argent fondu, la formule (3) nous donnera le nombre cherché.

$$D = \frac{P}{V}$$

7.

$$\text{ou} \qquad D = \frac{8^{kil},66250}{0^{mc},825} = \frac{8,66250}{0,825 \circ \circ} = \frac{866250}{82500}$$

$$= \frac{86625}{8250} = 10,50.$$

R. : 10,50.

Problèmes à résoudre, sur le poids spécifique ou densité des corps.

271. Un sapin, dont la densité est 0,657; a pour volume 1 m. c.,964. On en demande le poids.

272. On demande le poids d'une pièce de bois en acajou, ayant 0 m. c.,974 de volume et 0,785 de densité?

273. Quel est le volume d'un morceau d'acier pesant 3 kilogr.,692 et dont la densité est 7,830?

274. Une barre de fer, fondu dont la densité est 7,207, pèse 5 kilogr.,094. On en demande le volume.

275. Sachant qu'une pierre à bâtir pèse 245 kilogr.,100, et qu'elle a 0 m. c.,215 de volume, on demande la densité de cette pierre.

276. Calculer la densité d'un grès de paveur, ayant 7 décim. c.,560 de volume et pesant 18 kilogr.,030 600.

277. Un vase plein d'huile d'olive, dont la densité est 0,9158, pèse 15 kilogr.,687. Vide, il pèse 1 kilogr.,950. On demande la capacité de ce vase.

278. Le volume d'un marbre est 0 m. c.,795 et sa densité 2,732. Combien faudrait-il de décalitres d'eau distillée pour lui faire équilibre en poids

279. Trois fûts pleins de vin de Bordeaux, dont la densité est 0,985, contiennent ensemble 560 litres. On demande le poids de ce vin.

280. Une feuillette de vin de Malaga, dont la densité est 1,022, contient 120 litres et pèse 138 kilogr.,365. On demande le poids du fût vide exprimé en hectogrammes.

VALEUR DES OBJETS D'OR ET D'ARGENT.

127. La *valeur* des objets d'or ou d'argent se calcule d'après leur *titre*[1].

128. Les titres prescrits en France par la loi sont : 1° en orfévrerie, pour les objets d'or, 0,920, 0,840 et 0,750 ; 2° en orfévrerie, pour les objets d'argent, 0,950 et 0,800.

129. L'acheteur peut vérifier les ouvrages en orfévrerie qui lui sont offerts, par le contrôle ou empreinte faite sur ces ouvrages, au moyen d'un poinçon, par les agents du bureau de garantie.

130. Le poinçonnage coûte **20** francs par hectogr. d'or pur, et **3** francs par hectogr. d'argent également pur.

131. Le kilogr. d'or vaut **5,100** francs ; d'or fin, **3,444** fr.,44; le kilogr. d'argent **200** francs, et d'argent fin, **222** fr.,22.

Calculs : En effet, en prenant une pièce d'or française de **20** francs, au titre de **0,900** et pesant 6 gr.,45161, on obtient :

$$6^{gr},45161 \times 0,900 = 5^{gr},806449.$$

Cela fait, je dis :

Si $6^{gr},45161$ d'or au titre de 0,900 valent 20 fr.,

$$1 \qquad - \qquad - \text{ vaudrait } \frac{20 \text{ fr.}}{6,45161}$$

et 1 kilog. ou 1000 gr. — — vaudrait $\dfrac{20 \text{ fr.} \times 1000}{6,45161}$

$$= \frac{20\,000 \text{ fr.}}{6,45161} = \frac{20\,000,00000}{6,45161} = \frac{20\,000\,00000 \text{ fr.}}{645161} = 3\,100 \text{ francs.}$$

De même 1 kilogramme d'or fin vaudra $\dfrac{20 \text{ fr.} \times 1000}{5,806449}$

$$= \frac{20\,000 \text{ fr.}}{5,806449} = \frac{20\,000,000000}{5,806449} = \frac{20\,000\,000\,000}{5806449} = 3\,444^{fr},44.$$

127. Comment calcule-t-on la valeur des objets d'or ou d'argent? — 128. Quels sont les titres prescrits en France par la loi? — 129. Comment l'acheteur peut-il vérifier les titres des ouvrages en orfévrerie? — 130. Quel est le prix du poinçonnage? — 131. Quel est le prix d'un kilogr. d'or, d'or fin, d'un kilogr. d'argent et d'argent fin?

1. Voir le premier cours, page 243.

En raisonnant pour l'argent, comme nous l'avons fait pour l'or, on obtient :

$$5 \text{ gr.} \times 0{,}900 = 4^{gr}{,}5.$$

Le kilogr. d'argent au titre de 0,900 pèse $\dfrac{1 \text{ fr.} \times 1000}{5}$

$= \dfrac{1000}{5} = 200$ francs ;

Le kilogr. d'argent fin pèse $\dfrac{1 \text{ fr.} \times 1000}{4{,}5} = \dfrac{1000}{4{,}5} = \dfrac{1000{,}0}{4{,}5}$

$= \dfrac{10\,000}{45} = 222$ fr.,22.

132. Pour obtenir le droit de transformer les matières d'or en pièces de monnaie, d'après le décret de 1854, on est tenu de payer 6 fr,70 par kilogr. d'or au titre de 0,900. De sorte que, pour un lingot de 1 kilogr., au titre de 0,900, on ne peut recevoir au change des monnaies que 3 100 fr. — 6,70 = 3 100,00 — 6,70 = 3 093 fr.,30.

La retenue de **6 fr,70** étant faite sur 1 kilogr. d'or à 0,900, si elle était imposée à 1 kilogr. d'or fin, elle serait égale à

$$\frac{6^{fr}{,}70 \times 100}{900} = \frac{6700}{900} = \frac{67}{9} = 7^{fr}{,}44.$$

Au change des monnaies, sur 1 kilogr. d'or fin, on ne recevra donc que 3 444 fr.,44 — 7 fr.,44 = 3 437 francs.

133. Les frais de fabrication de la monnaie d'argent ont été fixés à 1 fr.,50 par kilogr. d'argent au titre de 0,900. Il en résulte que, pour 1 kilogr. d'argent à 0,900, on ne recevra, au change des monnaies, que 200 fr. — 1 fr.,50 = 200 fr.,00 — 1 fr.,50 = 198 fr.,50; et, pour 1 kilogr. d'argent fin, que

$$222^{fr}{,}22 - 1^{fr}{,}66 = 220^{fr}{,}56.$$

134. Règle. *Pour obtenir le prix d'un lingot d'or à un titre quelconque, on cherche d'abord le poids d'or ou d'argent*

—Faites-en les calculs.—132. Pour obtenir le droit de transformer les matières d'or en pièces de monnaie, quelle somme a-t-on à payer?—133. A quel chiffre ont été fixés les frais de fabrication de la monnaie d'argent? — 134. Comment peut-on obtenir le prix d'un lingot à un

fin qu'il contient; puis, on multiplie par ce poids, évalué en grammes, le prix du gramme d'or ou d'argent fin d'après le tarif du change.

	Titres.	Valeur réelle.	Valeur au change.
Kilogr. d'or . . . . . {	fin	3 444^{fr},44	3 437^{fr},00
	0,900	3 100 ,00	3 093 ,30
Kilogr. d'argént. . . {	fin	222 ,22	220 ,56
	0,900	200 ,00	198 ,50

135. Le prix du kilogr. est *au pair,* lorsqu'il s'élève à 3 444 fr.,44 pour le kilogr. d'or pur, et à 222 fr.,22 pour le kilogr. d'argent pur.

136. On dit que la vente se fait avec *prime* ou *agio,* lorsque le prix du kilogr. d'or pur est au-dessus de 3 444 fr.,44, et celui du kilogr. d'argent pur au-dessus de 222 fr.,22.

137. La vente se fait avec *escompte,* lorsque le prix du kilogr. d'or pur est au-dessous de 3 444 fr.,44, et celui du kilogr. d'argent pur, au-dessous de 222 fr.,22.

138. Les monnaies d'or et d'argent se vendent non-seulement à l'Hôtel des monnaies, mais encore chez les changeurs, dont les opérations consistent particulièrement à vendre des monnaies d'un pays, pour la monnaie d'un autre.

139. L'or et l'argent non monnayés ayant toujours une valeur fixe, on peut en faire la vente à l'Hôtel des monnaies et en toucher le montant intégral. Cependant, ces matières, employées dans l'industrie pour la fabrication d'objets divers, sont vendues ou achetées à un

titre quelconque?—135. Quand dit-on que le prix d'un kilogr. d'or ou d'argent est au pair? — 136. Quand dit-on que la vente se fait avec prime ou agio? — 137. Enfin, quand dit-on que la vente se fait avec escompte? — 138. Les monnaies d'or et d'argent se vendent-elles seulement à l'Hôtel des monnaies?— 139. Comment se fait la vente .

taux qui varie suivant qu'elles sont plus ou moins abon-
dantes sur le marché.

Ainsi, à Paris, le kilogr. d'or fin, l'or en barre à
1000/1000 vaut dans le commerce 3 434 fr.,44, et le
kilogr. d'argent fin, également à 1000/1000, 218 fr.,89
(loi du 14 juin 1829).

140. On peut connaître le prix courant de ces matières, en consultant le bulletin de la Bourse, dont
voici la forme :

Monnaies : matières d'or et d'argent.

Or en barre à 1000/000 ki-logr. 3 434^{fr},44.	$\frac{1}{2}$ à $\frac{1}{4}$ 0/00 prime.
Argent en barre à 1000/000 kilogr. 218^{fr},89.	8 à 7 0/00 prime.

L'explication de ce tableau est facile à saisir. L'or ou
l'argent en barre à 1000/1000 signifie qu'il est à 1000
millièmes (or ou argent fin); 0/00 signifie pour mille.
De sorte que, d'après ce bulletin de la Bourse, le prix du
kilogr. d'or surpasse 3 434 fr.,44, d'une quantité qui
varie de $\frac{1}{2}$ à $\frac{1}{4}$ pour mille, et celui du kilogr. d'argent
218 fr.,89, de 8 à 7 pour mille.

Problèmes à étudier, sur la valeur des objets d'or et d'argent.

92. La pièce d'or anglaise nommée souverain pèse
7 gr.,988, et son titre légal est 0,916. On demande sa valeur
au change des monnaies.

Solution. Calculons d'abord le poids de l'or pur contenu
dans cette pièce de monnaie,

ou $\qquad 7^{gr},988 \times 0,916 = 7^{gr},317008;$

d'or ou d'argent non monnayé? — 140. — Comment peut-on connaître le prix courant des matières d'or et d'argent fins ?

puis, sa valeur. Pour cela, nous dirons :

Si 1 gramme d'or fin au tarif du change vaut $3^{fr},437$,
7,317008 vaudront $3^{fr},437 \times 7,317008 = 25^{fr},148$.

R. : $25^{fr},148$.

93. Des couverts d'argent, au titre de 0,950 et pesant $2^{kilog},580$, ont été vendus à l'Hôtel des monnaies. Quelle somme en recevra-t-on?

Solution. Je réduis d'abord $2^{kilogr},580$ en grammes,

ou $\qquad 2^{kilogr},580 = 2\,580$ gr.

Puis, je calcule le poids de l'or pur, contenu dans les couverts d'argent proposés,

ou $\qquad 2580$ gr. $\times 0,950 = 2451$ gr.

Cela fait, je dis :

Si 1 gramme d'argent au tarif du change vaut $0^{fr},22056$,
1451 — vaudront $0^{fr},22056 \times 2451 = 540^{fr},59$.

R. : $540^{fr},59$.

94. Deux lingots d'argent ont été vendus à prime 6 0/00. Le premier lingot au titre de 0,840 pèse $5^{kilog},580$, et le second au titre de 0,750 pèse $3^{kilog},085$. Le gramme d'argent au pair vaut $0^{fr},24889$.

Quelle somme doit-on recevoir pour cette vente?

Solution. — $5^{kil},580 = 5580$ gr. (poids d'argent fin du 1er lingot.)
$\qquad\qquad 3\,,085 = 3085$ (— 2e lingot.)
$\qquad\qquad 5580$ gr. $\times 0,840 = 4\,687^{gr},200$
$\qquad\qquad 3085 \quad \times 0,750 = 2\,313\,,750$
$\qquad$ Poids total des deux lingots $\quad 7\,000^{gr},950$

Cela fait, je dis :

Si 1 gr. d'argent au pair vaut $0^{fr},21889$,
7 000,950 — vaudraient $0^{fr},21889 \times 7\,000,950$
$\qquad\qquad = 1532^{fr},43794550$.

La prime 6 0/00, prise sur la valeur au pair $1532^{fr},44$. donne :

$1532^{fr},44 : 1\,000 \times 6 = 1^{fr},55244 \times 6 = 9^{fr},19464$.

Donc la vente des deux lingots proposés produira 1532^{fr},44 + 9^{fr},19 = 1544^{fr},63.

R. : 1 541^{fr},63.

95. Il a été acheté, à raison de 0^{fr},21889 le gramme d'argent fin, deux lingots d'argent à escompte 6 0/00. Le premier, au titre 0,920, pèse 3^{kilog},795, et le second, au titre de 0,840, pèse 2^{kilog},950.
Calculer le montant de cet achat.

Solution.

$$3^{kil},795 = 3795 \text{ gr.}$$
$$2\;,950 = 2950$$
$$3795 \text{ gr.} \times 0,920 = 3\,491^{gr},400$$
$$2950 \quad\;\; \times 0,840 = 2\,478\;,000$$

Poids total des deux lingots $\overline{5\,969^{gr},400.}$

La valeur de l'argent au pair contenu dans les deux lingots proposés, sera exprimée par

$$0^{fr},21889 \times 5\,969,400 = 1\,306^{fr},64.$$

L'escompte 6 0/00 de 1 306^{fr},64 égale

$$1\,306^{fr},64 : 1000 \times 6 = 1^{fr},30664 \times 6 = 7^{fr},84.$$

Le montant de cet achat s'élève donc à

$$1\,306^{fr},64 - 7^{fr},84 = 1\,298^{fr},80.$$

R. : 1 298^{fr},80.

96. De l'or en barre à 1000 millièmes, pesant 6^{kilog},954, a été vendu à prime $\frac{1}{2}$ 0/00 et à raison de 3434^{fr},44 le kilogramme. On en demande la valeur.

Solution. Après avoir réduit 6^{kilog},954 en grammes,

ou 6954 gr.,

je dis :

Si 1 gr. d'or en barre à 1000/1000 vaut 3^{fr},44444,
6954 — vaudront 3^{fr},44444 × 6954 = 23 952^{fr},63576.

La prime $\frac{1}{2}$ 0/00 à prendre sur la valeur au pair de l'or 23952^{fr},63576, égale

$$(23952^{fr},65576 : 1000) : 2 = \frac{23^{fr},95263576}{2}$$

$$= 11^{fr},97631788.$$

La vente de l'or en barre a donc produit

$$23952^{fr},64 + 11^{fr},98 = 23\,964^{fr},62.$$

R. : 23 964^{fr},62.

97. Une personne a acheté de l'argent en barre, avec escompte 8 0/00, à raison de 0^{fr},24889 le gramme. Il pèse 4^{kilog},738. Faire le compte de cette personne.

Solution. 4^{kil},738 = 4 738 grammes.

Si 1 gr. d'argent en barre à 1000/1000 vaut 0^{fr},21889 ,
4 738 — vaudraient 0^{fr},21889 $\times$ 4 738 = 1 037^{fr},10082.

L'escompte 8 0/00 (1037^{fr},10 : 1000) $\times$ 8 = 1^{fr},03710 $\times$ 8
$$= 8^{fr},29680.$$

L'argent proposé vaut donc

$$1037^{fr},10 - 8^{fr},30 = 1028^{fr},80.$$
R. : 1 028^{fr},80.

Problèmes à résoudre, sur la valeur des objets d'or et d'argent.

281. La pièce d'or autrichienne, le krone, pèse 11^{gr},111 , et son titre légal est 0,900. Calculer sa valeur au change des monnaies.

282. Sachant que le $\frac{1}{2}$ impériale, pièce d'or russe, pèse 6 gr.,545, et que son titre légal est 0,916, on en demande la valeur au change des monnaies.

283. Au titre de 0,840, des couverts d'argent, pesant 2 kil.,490, ont été vendus à l'Hôtel des monnaies. Quelle somme en recevra-t-on?

284. Quelle est la valeur au change des monnaies de 15 pièces d'or prussiennes, nommées doubles frédérics, au titre de 0,903, et pesant chacune légalement 13 gr.,364?

285. Douze couverts d'argent, pesant chacun 125 grammes et au titre de 0,950, ont été portés à l'Hôtel des monnaies. Quelle somme doit-on en recevoir?

286. Il a été vendu, à prime $\frac{1}{4}$ 0/00, de l'or en barre à 1000/1000, à raison de 3434 fr.,44 le kilogr. Sachant qu'il pèse 5 kil.,870, on en demande la valeur.

287. On a acheté de l'argent en barre à 1000/1000, moyennant escompte 8 0/00, à raison de 218 fr.,89 le kilogramme. Cet argent pèse 7 kilog.,586. Calculer le montant de cet achat.

288. Deux lingots ont été vendus à prime 8 0/00. Le premier lingot, au titre de 0,920, pèse 4 kilog.,900, et le second, au titre de 0,840, pèse 5 kilog.,075. Le gramme d'argent au pair vaut 0 fr.,21889. On demande la valeur de ces deux lingots.

289. Un orfèvre a acheté deux lingots d'argent à escompte 6 0/00, et à raison de 218 fr.,89 le kilog. Le premier, au titre de 0,920, pèse 4 kilog.,175, et le second, au titre de 0,840, pèse 3 kilog.,750. On propose de calculer le prix de ces deux lingots.

290. Une personne a vendu deux lingots d'argent à prime 10 0/00. Le premier lingot, au titre de 0,840, pèse 8 kilogrammes. Le second, au titre de 0,750, pèse les $\frac{5}{6}$ du premier. Quelle est la valeur de chacun de ces lingots ?

CHANGE DES MONNAIES.

141. On appelle *change des monnaies* une opération qui a pour but l'échange d'une monnaie contre celle d'un autre pays. Et, en général, on appelle *change* une opération par laquelle on peut effectuer un payement dans une ville plus ou moins éloignée de sa résidence, sans y transporter du numéraire.

142. On distingue deux sortes de changes : le change *intérieur* et le change *extérieur*.

143. Le change intérieur est celui qui a lieu entre deux villes de France, ou avec une ville étrangère qui a la même monnaie que nous, comme en Belgique, en Suisse et en Italie.

144. Le change extérieur est celui qui s'effectue entre deux places de commerce de pays différents, et n'ayant pas la même monnaie, comme entre Paris et Vienne.

141. Qu'appelle-t-on change des monnaies ?—et change en général ? 142. Combien distingue-t-on de sortes de changes ?— 143. Qu'est-ce que le change intérieur ? — 144. Qu'est-ce que le change exté-

145. Le *certain* est la valeur fixe qui est donnée par une place étrangère, et l'*incertain* est le nombre de *francs* et de *centimes* qu'on lui verse en échange de ce qu'on en reçoit.

Ainsi, par exemple, Paris donne l'incertain à toutes les autres villes et en reçoit le certain.

146. Le prix du change ou l'incertain se connaît par le bulletin officiel affiché, tous les jours, à la Bourse, où l'on trouve la *cote* de chaque place importante (147).

147. Voici un extrait d'un des bulletins affichés à la Bourse, qui donne la *cote des changes*, et complété par une quatrième colonne indiquant le *certain*.

Change.	A vue argent.	A 20 jours argent.	Cert in.
Amsterdam. . . .	$213 \frac{1}{4}$	$212 \frac{3}{8}$	pour 100 florins.
Hambourg	$186 \frac{1}{2}$	$186 \frac{1}{4}$	— 100 marcs banco.
Berlin	365 ./..	$364 \frac{1}{2}$	— 100 thalers.
Londres	$25.16 \frac{1}{2}$	25.14 ./..	— 1 livre sterling.
Madrid.	511 ./..	511 ./..	— 1 piastre.
Vienne.	$2.05 \frac{1}{4}$	$2.04 \frac{1}{2}$	— 1 florin courant.
Francfort.	$210 \frac{3}{4}$	$209 \frac{1}{4}$	— 100 florins du sud.
Pétersbourg . . .	3.20 ./..	3.20 ./..	— 1 rouble (argent).
New-Yorck. . . .	5,35 ./..	5,25 ./..	— dollar.

rieur? — 145. En langage commercial, que signifient le certain et l'incertain? — 146. Comment peut-on connaître le prix du change? — 147. Donnez un extrait d'un des bulletins de la cote des changes affichés à la Bourse, et expliquez-en les nombres placés dans chaque

Ce tableau nous indique qu'on a payé $213\frac{1}{4}$ pour lettre de change à vue de 100 florins sur Amsterdam, $186\frac{1}{4}$ pour une lettre de change à 20 jours de 100 marcs banco sur Hambourg, etc...

148. On appelle lettre de change l'ordre de payer à celui qui en sera le porteur, en un lieu éloigné et à une époque précise, une somme qu'il a acceptée dans celui d'où elle a été tirée. — Elle se nomme *traite*, par rapport à celui qui la tire, et *remise*, par rapport à celui qui la reçoit.

149. La lettre de change se paye à *vue*, c'est-à-dire au moment où elle est présentée au banquier chargé de l'acquitter, ou encore, au bout d'un certain temps après la présentation.

150. La lettre de change prend le nom de *papier court*, lorsque l'échéance ne dépasse pas 15 jours, et de *papier long*, lorsque l'échéance est plus éloignée.

Modèle de lettre de change.

Échéance 10 juillet.   Paris, 15 mai 1871.   B. P. F. 9 500.

Au 10 juillet prochain, payez, par cette seule lettre de change de M. X..., la somme de *neuf mille cinq cents francs,* valeur reçue comptant, que passerez suivant l'avis de...

Z....

Monsieur Y..., à Saint-Quentin.

colonne. — 148. Qu'appelle-t-on lettre de change? — Et dans quels cas se nomme-t-elle *traite* et *remise?* — 149. Comment se paye la lettre de change? — 150. Dans quels cas la lettre de change prend-

Modèle d'endossement de la lettre de change.

Dos de la lettre.

Payez ordre D..., valeur en compte.

Paris, 18 mai 1871.

X...

Payez O/E..., valeur en marchandises.

Rouen, 25 mai 1871.

D...

Payez O/H..., valeur reçue comptant.

Lyon, 1er juin 1871.

Pour acquit,

H...

151. La lettre de change est tirée d'un lieu sur un autre. Elle est datée. Elle énonce la somme à payer, le nom de celui qui doit payer, l'époque et le lieu où le payement doit s'effectuer, la valeur fournie en espèces, en marchandises, en compte, ou de toute autre manière. Elle est à l'ordre d'un tiers, ou à l'ordre d'un tireur lui-même. Si elle est par première, seconde, troisième, etc..., elle l'exprime. (Code de commerce, art. 110.)

La lettre de change doit être faite sur papier timbré.

Problèmes à étudier sur les changes.

98. Un négociant de Paris, ayant acheté des marchandises à Vienne, a reçu une facture de 3 645 florins, qu'il désire solder au moyen d'une traite sur Vienne. Le change est coté 205 $\frac{1}{4}$. Quelle somme aura-t-il à verser au banquier pour l'achat de sa traite?

Solution. Puisque, d'après le dernier bulletin de la Bourse,

elle le nom de *papier court* ou de *papier long*? — **151.** Donnez un modèle de la lettre de change, de son endossement, et exposer les conditions que lui impose la loi, pour qu'elle soit négociable.

100 florins valent 205 fr. $\frac{1}{4}$ ou 205^{fr},25 au change, 1 florin vaudrait 100 fois moins que 100 florins,

ou $\qquad \dfrac{205^{fr},25}{100}$ (ce que vaut un florin),

et 3645 florins, 3645 fois plus qu'un florin,

ou $\dfrac{205^{fr},25 \times 3645}{100} = \dfrac{748136^{fr},25}{100} = 7481^{fr},3625.$

R. : 7481^{fr},36.

99. M. W..., négociant à Paris, doit 4500 florins à Amsterdam ; il veut s'acquitter de cette somme au moyen d'un effet à 90 jours. Le taux de l'intérêt est de 6 0/0, et le change avec Amsterdam, 213 $\frac{1}{4}$. Que devra-t-il payer à son banquier pour cette opération?

Solution. Calculons d'abord ce que doit M. W.... en monnaie française; puis, les intérêts de cette somme à 6/0 pour 90 jours.

100 florins $\qquad$ 213^{fr},25

4500 $\qquad\qquad$ x

$\dfrac{213^{fr},25 \times 4500}{100} = \dfrac{959625}{100} = 9596^{fr},25.$

100 fr. $\qquad\qquad$ 6 fr.

9596 ,25 $\qquad\qquad$ x

$\dfrac{6 \text{ fr.} \times 9596,25 \times 90}{100 \times 360} = \dfrac{5181975}{36000} = 143^{fr},94.$

M. W.... devra donc payer à son banquier la valeur de 4500 florins ou 9596^{fr},25, plus les intérêts (143^{fr},94) de cette somme à 6 0/0, pendant 90 jours,

ou $\qquad$ 9596^{fr},25 $+$ 143^{fr},94 $=$ 9740^{fr},19.

R. : 9740^{fr},19

100. Il est dû par un négociant de Paris, à un fabricant de Londres, une somme de 8570 francs. Pour le payer, il achète à Paris une lettre de change, à vue sur Londres, au

cours de 25,16 $\frac{1}{2}$. La livre sterling vaut 20 schillings. Quelle doit être la valeur énoncée dans cette lettre, en monnaie anglaise?

Solution. La livre sterling étant au cours de 25fr,165, autant de fois cette somme sera contenue dans 8 570 francs, autant de livres sterlings on aura :

ou
$$
\begin{array}{r|l}
8\,570^{\mathrm{fr}},\circ\circ\circ & 25,165 \\
1;020 \quad 50 & \overline{340 \text{ liv. st. } 11 \text{ sh.}} \\
013 \quad 900 & \\
\times \quad 20 & \\
\hline
278000 & \\
026350 & \\
01185. &
\end{array}
$$

La livre sterling valant 20 schillings, je multiplie le reste 13 900 par 20 et j'en divise le produit 278 000 par 25 165.

La lettre de change, achetée à Paris, devra donc porter une valeur nominale de 340 livres sterlings 11 shillings.

R. : 340 liv. st. 11 sh.

Problèmes à résoudre sur les changes.

291. Un négociant de Paris, ayant acheté des marchandises à Madrid, a reçu une facture de 5876 piastres qu'il veut solder au moyen d'une traite sur Madrid. Le change étant coté à 511, quelle somme aura-t-il à verser au banquier pour l'achat de cette traite?

292. Il a été acheté par un négociant de Lyon des marchandises à Hambourg; il a reçu une facture de 4 326 marcs banco, qu'il devra solder avec une traite sur Hambourg. Le change est coté à 186 $\frac{1}{2}$. Calculer le montant de l'achat de cette traite.

293. Un marchand, résidant à Rouen, doit 6 750 florins du sud à Francfort. Il désire s'acquitter de cette somme au moyen d'un effet à 60 jours. Le taux de l'intérêt est de 6 0/0 et le change est à 210 $\frac{3}{4}$. Quelle somme versera-t-il à son banquier pour se liquider?

294. On a acheté de Reims pour 9 875 thalers de marchandises à Berlin. On veut s'acquitter de cette somme, en donnant un effet

payable dans 90 jours. Le taux de l'intérêt est de $6 \frac{1}{2}$ 0/0, et le change est à 365. On propose de calculer le montant de la somme à payer au banquier chargé de cette opération.

295. A un fabricant de Londres, il est dû 10 500 francs par un négociant de Paris. Pour le payer, ce négociant achète à Paris une lettre de change à vue sur Londres, au cours de $25.18 \frac{1}{4}$. La livre sterling vaut 20 schillings et le schilling 12 pences ou deniers. Quelle somme devra porter cette lettre de change en monnaie anglaise?

———◦◦◦———

RACINE CARRÉE.

152. On appelle *puissance* d'un nombre le *produit de plusieurs facteurs égaux* à ce nombre. On l'indique par un petit chiffre appelé exposant, qu'on place à la droite et au-dessus du nombre donné.

Exemple : $7^2 = 49$ et $6^3 = 216$.

153. On appelle *carré* ou *deuxième puissance* d'un nombre le produit de *deux facteurs* égaux à ce nombre.

Ainsi : 25 est le carré de 5.

154. Le carré d'un nombre s'indique (152) par l'exposant petit ^{2}, placé à droite et au-dessus du nombre proposé.

Ainsi : $5^2 = 25$; $0^m,14^2 = 0^{mq},0196$; $2,5^2 = 6,25$ $\left(\frac{2}{5}\right)^2 = \frac{4}{25}$.

Composition du carré d'un nombre formé
de deux parties, dizaines et unités.

155. *Procédé arithmétique.* — Le carré d'un nombre formé de deux parties, *dizaines* et *unités*, se compose

152. Qu'appelle-t-on puissance d'un nombre et comment l'indique-t-on? — 153. Qu'appelle-t-on carré? — 154. Comment indique-t-on le carré d'un nombre? — 155. De quoi se compose le carré d'un

du carré des dizaines, du double produit des dizaines par les unités et du carré des unités.

En effet, soit à élever la somme $7 + 5$ au carré, dans laquelle le 7 représente des dizaines et le 5 des unités.

$$
\begin{array}{l}
7 + 5 \\
7 + 5 \\
\hline
7^2 + 7 \times 5 \\
\quad\; + 7 \times 5 + 5^2 \\
\hline
7^2 + 7 \times 5 \times 2 + 5^2
\end{array}
$$

Pour obtenir ce carré, il faut faire évidemment le produit de $7 + 5$ par $7 + 5$. Je multiplie d'abord par 7 chacune des deux parties du multiplicande $7+5$, et j'obtiens le carré de 7 et le produit 7×5; puis, le multiplicande $7 + 5$ par 5, et j'obtiens 7×5 et le carré de 5. On voit donc que le carré de $7 + 5$ est égal au carré de 7 (1re partie), plus à deux fois le produit de 7 par 5, ou au double produit de la première partie par la seconde, et au carré de 5, c'est-à-dire au carré de la seconde partie; ou, en d'autres termes, *le carré d'un nombre, formé de deux parties, se compose du carré des dizaines, du double produit des dizaines par les unités et du carré des unités.*

Procédé algébrique. — En représentant par a les dizaines d'un nombre, et par b ses unités, il vient :

$$
\begin{array}{ll}
& a + b \\
& a + b \\
\hline
\text{Produit du multiplicande par } a & a^2 + ab \\
\quad\; - \qquad\qquad - \quad\; b & \quad\; + ab + b^2 \\
\hline
\text{Carré :} & a^2 + 2ab + b^2
\end{array}
$$

Donc le carré d'un nombre qui renferme deux parties, des dizaines et des unités, se compose *du carré des dizaines, du double produit des dizaines par les unités et du carré des unités.*

156. On en déduit que la *différence* entre les carrés

nombre formé de dizaines et d'unités? — 156. Que peut-on déduire de deux nombres entiers consécutifs égale *deux fois* le *plus petit nombre, plus un.*

Ainsi : $\qquad 6^2 = (5+1)^2 = 5^2 + 5 \times 2 + 1.$

$$5 + 1$$
$$5 + 1$$
$$\overline{}$$
$$5^2 + 5$$
$$+ 5 + 1$$
$$\overline{}$$
$$5^2 + 5 \times 2 + 1.$$

157. On appelle *racine carrée* d'un nombre le nombre qui, élevé au carré, reproduit le nombre proposé.

Ainsi, 5 est la racine carrée de 25.

158. La racine carrée d'un nombre s'indique par un signe $\sqrt{}$ qu'on appelle radical. On place le nombre sous ce signe, et l'on extrait la racine carrée.

Ainsi : $\sqrt{25} = 5$ s'énonce : racine carrée de 25 égale 5.

Extraction de la racine carrée d'un nombre entier.

159. Pour extraire la racine carrée d'un nombre entier, il y a *deux cas* à considérer :

1er Cas : le nombre proposé est *plus petit* que 100.

2e Cas : le nombre proposé est *plus grand* que 100.

1er Cas. *Le nombre proposé est plus petit que 100.*

160. Règle. *Pour extraire la racine carrée d'un nombre entier plus petit que 100, on se sert d'un tableau représentant les neuf premiers nombres et leurs carrés respectifs ; on y cherche celui des carrés qui approche le plus du nombre proposé : le chiffre correspondant à ce carré est la racine carrée demandée.*

de la démonstration du carré de la somme de deux nombres ? — 157. Qu'appelle-t-on racine carrée d'un nombre ? — 158. Comment indique-t-on la racine carrée d'un nombre ? — 159. Comment extrait-on la racine carrée d'un nombre entier ? — 160. Comment extrait-on la racine carrée d'un nombre entier plus petit que 100 ? —

8.

Exemple : Soit à extraire la racine carrée de 70.

Racines.	1	2	3	4	5	6	7	8	9
Carrés.	1	4	9	16	25	36	49	64	81.

Dans cet exemple, je cherche, parmi les *carrés des neuf premiers nombres,* celui qui approche le plus de 70, c'est évidemment 64, dont la racine carrée est 8 : car le carré qui suit 64 est 81, et 81 est plus grand que le nombre proposé 70; donc 64 est bien le plus grand carré contenu dans 70. Ce raisonnement peut s'appliquer à tous les nombres compris entre 1 et 100. Notons ici que la racine 8 est exacte à moins d'une unité, puisque 70 étant compris entre 64 et 81, sa racine tombe entre 8 et 9 et diffère de chacun de ces deux nombres de moins d'une unité.

Exercices sur l'extraction de la racine carrée d'un nombre entier plus petit que 100.

296. Extraire la racine carrée des nombres entiers suivants :

1, 4, 7, 9, 12, 18, 20, 26, 32, 38, 45, 52, 59, 61, 65, 70, 73, 76, 80, 83, 86, 89, 93, 96 et 98.

2e Cas. *Le nombre proposé est plus grand que* 100.

161. Règle. *Pour extraire la racine carrée d'un nombre entier plus grand que* 100, *on partage ce nombre, par un point, de droite à gauche, en tranches de deux chiffres, sauf à n'en laisser qu'un dans la dernière. Ensuite, on extrait la racine du plus grand carré contenu dans la première tranche à gauche, que l'on écrit à droite du nombre donné ; on le sépare par un trait vertical, et l'on souligne; on retranche le carré de ce chiffre de la première tranche à gauche ; on abaisse la tranche suivante à droite du résultat trouvé : on obtient ainsi le premier reste de la racine. On sépare, par un point, le premier chiffre à droite de ce reste. Quant à la partie du*

161. Comment extrait-on la racine carrée d'un nombre entier plus grand que 100?

reste placée à la gauche de ce point, on la divise par le double du chiffre obtenu à la racine ; le quotient est le second chiffre de la racine ou un chiffre trop fort : pour l'essayer, on le place au-dessous de la racine, à la droite du double de la racine trouvée, et l'on multiplie le résultat obtenu par ce chiffre essayé. Si le produit peut être retranché du reste total, le chiffre est exact ; on le met à la racine ; sinon, on le diminue d'une ou de plusieurs unités ; on recommence l'essai, et l'on continue l'opération de la même manière, jusqu'à ce que la soustraction puisse se faire et donner le chiffre cherché, et qu'on ait abaissé toutes les tranches du nombre proposé. Si l'une des divisions indiquées dans cette règle ne contenait pas le diviseur, on écrirait un zéro à la racine, et l'on abaisserait une nouvelle tranche à la droite du reste insuffisant, ce qui permettrait de terminer l'opération et d'obtenir la racine carrée demandée.

Exemple : Soit à extraire la racine carrée du nombre entier 86745.

$$
\begin{array}{r|l}
8 \cdot 67 \cdot 45 & 294 \quad \text{Racine.} \\
4 & \overline{49} \\
\overline{46.7} & 9 \\
441 & \overline{584} \\
\overline{2\,64.5} & 4 \\
2\,3\,3\,6 &
\end{array}
$$

Reste : 3 0 9

A la droite du nombre donné 86745, je tire un trait vertical, pour le séparer de sa racine que je souligne. Cela fait, je partage ce nombre, par un point, en allant de droite à gauche, en tranches de deux chiffres, sauf a n'en laisser qu'un dans la dernière, 8.67.45. Ensuite, je cherche le plus grand carré contenu dans la tranche 8, c'est 4, dont la racine est 2 ; j'écris 2 à la racine et 4 au-dessous de 8 ; je souligne et je retranche 4 de 8, ce qui me donne 4 pour reste. A la gauche de ce reste, je descends la tranche 67 et j'obtiens 467 ; je sépare, par un point, le premier chiffre à droite 7 et j'obtiens 46.7. Je double la racine 2 et j'ai 4. Je divise la première partie 46 du nombre 46.7 par 4, il y est contenu 9 fois ; j'écris 9 trois fois : une fois, à la droite de la racine obtenue 2 ; une fois, à la droite du double de la racine 4, et une troisième fois, au-dessous de lui-même $\frac{9}{9}$. Je fais le produit de 49 par 9, ce qui me donne 441, que je retranche du premier reste 4 augmenté d'une tranche 67 : la différence 26 de ces deux nombres forme le deuxième reste. A la droite de ce reste, j'abaisse la dernière tranche 45 et j'ai 2645. Je sépare, par un point, le chiffre 5 de ce reste augmenté de 45 ; j'ai 264.5 ; je souligne le chiffre 9, que j'additionne avec 49 ; j'obtiens 58, et je divise la partie de gauche 264 du nombre 264.5, par le double de la racine obtenue 58. Je dis donc : en 26 combien de fois 5, 4 fois ; j'écris 4 successivement à la droite de la racine obtenue 29, à la droite du double de cette racine 58 et au-dessous de lui-même $\overset{584}{}_4$. Je fais le produit de 584 par 4 ; je l'écris au-dessous du reste 264.5 ; je souligne ces deux nombres 264.5, 2336, et j'obtiens 309 pour reste et 294 pour la racine cherchée.

162. On reconnaît que le nombre écrit à la racine carrée d'un nombre n'est pas trop faible, lorsque le reste correspondant sera moindre que le double de la racine trouvée, plus 1.

Ainsi, dans l'exemple ci-dessus, on sait que le nombre 249 écrit à la racine carrée n'est pas trop faible, parce que le double de ce nombre plus 1 est plus grand que le reste correspondant, ou dernier reste 309.

En effet :

$$309 < 294 \times 2 + 1$$
$$309 < 588 + 1$$
$$309 < 589.$$

163. On fait la preuve de la racine carrée d'un nombre entier, en la multipliant par elle-même et en ajoutant le reste au produit s'il y en a un. Si l'on obtient un nombre semblable au nombre proposé, on en conclut que la racine carrée est exacte. Ainsi, pour l'exemple donné ci-dessus 86745, on aura :

---

162. Comment reconnait-on que le nombre écrit à la racine carrée d'un nombre n'est pas trop faible? — 163. Comment fait-on la preuve de la racine carrée d'un nombre entier?

$$\begin{array}{r} 294 \\ \times\,294 \\ \hline 1176 \\ 2646 \\ 588 \\ \end{array}$$

Reste :   309

86 745

Le nombre obtenu 86 745 étant entièrement semblable au nombre proposé 86 745, on en conclut que la racine carrée trouvée 294 est exacte.

Exercices sur l'extraction de la racine carrée d'un nombre entier plus grand que 100.

297. Extraire la racine carrée des nombres entiers suivants :

524. — 795. — 1 384. — 1 785. — 1 908. — 56 784. — 90 475. — 386 472. — 870 740. — 2 708 458. — 9 047 673. — 18 678 473. — 47 890 214. — 894 760 409. — 700 470 047. — 1 204 507 894.

Problèmes à résoudre, sur l'extraction de la racine carrée d'un nombre entier.

298. Le produit de deux nombres égaux est 104 976. Quels sont ces deux nombres?

299. Calculer la racine carrée du produit obtenu par la multiplication de 108 par 250.

300. Un carré a 204 308 m. q. de surface. Calculer la longueur d'un de ses côtés.

301. Dix fois le carré d'un nombre vaut 72 250. Quel est ce nombre?

302. 9 874 francs sont à partager entre plusieurs personnes; chacune d'elles reçoit autant de francs qu'il y a de personnes. Combien y a-t-il de personnes et quelle est la part de chacune?

303. Un propriétaire veut planter, dans un enclos carré, 5 625 pommiers, de manière qu'ils forment des rangées parallèles. Combien doit-il mettre de pommiers sur chaque ligne?

304. On veut entourer de murs un terrain carré ayant 28 hecta. 7 a. 46 centia. de superficie. On demande quelle sera la longueur de chaque mur?

305. Combien faut-il planter d'arbres sur chaque côté d'un carré, qui doit en contenir 16 641 ?

306. Une propriété de forme irrégulière, ayant 308 025 m. q. de superficie, doit être échangée pour un terrain carré de même étendue. Calculer chacune des dimensions de ce carré.

307. Le total des carrés de deux nombres est 21 796. Le plus grand est 120. Quel est le plus petit ?

Extraction de la racine carrée d'une fraction décimale ou d'un nombre décimal.

164. Pour extraire la racine carrée d'une fraction décimale ou d'un nombre décimal, il y a *deux cas* à considérer :

1er Cas : le nombre des décimales est *pair*.

2e Cas : le nombre des décimales est *impair*.

1er Cas. *Le nombre des décimales est pair.*

165. Règle. *Lorsque le nombre des décimales est pair, l'extraction de la racine carrée des fractions décimales ou des nombres décimaux, se fait, abstraction de la virgule, comme celle des nombres entiers* (164). *Seulement, à la droite de cette racine, on sépare, par la virgule, un nombre de chiffres décimaux moitié de celui que contient le nombre proposé.*

I. Exemple : Soit à extraire la racine carrée de la fraction décimale 0,7864.

Preuve :

$$\begin{array}{r} 0,88 \\ \times 0,88 \\ \hline 704 \\ 704 \\ \hline \text{Reste :} \quad 120 \\ \hline 0,7864 \end{array}$$

Reste :

$$\begin{array}{r|l} 0,78.64 & 0,88 \\ 64 & \overline{168} \\ \hline 146.4 & 8 \\ 134\,4 & \\ \hline \text{Reste :} \quad 12\,0 & \end{array}$$

R. : 0,88.

164. Comment extrait-on la racine carrée d'une fraction décimale ou d'un nombre décimal ? — 165. Comment extrait-on la racine carrée d'une fraction décimale ou d'un nombre décimal, lorsque le nombre des décimales est pair ?

De droite à gauche, je partage d'abord, par un point, la fraction décimale proposée 0,7864, en tranches de deux chiffres 0,78.64; puis, je fais abstraction de la virgule dans cette fraction 0,78.64 et je dis : le plus grand carré contenu dans 78 est 64, dont la racine carrée est 8; j'écris 8 à la racine et 64 au-dessous de 78; je prends la différence de ces deux nombres et j'obtiens 14 pour reste. Je descends la tranche suivante 64, que j'écris à la droite du reste 14, ou 1464; j'en sépare, par un point, le dernier chiffre à droite 146.4; je double la racine 8, ce qui donne 16; je divise 146 par 16 et je dis : en 14 combien de fois 1, 8 fois; j'écris 8 trois fois : d'abord, à la droite de la racine carrée obtenue 8; puis à la droite du double 16 de cette racine, et enfin au-dessous de lui-même $\frac{168}{8}$. Je multiplie 168 par 8; je retranche le produit 1344 du reste 1464 et j'obtiens 120 pour différence. Enfin, je sépare deux décimales à la racine, et j'ai 0,88 pour la racine carrée demandée. La preuve donne la certitude que cette racine est exacte.

II. Exemple : Soit à extraire la racine carrée du nombre décimal 68,7432.

Preuve :

```
                                    68,74.32  | 8,29
              8,29                   64        | ‾‾‾‾
            × 8,29                   ‾‾‾‾       | 162
            ‾‾‾‾‾‾                    4 7.4     |   2
              7461                    3 2 4     | ‾‾‾‾
              1658                   ‾‾‾‾‾‾‾     | 1649
              6632                   1 5 0 3.2  |   9
Reste :        191                  1 4 8 4 1
            ‾‾‾‾‾‾‾        Reste :  ‾‾‾‾‾‾‾‾‾
            68,7432                    1 9 1
```

Comme dans l'extraction de la racine carrée d'une fraction décimale, je partage, par un point, le nombre décimal proposé 68,7432 en tranches de deux chiffres, à partir de la droite 68,74.32; je cherche le plus grand carré contenu dans 68, c'est 64, dont la racine est 8; j'écris 8 à la racine, et 64, au-dessous de 68; je retranche 64 de 68 et il reste 4. A la droite de ce premier reste 4.

j'abaisse la tranche 74, ou 474; je sépare, par un point,
le chiffre 4 des unités 47.4, et je divise 47 par 16, le
double de la racine obtenue, et je dis : en 47 combien
de fois 16, ou plus simplement, en 4 combien de fois 1,
2 fois; j'écris 2 à la racine; puis, à la droite du double
16 de la racine, ce qui donne 162, et, au-dessous de lui-
même $^{162}_{\ \ 2}$. Je fais ensuite le produit de 162 par 2 : j'obtiens 324, que je retranche de 474 et il reste 150. A la
droite du deuxième reste 150, j'abaisse la troisième
tranche 32 et il vient : 15 032; je sépare, par un point,
le chiffre 2 des unités et j'ai 1 503.2. Je souligne le
chiffre 2 que j'additionne avec 162, et je dis : 2 et 2
font 4, j'écris 4; 6, j'écris 6; et 1, j'écris 1. Enfin, je
divise 1 503 par 164, ou 15 par 1, il y est 9 fois; j'écris
9 à la droite de la racine obtenue 82, ce qui donne 829;
puis, ce 9 à la suite de 164, et, aussi au-dessous de lui-
même $^{1649}_{\ \ \ 9}$. Cela fait, je multiplie 1 649 par 9; je retranche leur produit 14 841 de 15 032 et il reste 191.
Enfin, je sépare deux décimales à la droite de la racine,
et j'obtiens 8,29 pour la racine carrée demandée. La
preuve donne la certitude que cette racine est exacte.

2⁰ Cas. *Le nombre des décimales est impair.*

166. Règle. *Pour extraire la racine carrée d'une fraction
décimale ou d'un nombre décimal dont le nombre des décimales
est impair, il faut d'abord ajouter un zéro ⌒, à la droite
des décimales du nombre donné, afin de rendre pair le nombre
des décimales ; puis, on continue l'opération comme dans la
règle donnée pour l'extraction de la racine carrée des fractions décimales ou des nombres décimaux, dont le nombre
des décimales est pair (165), et l'on obtient ainsi la racine
carrée demandée.*

I. Exemple : Soit à extraire la racine carrée de la
fraction décimale 0,78 648.

166. Comment extrait-on la racine carrée d'une fraction décimale
ou d'un nombre décimal dont le nombre des décimales est impair?

Preuve :

$$
\begin{array}{r}
0{,}886 \\
\times\ 0{,}886 \\
\hline
5316 \\
7088 \\
7088 \\
\end{array}
$$

Reste : 1484

0,786480

$$
\begin{array}{r|l}
0{,}78.64.8\,\circ & 0{,}886 \\
64 & \hline \\
\hline
1\,4\,6.4 & 168 \\
1\,3\,4\,4 & 8 \\
\hline
& 1766 \\
1\,2\,0\,8.0 & 6 \\
1\,0\,5\,7\,6 & \\
\hline
\end{array}
$$

Reste : 1 4 8 4

J'écris un zéro ⊂ à la droite de la fraction décimale donnée 0,78 648, afin de rendre pair le nombre des décimales de cette fraction, et il vient : 0,78 648 ⊂ ; je partage, par un point, cette fraction décimale, en allant de droite à gauche, en tranches de deux chiffres, 0,78.64.8 ⊂. Je continue l'opération comme au n° 165, et j'obtiens 0,886 pour la racine carrée demandée, véri- fiée par la preuve.

II. Exemple : Soit à extraire la racine carrée du nombre décimal 92,986.

Preuve :

$$
\begin{array}{r}
9{,}64 \\
\times\ 9{,}64 \\
\hline
3856 \\
5784 \\
8676 \\
\end{array}
$$

Reste : 564

92,9860

$$
\begin{array}{r|l}
92{,}98.6\,\circ & 9{,}64 \\
81 & \hline \\
\hline
1\,1\,9.8 & 186 \\
1\,1\,1\,6 & 6 \\
\hline
& 1924 \\
8\,2\,6.0 & 4 \\
7\,6\,9\,6 & \\
\hline
\end{array}
$$

Reste : 5 6 4

Je complète d'abord par un zéro ⊂ les décimales du nombre décimal donné 92,986, et j'ai 92,986 ⊂ ; puis, à partir de la droite, je partage, par un point, ce nombre en tranches de 2 chiffres 92,98.60 ; je continue l'opé- ration d'après la règle du n° 165, et j'obtiens 9,64 pour la racine carrée cherchée. La preuve ci-dessus atteste l'exactitude de cette racine.

Exercices sur l'extraction de la racine carrée d'une fraction décimale ou d'un nombre décimal.

308. Extraire la racine carrée des nombres suivants :

0,7456. — 0,9346. — 2,4582. — 5,8731. — 0,756345. — 0,853275. — 16,7456 — 17,8045. — 0,58047. — 29,41078. — 0,50345. — 28,16047.

Problèmes à résoudre, sur l'extraction de la racine carrée d'une fraction décimale ou d'un nombre décimal.

309. Calculer la racine carrée de la somme des nombres suivants : 0,78, 9,7645, 0,09845 et 17,8.

310. Extraire la racine carrée de la différence entre 8,767 et 0,9874.

311. On demande la racine carrée du produit de 17,805 par 9,08.

312. Quelle est la racine carrée du quotient de 47 m. q.,8508 divisés par 0,74?

313. Un carré a 9 874 m. q.,7864 de superficie. On en demande le côté?

314. La surface d'un carré est de 12 a.,80. Quel est le côté de ce carré?

315. Sachant qu'un carré a 2 hectom. q. de surface, on propose d'en calculer le côté.

316. Quelle serait la longueur d'un des côtés d'une propriété parfaitement carrée, ayant 175 décam. q.,8756 de superficie?

317. Faire la somme de la longueur des quatre côtés de deux carrés, dont l'un a 95 a.,09 de superficie, et l'autre, 79 décam. q.,9764.

318. Un jardin parfaitement carré a 1 hect. 15 a. 64 cent. de superficie. Pour le clore, combien faudrait-il de mètres linéaires de mur de dimensions données?

Extraction de la racine carrée d'un nombre entier, à moins d'une fraction ordinaire ayant pour numérateur l'unité (ex. : $\frac{1}{6}$, $\frac{1}{7}$, etc.), ou d'une unité décimale donnée (ex. : 0,1 0,01, etc.).

1°. A moins d'une fraction ordinaire ayant pour numérateur l'unité.

167. Règle. *Pour extraire la racine carrée d'un nombre entier, à moins d'une fraction ordinaire donnée ayant pour numérateur l'unité, il faut multiplier le nombre proposé par le carré du dénominateur de cette fraction, extraire la racine carrée de leur produit à moins d'une unité, et diviser la racine obtenue par le dénominateur de la fraction approximative donnée.*

Exemple : Soit à extraire la racine carrée de 8 à moins de $\frac{1}{6}$.

```
 2.88   | 16
  1     |————
————————|  26
 1 8.8  |   6
 1 5 6  |
————————
   3 2
```

$$8 \times 6^2 = 8 \times 36 = 288$$
$$\sqrt{288} = 16 \text{ à } 17.$$

La racine carrée cherchée sera donc $\frac{16}{6}$ à moins de $\frac{1}{6}$.

2°. A moins d'une unité décimale.

168. Règle. *Pour extraire la racine carrée d'un nombre entier, à moins d'une unité décimale donnée, il faut écrire à la droite de ce nombre deux fois plus de zéros que l'on ne veut avoir de décimales à la racine, extraire la racine du nombre ainsi formé à moins d'une unité, et séparer, sur la droite de cette racine, autant de décimales qu'on désire en obtenir.*

Exemple : Soit à extraire la racine carrée de 54 à moins de 0,01.

167. Comment extrait-on la racine carrée d'un nombre entier, à moins d'une fraction ordinaire donnée ayant pour numérateur l'unité ? — 168. Comment extrait-on la racine carrée d'un nombre entier, à

Preuve :

$$
\begin{array}{r}
7,34 \\
\times\ 7,34 \\
\hline
2936 \\
2202 \\
5138 \\
\end{array}
$$

Reste : 1244

54,0000

$$
\begin{array}{r|l}
54.\text{oo}.\text{oo} & 7,34 \\
49 & \overline{143} \\
\hline
.50.0 & 3 \\
429 & \overline{1464} \\
\hline
.710.0 & 4 \\
5856 & \\
\hline
\end{array}
$$

Reste : 1244

Exercices sur l'extraction de la racine carrée d'un nombre entier, à moins d'une fraction ordinaire ayant pour numérateur l'unité, ou d'une unité décimale donnée.

319. Extraire la racine carrée des nombres suivants :

9 à moins de $\dfrac{1}{5}$. — 12 à moins de $\dfrac{1}{4}$.

16 — $\dfrac{1}{6}$. — 25 — $\dfrac{1}{3}$.

35 — 0,1. — 42 — 0,01.

50 — 0,001. — 74 — $\dfrac{1}{8}$.

et 80 — 0,0001. — 96 — $\dfrac{1}{9}$.

Extraction de la racine carrée d'une fraction ordinaire.

169. Pour extraire la racine carrée d'une fraction ordinaire, il y a *trois cas* à considérer :

1er Cas : le numérateur et le dénominateur sont des carrés parfaits.

2e Cas : le dénominateur seul est un carré parfait.

3e Cas : le dénominateur n'est pas un carré parfait.

moins d'une unité décimale donnée? — 169. Comment extrait-on

1er Cas. *Le numérateur et le dénominateur sont des carrés parfaits.*

170. **Règle.** *On extrait la racine carrée d'une fraction ordinaire dont les deux termes sont des carrés parfaits, en prenant la racine carrée de chacun d'eux, et en séparant par un trait horizontal le premier résultat du second.*

Exemple : Soit à extraire la racine carrée de la fraction ordinaire $\frac{25}{81}$.

$$\sqrt{\frac{25}{81}} = \frac{\sqrt{25}}{\sqrt{81}} = \frac{5}{9}.$$

Les deux termes 25 et 81 de la fraction $\frac{25}{81}$ étant des carrés parfaits, on extrait la racine carrée de 25 et de 81, et l'on obtient $\frac{5}{9}$ pour la racine demandée.

2e Cas. *Le dénominateur seul est un carré parfait.*

171. **Règle.** *Pour extraire la racine carrée d'une fraction ordinaire dont le dénominateur seul est un carré, on prend la racine de chacun des deux termes de cette fraction ; mais, dans ce cas, on n'obtient qu'approximativement la racine demandée.*

Exemple : Soit à extraire la racine carrée de $\frac{15}{49}$.

$$\sqrt{\frac{15}{49}} = \frac{\sqrt{15}}{\sqrt{49}} = \frac{3}{7} \text{ à } \frac{4}{7}, \text{ c'est-à-dire la racine cherchée}$$
$$\text{à moins de } \frac{1}{7}.$$

la racine des fractions ordinaires ? — 170. Indiquez la marche à suivre, pour extraire la racine carrée d'une fraction ordinaire dont les deux termes sont des carrés parfaits. — 171. Comment extrait-on la racine carrée d'une fraction ordinaire dont le dénominateur seul

3e Cas. *Le dénominateur n'est pas un carré parfait.*

172. Règle. *Lorsque le dénominateur d'une fraction n'est pas un carré parfait, pour extraire la racine carrée de cette fraction, on en multiplie d'abord les deux termes par le dénominateur ; puis, on extrait la racine carrée des deux produits, et l'on obtient ainsi la racine demandée, à moins d'une fraction marquée par son dénominateur.*

Exemple : Soit à extraire la racine carrée de $\dfrac{25}{28}$.

$$\sqrt{\dfrac{25}{28}}$$

$$25 \times 28 = 700$$

$$\sqrt{\dfrac{700}{28^2}} = \dfrac{26}{28} \text{ à } \dfrac{27}{28}.$$

Ainsi, $\dfrac{26}{28}$ est la racine trouvée, à moins de $\dfrac{1}{28}$.

Exercices sur l'extraction de la racine carrée d'une fraction ordinaire.

320. Extraire la racine carrée des fractions ordinaires suivantes ·

$$\frac{9}{16} \cdot \quad \frac{36}{49} \cdot \quad \frac{64}{81} \cdot \quad \frac{25}{36} \cdot \quad \frac{13}{25} \cdot \quad \frac{15}{36} \cdot \quad \frac{17}{49} \cdot \quad -$$

$$\frac{22}{64} \cdot \quad \frac{19}{24} \cdot \quad \frac{20}{26} \cdot \quad \frac{23}{27} \cdot \quad \frac{24}{28} \cdot \quad \frac{25}{36} \cdot \quad \frac{29}{49} \cdot \quad -$$

$$\frac{31}{37} \cdot \quad \frac{34}{38} \cdot \quad \frac{49}{81} \cdot \quad \frac{16}{26} \cdot \quad \frac{35}{56} \text{ et } \frac{47}{58} \cdot$$

est un carré parfait? — 172. Si le dénominateur d'une fraction ordinaire n'était pas un carré parfait, comment pourrait-on obtenir la

Extraction de la racine carrée d'une fraction ordinaire, à moins d'une fraction ordinaire ayant pour numérateur l'unité, ou d'une unité décimale donnée.

1° A moins d'une fraction ordinaire ayant pour numérateur l'unité.

173. Règle. *Pour extraire la racine carrée d'une fraction ordinaire à moins d'une fraction ordinaire donnée ayant pour numérateur l'unité, on multiplie d'abord cette fraction par le carré du dénominateur de la fraction donnée; puis, on extrait, à moins d'une unité, la racine carrée du plus grand nombre entier contenu dans ce produit; enfin, on divise cette racine par le dénominateur de la fraction approximative donnée.*

Exemple : Soit à extraire la racine carrée de $\frac{7}{12}$ à moins de $\frac{1}{8}$.

$$\frac{7}{12} \times 8^2 = \frac{7}{12} \times 64 = \frac{7 \times 64}{12} = \frac{448}{12} = 37.$$

$$\sqrt{37} = 6 \text{ à } 7.$$

Ainsi donc, $\frac{6}{8}$ est la racine demandée à moins de $\frac{1}{8}$.

2° A moins d'une unité décimale.

174. Règle. *Pour obtenir la racine carrée d'une fraction ordinaire à moins d'une unité décimale donnée, on convertit d'abord la fraction proposée en fraction décimale, en ayant soin de continuer le calcul jusqu'à ce qu'on ait deux fois plus de décimales au quotient qu'on n'en demande à la racine; puis, on extrait la racine carrée de la fraction décimale résultante, et l'on a ainsi la racine carrée demandée.*

racine carrée de cette fraction? — 173. Comment extrait-on la racine carrée d'une fraction ordinaire, à moins d'une fraction ordinaire donnée ayant pour numérateur l'unité? — 174. Enfin, comment extrait-on la racine carrée d'une fraction ordinaire, à moins d'une unité décimale donnée?

Exemple : Soit à extraire la racine carrée de $\frac{5}{12}$ à moins de 0,01.

$$\frac{5}{12} = 0,4166.$$

$$\sqrt{0,4166} = 0,64.$$

La racine demandée est donc 0,64 à moins de 0,01.

Exercices sur l'extraction de la racine carrée d'une fraction ordinaire, à moins d'une fraction ordinaire ayant pour numérateur l'unité, ou d'une unité décimale donnée.

321. Extraire la racine carrée des fractions ordinaires suivantes :

$\frac{5}{14}$ à moins de $\frac{1}{5}$. — $\frac{7}{9}$ à moins de $\frac{1}{3}$. — $\frac{8}{15}$ à moins de $\frac{1}{4}$. —

$\frac{10}{16}$ à moins de 0,1. — $\frac{14}{18}$ à moins de 0,01. — $\frac{22}{25}$ à moins de 0,001.

— $\frac{19}{28}$ à moins de $\frac{1}{6}$. — $\frac{17}{30}$ à moins de 0,01. — $\frac{37}{40}$ à moins de $\frac{1}{7}$. — $\frac{38}{50}$ à moins de 0,0001.

RACINE CUBIQUE.

175. On appelle *cube* ou troisième *puissance* d'un nombre le produit de trois facteurs égaux à ce nombre. Ainsi, le cube de 2 égale $2 \times 2 \times 2 = 8$.

176. Le cube d'un nombre s'indique par l'exposant ^{3} placé à la droite et au-dessus du nombre donné. Ainsi, $5^3 = 125$; 0 m.,$14^3 = 0$ m.c.,002744; 2 m.,$5^3 = 15$ m.c.,625 et $\left(\frac{2}{5}\right)^3 = \frac{8}{125}$.

175. Qu'appelle-t-on cube ou troisième puissance d'un nombre?
— 176. Comment indique-t-on le cube d'un nombre?

Composition du cube d'un nombre formé de deux parties, dizaines et unités.

177. Le cube d'un nombre formé de deux parties, dizaines et unités, se compose *du cube des dizaines, du triple carré des dizaines multiplié par les unités, du triple des dizaines multiplié par le carré des unités et du cube des unités.*

En effet :

Procédé arithmétique. — Soit à élever au cube la somme $7 + 5$, le 7 représentant des dizaines et le 5 des unités.

$$
\begin{array}{l}
7 + 5 \\
7 + 5 \\
\hline
7^2 + 7 \times 5 \\
\quad\ + 7 \times 5 + 5^2 \\
\hline
7^2 + 7 \times 5 \times 2 + 5^2 \\
7 + 5 \\
\hline
7^3 + 7^2 \times 5 \times 2 + 7 \times 5^2 \\
\quad\ + 7^2 \times 5 \qquad + 7 \times 5^2 + 5^3 \\
\hline
7^3 + 7^2 \times 5 \times 3 + 7 \times 5^2 \times 3 + 5^3.
\end{array}
$$

J'ai d'abord fait le carré de $7 + 5$, ce qui m'a donné $7^2 + 7 \times 5 \times 2 + 5^2$; puis, multiplié ce carré par $7 + 5$, c'est-à-dire successivement par 7 et par 5; additionné les résultats trouvés, et obtenu la composition d'un cube formé de deux parties, dizaines et unités, ou $7^3 + 7^2 \times 5 \times 3 + 7 \times 5^2 \times 3 + 5^3$.

Procédé algébrique. — En représentant les dizaines du nombre proposé par a et ses unités par b, il vient :

$$
\begin{array}{l}
a + b \\
a + b \\
\hline
a^2 + a.b \\
\quad\ + a.b + b^2 \\
\hline
a^2 + 2a.b + b^2 \\
a + b \\
\hline
a^3 + 2a^2.b + a.b^2 \\
\quad\quad a^2.b + 2ab^2 + b^3 \\
\hline
a^3 + 3a^2.b + 3a.b^2 + b^3
\end{array}
$$

177. De quoi se compose le cube d'un nombre formé de deux par-

Donc enfin, le cube d'un nombre qui renferme des dizaines et des unités se compose de 4 *parties : du cube des dizaines* a³, *du triple carré des dizaines par les unités* 3 a².b, *du triple des dizaines multiplié par le carré des unités* 3 a.b², *et du cube des unités* b³.

178. On appelle *racine cubique* d'un nombre le nombre qui, élevé au cube, reproduit le nombre proposé.

Ainsi, la racine cubique de 125 est 5.

179. Pour indiquer que l'on veut extraire la racine cubique d'un nombre, on emploie un signe particulier appelé radical $\sqrt[3]{}$, dans l'ouverture duquel est placé le chiffre ³, et l'on écrit le nombre donné sous ce signe.

Ainsi, $\sqrt[3]{125}$, signifie qu'il s'agit d'extraire la racine cubique de 125.

Extraction de la racine cubique d'un nombre entier.

180. Pour extraire la racine cubique d'un nombre entier, il y a *deux cas* à considérer :

1ᵉʳ Cas : le nombre proposé est *plus petit* que 1 000.

2ᵉ Cas : le nombre proposé est *plus grand* que 1 000.

1ᵉʳ Cas. *Le nombre proposé est plus petit que* 1 000.

181. Règle. *Pour extraire la racine cubique d'un nombre plus petit que 1 000, on forme d'abord un tableau composé de deux rangées de chiffres placés horizontalement. Dans la première sont contenus les neuf premiers nombres, et, dans la seconde, les cubes respectifs de ces nombres.*

Racines.	1	2	3	4	5	6	7	8	9
Cubes.	1	8	27	64	125	216	343	512	729.

ties, dizaines et unités? — 178. Qu'appelle-t-on racine cubique d'un nombre? — 179. Comment indique-t-on que l'on veut extraire la racine cubique d'un nombre? — 180. Comment extrait-on la racine cubique d'un nombre entier? — 181. Dites comment on extrait la

Cela fait, on cherche dans ce tableau le plus grand cube contenu dans le nombre donné, et la racine de ce cube sera la racine demandée, ou exacte ou approximative.

Exemple : Soit à extraire la racine cubique de 185.

Dans cet exemple, je cherche le plus grand cube contenu dans 185, c'est évidemment 125 : car 185 $<$ 216 et 185 $>$ 64. Donc la racine cubique de 185 est 5.

Exercices sur l'extraction de la racine cubique d'un nombre entier plus petit que 1000.

322. Extraire la racine cubique des nombres entiers suivants :

1. — 18. — 29. — 65. — 95. — 100. — 120. — 180. — 250. — 275. — 350. — 446. — 500. — 538. — 600. — 680. — 764. — 850. — 900. — 958.

2ᵉ Cas. *Le nombre proposé est plus grand que 1 000.*

182. Règle. *Pour extraire la racine cubique d'un nombre entier plus grand que 1000, on partage d'abord ce nombre, par un point, en tranches de trois chiffres; en allant de droite à gauche, sauf à ne laisser qu'un ou deux chiffres dans la dernière; puis, on extrait la racine du plus grand cube contenu dans la première tranche à gauche, que l'on écrit à droite du nombre donné; on sépare, par un trait vertical, ce nombre et le premier chiffre de la racine, qu'on souligne; on retranche de la première tranche à gauche le cube de la racine obtenue; on abaisse la tranche suivante à la droite du premier reste trouvé; on sépare, par un point, les deux chiffres à droite du nombre ainsi formé; on divise la partie à gauche de ce nombre par le triple carré du chiffre déjà obtenu à la racine. On obtient ainsi le deuxième chiffre de la racine, ou un chiffre plus fort. Pour le vérifier, on écrit ce chiffre des unités à la droite du triple des dizaines, on multiplie par les unités le nombre ainsi formé, on ajoute le produit au triple carré des dizaines et l'on en multiplie la somme par les unités : ce dernier produit devra pouvoir*

racine cubique d'un nombre moindre que 1000. — 182. Comment extrait-on la racine cubique d'un nombre plus grand que 1000? —

être retranché du reste. Si la soustraction n'est pas possible, c'est que le chiffre essayé est trop fort, et alors on en essaye un moindre d'une unité. Si elle est possible, à la droite du reste, on abaisse la tranche suivante et l'on continue l'extraction de la racine cubique, jusqu'à ce que l'on soit arrivé à la dernière tranche de droite. C'est ainsi qu'on obtient la racine cubique d'un nombre entier plus grand que 1000.

Exemple : Soit à extraire la racine cubique de 867 452 536.

81	81	867.452.536	953	
9	3	729		
			243	275
729	243	1384.52	1375	5
		1283 75		
			25675	1375
		100 775.36	25	carré des 5 unités de la racine.
		81 481 77		
	Reste :	19 293 59	27075	2853
			8559	3
			2716059	8559
			3	

Je partage d'abord le nombre proposé 867 452 536, en *tranches* de *trois* chiffres, en allant de droite à gauche, sauf à n'en laisser qu'un ou deux dans la dernière, 867.452.536. Ce nombre étant plus grand que 1 000, sa racine contiendra des dizaines et des unités; j'en calcule d'abord les dizaines; puis, les unités. Le plus grand cube contenu dans 867 est 729 dont la racine est 9; je l'écris à la place réservée pour la racine, à la droite du nombre donné, et je la souligne par un trait horizontal. Cela fait, je retranche le cube des dizaines 729 de 867 et il reste 138. A côté de ce reste, j'abaisse la tranche suivante 452, ce qui donne 138 452; je sépare, par un point, les deux derniers chiffres à droite de ce nombre 1384.52; je divise la partie à gauche du point, 1384, par le triple carré des dizaines 243, et le quotient 5 exprime les unités de cette racine. Pour vérifier si ce chiffre n'est pas trop grand, je l'écris à la droite du triple des dizaines 27, ce qui donne 275; je multiplie ce nombre par 5, ou 275 × 5 = 1375; j'ajoute ce produit au triple carré des dizaines de la racine 243 et il vient : 243 + 1375 = 25 675. Je multiplie également la somme 25 675 par 5, et je retranche le produit

128 375 de 138 452, ce qui donne pour deuxième reste
10 077. A côté de ce reste, j'abaisse la dernière tranche
536 ou 10 077 536; je sépare, par un point, les deux
derniers chiffres à droite 100 775. 36; je fais la somme
des trois nombres 1 375, 25 675, 25, et j'obtiens 27 075.

Je divise 100 775, partie à gauche du point, par
27 075, triple carré 95 × 95 × 3 des dizaines obtenues
à la racine, et le quotient 3 exprime les unités de la
racine. Il est évident que ce chiffre 3 n'est pas trop
petit. Pour m'assurer qu'il n'est pas trop grand, je
l'écris à la droite du triple des 95 dizaines ou 2 853; je
multiplie par 3 le nombre ainsi formé 2 853 ou 2 853
× 3 = 8 559, que j'écris au-dessous du triple carré des
dizaines 27 075, et j'obtiens 2 716 059. Enfin, je multiplie aussi 2 716 059 par 3; je retranche le produit obtenu
8 148 177 de 100 775. 36, et je trouve 953 pour racine
cubique, et 1 929 359, pour troisième et dernier reste.

183. On fait la *preuve* de la *racine cubique*, en multipliant la racine trois fois par elle-même et en ajoutant
au produit le reste, s'il y en a un. Si l'on trouve un
nombre semblable au nombre proposé, la racine obtenue est exacte.

$$953 \times 953 \times 953 + 1\,929\,359 = 867\,452\,536.$$

Le nombre 867 452 536 étant en tout semblable au
nombre donné 867. 452. 536, on est certain que l'extraction de la racine cubique a été faite sans erreur.

Calculs de la preuve :

```
              953
          ×   953
          ───────
              2859
             4765
            8577
          ───────
           908209
              953
          ───────
          2724627
         4541045
        8173881
Reste :   1929359
       ──────────
        867452536
```

184. On est sûr qu'un chiffre écrit à la racine cubique n'est pas trop faible, lorsque le reste correspondant est moindre que le triple carré de la racine obtenue, plus trois fois cette racine, plus une unité. En représentant la racine trouvée par a, il vient :

$$3a^2 + 3a + 1.$$

Exercices sur l'extraction de la racine cubique d'un nombre entier plus grand que 1000.

323. Extraire la racine cubique des nombres entiers suivants :

1 784. — 2 645. — 3 704. — 4 864. — 5 958. — 6 704. — 7 908. — 8 605. — 9 543. — 12 864. — 19 045. — 35 831. — 78 649. — 168 472. — 178 458. — 5 843 250. — 9 407 847. — 358 420 375. — 986 702 471. — 8 956 438 703.

Problèmes à résoudre, sur l'extraction de la racine cubique d'un nombre entier.

324. Le produit de trois nombres égaux est 15 625. Quels sont ces trois nombres?

325. On propose de calculer la racine cubique du produit des nombres 30, 58 et 75.

326. Un cube a 984 780 m. c. de volume. On demande la longueur d'une de ses trois arêtes.

327. Cent fois le cube d'un nombre vaut 9 784 380 000. Quel est ce nombre?

328. Un bassin de forme cubique contient 9 874 370 m. c. d'eau. Calculer la longueur d'un de ses côtés.

329. La somme des cubes de deux nombres est 410 750, et l'un de ces nombres est 45. Quel est l'autre nombre?

330. La différence des cubes de deux nombres est 77 824; leur somme est 143 360. Quels sont ces deux nombres?

331. Une caisse de forme cubique renferme 64 000 balles du même numéro, parfaitement sphériques et rangées en couches égales, jusqu'à sa partie supérieure. Combien y a-t-il de balles sur chaque côté?

332. Calculer le côté d'une citerne de forme cubique, ayant 14 835 hectol. de capacité.

ment est-on sûr qu'un chiffre écrit à la racine cubique n'est pas trop

333. Lorsqu'il est plein, un bassin de forme circulaire contient 78 642 hectol. d'eau. Quelle serait la longueur d'une des trois arêtes d'un autre bassin, de forme cubique, qui aurait la même capacité que le premier?

Extraction de la racine cubique d'un nombre entier, à moins d'une fraction ordinaire ayant pour numérateur l'unité, ou d'une unité décimale donnée.

1° A moins d'une fraction ordinaire ayant pour numérateur l'unité.

185. **Règle.** *On extrait la racine cubique d'un nombre entier à moins d'une fraction ordinaire donnée ayant pour numérateur l'unité, en multipliant ce nombre par le cube du dénominateur de cette fraction, en extrayant la racine cubique du produit, à moins d'une unité, et en divisant cette racine par le dénominateur de la fraction proposée.*

Exemple : Soit à extraire la racine cubique de 9 à moins de $\frac{1}{6}$.

$$9 \times 6^3 = 9 \times 216 = 1944.$$

$$\sqrt[3]{1944} = 12 \text{ à } 13.$$

En divisant 12 par le dénominateur 6 de la fraction donnée $\frac{1}{6}$, on aura $\frac{12}{6}$ pour la racine demandée à moins de $\frac{1}{6}$.

2° A moins d'une unité décimale.

186. **Règle.** *Pour extraire la racine cubique d'un nombre entier à moins d'une unité décimale donnée, on écrit d'abord à la droite de ce nombre trois fois plus de zéros qu'on ne veut avoir de décimales à la racine; puis, on extrait la racine cubique du résultat à moins d'une unité, et l'on sépare, sur la droite de cette racine, autant de décimales qu'on en a demandé par la fraction décimale donnée.*

faible? — 185. Comment extrait-on la racine cubique d'un nombre entier, à moins d'une fraction ordinaire donnée ayant pour numérateur l'unité? — 186. Dites comment on extrait la racine cubique d'un nombre entier, à moins d'une unité décimale donnée? —

Exemple : Extraire la racine cubique de 84 à moins de 0,01.

```
 16      84.ooo.ooo | 4,37
  3      64         |
 ──      ──           48 . . . . .  123
 48      200.00       369           3
         155 07       ────          ───
         ──────       5169          369
         44 930.00       9  carré de 3.
         39 464 53    ──────        ──
 Reste :  5 465 47    5547 . . . .  1297
                      9079          7.
                      ──────        ────
                      563779        9079
                           7
```

La racine cubique demandée sera donc 4,37 à moins de 0,01.

Exercices sur l'extraction de la racine cubique d'un nombre entier, à moins d'une fraction ordinaire ayant pour numérateur l'unité, ou d'une unité décimale donnée.

334. Extraire la racine cubique des nombres suivants :

8 à moins de $\frac{1}{5}$. — 19 à moins de $\frac{1}{6}$. — 24 à moins de $\frac{1}{4}$. — 73 à moins de 0,1. — 81 à moins de 0,01. — 95 à moins de 0,001. — 218 à moins de $\frac{1}{7}$. — 354 à moins de 0,01. — 516 à moins de $\frac{1}{8}$ et 695 à moins de 0,001.

Extraction de la racine cubique d'une fraction décimale ou d'un nombre décimal.

187. Dans l'extraction de la racine cubique d'une fraction décimale ou d'un nombre décimal, il y a *deux cas* à considérer :

1er Cas : le nombre des décimales est un multiple de 3.

2e Cas : le nombre n'est pas un multiple de 3.

187. Donnez la manière d'extraire la racine cubique d'une fraction

1er Cas. *Le nombre des décimales est un multiple de 3.*

188. Règle. *Lorsque le nombre des décimales dont se compose la fraction ou le nombre décimal donné est un multiple de trois, on extrait la racine cubique, abstraction faite de la virgule ; on sépare, sur la droite de cette racine, trois fois moins de décimales qu'il n'y en a dans le nombre proposé, et l'on obtient ainsi la racine cubique demandée.*

I. Exemple : Soit à extraire la racine cubique de 0,784 567.

$$
\begin{array}{cc}
81 & 81 \\
9 & 3 \\
\hline
729 & 243
\end{array}
\qquad
\begin{array}{c|c}
0,784.567 & 0,92 \\
729 & \\
\hline
555.67 & 243 \quad\cdots\cdots\ 272 \\
496\ 88 & 544 \qquad\qquad 2 \\
\hline
\text{Reste :}\ \ 58\ 79 & \overline{24844} \qquad \overline{544} \\
 & \quad 2\ \text{unités de centième de} \\
 & \quad\quad \text{la racine obtenue.}
\end{array}
$$

La racine cubique de 0,784 567 est donc 0,92.

II. Exemple : Soit à extraire la racine cubique de 54,678 345.

$$
\begin{array}{c|c}
54,678.345 & 3,69 \\
27 & \\
\hline
276.78 & 27 \quad\cdots\cdots\ 96 \\
196\ 56 & 576 \qquad\qquad 6 \\
\hline
80\ 223.45 & \overline{3276} \qquad \overline{576} \\
35\ 874\ 09 & 36 \quad\text{carré des 6 unités de dixième de} \\
 & \qquad\quad\text{la racine obtenue.} \\
\text{Reste :}\ \ 44\ 349\ 36 & \overline{3888} \quad\cdots\cdots\ 1089 \\
 & 9801 \qquad\qquad 9 \\
 & \overline{398601} \qquad \overline{9801} \\
 & \quad\quad 3
\end{array}
$$

La racine cubique cherchée sera donc 3,69.

2e Cas. *Le nombre des décimales n'est pas un multiple 3.*

189. Règle. *Lorsque le nombre des décimales de la fraction ou du nombre décimal proposé n'est pas un multiple de*

décimale ou d'un nombre décimal. — 188. Comment extrait-on la racine cubique d'une fraction décimale ou d'un nombre décimal, lorsque le nombre des décimales est un multiple de trois ? — 189. Com-

9.

trois, on écrit à la droite de ce nombre un ou deux zéros, de manière à ce que le nombre des décimales soit divisible par trois ; on continue l'opération comme au premier cas, et l'on trouve ainsi la racine cubique demandée.

I. Exemple : Soit à extraire la racine cubique de 0,94584.

		0,945.84 ⊙	0,98		
81	81	729	243	. . . .	278
9	3	‾‾‾‾‾‾	2224		8
‾‾‾	‾‾‾	2168.40	‾‾‾‾‾		‾‾‾‾
729	243	2121 92	26524		2224
		‾‾‾‾‾‾	8		
	Reste :	46 48			

La racine trouvée égale donc 0,98.

II. Exemple : Soit à extraire la racine cubique du nombre décimal 25,87.

		25,87 ⊙	2,9		
4	4	8	12	. . . .	69
× 2	× 3	‾‾‾‾‾	621		9
‾‾‾	‾‾‾	178.70	‾‾‾‾		‾‾‾
8	12	163 89	1821		621
		‾‾‾‾‾	9		
	Reste :	14 81			

La racine calculée égale donc 2,9.

Exercices sur l'extraction de la racine cubique d'une fraction décimale ou d'un nombre décimal.

335. Extraire la racine cubique des nombres suivants :

0,175 385. — 0,304 760. — 0,745 672 918. — 0,845 621 74. — 30,745 862. — 45,604 729. — 54,960 348 645. — 70,040 519 80. — 0,900 745 81. — 82,043 512 8. — 0,100 504 583 7. — 91,300 745 009 64.

Problèmes à résoudre, sur l'extraction de la racine cubique d'une fraction décimale ou d'un nombre décimal.

336. Calculer la racine cubique de la somme des nombres suivants : 0,74, 0,874 56, 0,079 et 0,019 45.

337. Extraire la racine cubique de la différence entre 0,95 et 13,789 45.

ment extrait-on la racine cubique d'une fraction décimale ou d'un nombre décimal, lorsque le nombre des décimales n'est pas un

338. On propose de calculer la racine cubique du produit résultant de la multiplication de 5,71 par 0,154.

339. Quelle est la racine cubique du quotient du nombre 945,78 divisé par 1,9?

340. Il a été extrait des fondations d'un bâtiment agricole, présentant un cube parfait, 154 m. c.,963 45 de terre. Calculer la longueur de ce bâtiment.

341. Une citerne de forme cubique contient 2 950 m. c.,745 84 d'eau. Quelle est la longueur d'un de ses côtés?

342. Pour creuser un bassin de forme cubique, il a fallu extraire 9 784 m. c.,1045 de terre. On en demande la profondeur.

343. Un morceau de marbre, présentant une forme parfaitement cubique, a pour volume 2 m. c.,074 569 50. On demande la longueur d'une de ses trois arêtes.

344. Avec un lingot ayant 945 décim. c. de volume, on veut faire un cube. Exprimer en centimètres la longueur d'un de ses côtés.

345. Un capital de 4 000 francs, placé à intérêts composés, est devenu 4 700 francs au bout de 3 ans. Trouver le taux.

Extraction de la racine cubique d'une fraction ordinaire.

190. Pour extraire la racine cubique des fractions ordinaires, il y a *trois cas* à considérer :

1er Cas : les deux termes de la fraction sont des cubes parfaits.

2e Cas : le dénominateur seul est un cube parfait.

3e Cas : le dénominateur n'est pas un cube parfait.

1er Cas. *Les deux termes de la fraction sont des cubes parfaits.*

191. Règle. *On extrait la racine cubique d'une fraction ordinaire dont les deux termes sont des cubes parfaits, en faisant l'extraction séparée de la racine de ces deux termes.*

Exemple : Soit à extraire la racine cubique de $\frac{8}{27}$.

$$\sqrt[3]{\frac{8}{27}} = \frac{\sqrt[3]{8}}{\sqrt[3]{27}} = \frac{2}{3}.$$

La racine cubique demandée sera donc $\frac{2}{3}$.

2e Cas. *Le dénominateur seul est un cube parfait.*

192. Règle. *Lorsque le dénominateur seul d'une fraction donnée est un cube parfait, on extrait, comme au n° 191, la racine cubique de chacun des deux termes de cette fraction ; mais alors, on n'obtient qu'une racine approximative.*

Exemple : Soit à extraire la racine cubique de $\frac{60}{512}$.

$$\sqrt[3]{\frac{60}{512}} = \frac{\sqrt[3]{60}}{\sqrt[3]{512}} = \frac{3}{8} \text{ à moins de } \frac{1}{8}.$$

La racine cherchée est donc $\frac{3}{8}$ à moins de $\frac{1}{8}$.

3e Cas. *Le dénominateur n'est pas un cube parfait.*

193. Règle. *Pour extraire la racine cubique d'une fraction ordinaire dont le dénominateur n'est pas un cube parfait, on en multiplie d'abord les deux termes par le carré son dénominateur ; puis, on extrait la racine de chacun de ces deux termes, et l'on obtient ainsi la racine approximative demandée.*

Exemple : Soit à extraire la racine cubique de $\frac{7}{9}$.

$$\frac{7}{9} = \frac{7 \times 9^2}{9 \times 9^2} = \frac{7 \times 81}{9^3}.$$

$$\sqrt[3]{\frac{567}{9^3}} = \frac{\sqrt[3]{567}}{\sqrt[3]{9^3}} = \frac{8}{9} \text{ à moins de } \frac{1}{9}.$$

La racine demandée est donc $\frac{8}{9}$ à moins de $\frac{1}{9}$.

cubique d'une fraction ordinaire, dont les deux termes sont des cubes parfaits? — 192. Quelle marche suit-on pour extraire la racine cubique d'une fraction dont le dénominateur seul est un cube parfait? — 193. Indiquez la manière d'extraire la racine cubique d'une frac-

Exercices sur l'extraction de la racine cubique d'une fraction ordinaire.

346. Extraire la racine cubique des fractions ordinaires suivantes :

$$\frac{1}{8}. - \frac{27}{64} - \frac{125}{216} - \frac{343}{512}. - \frac{512}{729}. - \frac{21}{27} - \frac{35}{125}.$$

$$- \frac{95}{343}. - \frac{96}{128} - \frac{104}{158} - \frac{205}{241} - \frac{369}{475} - \frac{64}{125}.$$

$$134 - \frac{78}{90} - \frac{8}{29} - \frac{17}{64} - \frac{50}{70} - \frac{27}{216} - \frac{35}{134}.$$

———

Extraction de la racine cubique d'une fraction ordinaire, à moins d'une fraction ordinaire ayant pour numérateur l'unité, ou d'une unité décimale donnée.

1° A moins d'une fraction ordinaire ayant pour numérateur l'unité.

194. Règle. *Pour extraire la racine cubique d'une fraction ordinaire à moins d'une fraction ordinaire ayant pour numérateur l'unité, on multiplie d'abord la fraction proposée par le cube du dénominateur de l'autre fraction ; puis, on extrait, à moins d'une unité, la racine cubique du plus grand entier contenu dans le produit, et l'on divise la racine obtenue par le dénominateur de la fraction ordinaire donnée.*

Exemple : Soit à extraire la racine cubique de $\frac{16}{25}$ à moins de $\frac{1}{8}$.

$$\frac{16}{25} \times 8^3 = \frac{16 \times 512}{25} = \frac{8192}{25} = 327.$$
$$\sqrt[3]{327} = 6 \text{ à } 7.$$

La racine obtenue est donc $\frac{6}{8}$ à moins de $\frac{1}{8}$.

tion ordinaire, lorsque le dénominateur n'est pas un cube parfait? — 194. Comment extrait-on la racine cubique d'une fraction ordi-

2° A moins d'une unité décimale.

195. **Règle.** *On calcule la racine cubique d'une fraction ordinaire à moins d'une unité décimale donnée, en convertissant d'abord cette fraction en fraction décimale, de manière qu'il y ait trois fois plus de décimales qu'on n'en demande à la racine; puis, on extrait la racine cubique de la fraction décimale résultante, et l'on obtient ainsi la racine cubique demandée.*

Exemple : Soit à extraire la racine cubique de $\frac{75}{234}$ à moins de 0,01.

$$\frac{75}{234} = 0{,}320\,512.$$

$$\sqrt[3]{0{,}320\,512} = 0{,}68.$$

La racine cubique de $\frac{75}{234}$, à moins de 0,01, est donc 0,68.

Exercices sur l'extraction de la racine cubique d'une fraction ordinaire, à moins d'une fraction ordinaire ayant pour numérateur l'unité, ou d'une unité décimale donnée.

347. Extraire la racine cubique des fractions ordinaires suivantes :

$\frac{14}{27}$ à moins de $\frac{1}{5}$. — $\frac{24}{35}$ à moins de $\frac{1}{6}$. — $\frac{38}{50}$ à moins de $\frac{1}{7}$. — $\frac{50}{174}$ à moins de 0,1. — $\frac{75}{252}$ à moins de 0,01. — $\frac{85}{358}$ à moins de 0,001. — $\frac{67}{171}$ à moins de $\frac{1}{9}$. — $\frac{45}{246}$ à moins de 0,01. — $\frac{74}{295}$ à moins de $\frac{1}{3}$. — $\frac{108}{450}$ à moins de 0,001.

naire à moins d'une fraction ordinaire donnée ayant pour numérateur l'unité? — 195. Comment calcule-t-on la racine cubique d'une fraction ordinaire, à moins d'une unité décimale donnée?

RAPPORTS DES NOMBRES ET PROPORTIONS.

Rapports.

196. On appelle *rapport* de deux nombres le quotient de la division du premier par le second.

Ainsi le rapport de 8 par 5 est le quotient de 8 : 5, qu'on représente aussi par la fraction $\frac{8}{5}$: de sorte que le premier nombre 8 est les $\frac{8}{5}$ du second 5.

Si l'on avait à calculer le rapport de deux fractions, par exemple $\frac{5}{6}$ par $\frac{3}{4}$, on diviserait la première fraction $\frac{5}{6}$ par la seconde $\frac{3}{4}$. En effet, en réduisant ces fractions au même dénominateur, elles deviennent :

$$\frac{5 \times 4}{6 \times 4} \quad \text{et} \quad \frac{3 \times 6}{6 \times 4}$$

Or, la fraction de l'unité, égale à $\frac{1}{6 \times 4}$, est une commune mesure des deux quantités ou grandeurs, qui est contenue 5×4 fois dans la première et 3×6 fois dans la seconde ; donc la première grandeur est égale à $\frac{5 \times 4}{6 \times 3}$ de la seconde ; et, par conséquent, le rapport de la première grandeur à la seconde égal à $\frac{5 \times 4}{6 \times 3}$, ou à $\frac{5}{6} : \frac{3}{4}$.

Enfin, le rapport de deux nombres fractionnaires, par exemple $5^m \frac{2}{3}$ par $3^m \frac{3}{4}$, s'obtient également en divisant le premier par le second. En effet, réduisons successivement ces deux nombres fractionnaires en expressions fractionnaires et au même dénominateur, et il vient :

$$5 \text{ m.} \frac{2}{3} \qquad 3 \text{ m.} \frac{3}{4}$$

$$\frac{17}{3} \qquad \frac{15}{4}$$

196. Qu'appelle-t-on rapport? — **197.** Quels noms portent les

Le produit *en croix* donne :

$$\frac{68}{12} \qquad \frac{45}{12}$$

La première longueur contient donc une longueur de $\frac{1}{12}$ de mètre, qui est la quarante-cinquième partie de la seconde. La première longueur est donc les $\frac{68}{45}$ de la seconde ; en d'autres termes, le rapport cherché $\frac{68}{45}$.

197. Les deux nombres dont on prend le rapport s'appellent *termes* du rapport. Le premier est le *numérateur* ou l'*antécédent;* le second, le *dénominateur* ou le *conséquent.*

Ainsi, dans le rapport $\frac{3}{4} : \frac{2}{3} = \frac{3}{4} \times \frac{3}{2} = \frac{9}{8}$, les nombres $\frac{3}{4}$ et $\frac{2}{3}$ sont les deux termes du rapport ; $\frac{3}{4}$ est l'antécédent, $\frac{2}{3}$ est le conséquent.

198. Deux rapports sont dits *inverses* l'un de l'autre, lorsque le numérateur de l'un est égal au dénominateur de l'autre, et réciproquement.

Ainsi $\left(\frac{5}{6}\right)$ et $\left(\frac{6}{5}\right)$ sont des rapports inverses. Si la première grandeur, prise pour exemple, contient 5 fois la commune mesure et que cette grandeur soit contenue 6 fois dans la seconde, le rapport de la première grandeur à la seconde est $\frac{5}{6}$, tandis que le rapport de la seconde grandeur à la première est $\frac{6}{5}$. Ces deux rapports $\frac{5}{6}$ et $\frac{6}{5}$ sont dits *inverses* et *réciproques,* et leur produit est égal à l'unité.

En effet $\frac{5}{6} \times \frac{6}{5} = \frac{30}{30} = 1$.

deux nombres dont on prend le rapport ? — 198. Qu'appelle-t-on rapports inverses ou réciproques ? — Donnez-en une idée, et dites

Proportions.

199. On appelle *proportion* l'expression de l'égalité de deux rapports.

Exemple :
$$\frac{15}{5} = \frac{12}{4}$$

qu'on lit : le rapport de 15 à 5 est égal à celui de 12 à 4, ou bien 15 : 5 = 12 : 4.

Le premier et le quatrième nombre ainsi énoncés s'appellent *extrêmes;* le deuxième et le troisième sont les moyens. Les nombres 15, 5, 12 et 4 sont les termes de la proportion.

$$\text{Extrême.} \quad \frac{15}{5} = \frac{12}{4} \quad \begin{matrix} \text{Moyen.} \\ \text{Extrême.} \end{matrix}$$
Moyen.

Ainsi, dans toute proportion, il y a deux extrêmes et deux moyens.

Principales propriétés des Proportions.

200. Théorème I. *Dans toute proportion, le produit des extrêmes est égal à celui des moyens.*

Exemple : Soit la proportion $\frac{15}{5} = \frac{12}{4}$.

Je dis qu'on a $15 \times 4 = 5 \times 12$.

En effet, en réduisant les fractions au même dénominateur, il vient :
$$\frac{15 \times 4}{5 \times 4} = \frac{12 \times 5}{4 \times 5}.$$

Comme les deux fractions sont égales et qu'elles ont le même dénominateur, les numérateurs seront nécessairement égaux, ce qui donne :
$$15 \times 4 = 5 \times 12.$$

Donc, dans toute proportion, le produit des extrêmes est égal à celui des moyens.

à quoi est égal leur produit? — 199. Qu'appelle-t-on proportion? — Combien dans toute proportion y a-t-il d'extrêmes et de moyens? — 200. Démontrez que, dans toute proportion, le produit des extrêmes

201. Théorème II. *Réciproquement, si quatre nombres forment une égalité de deux produits, ils sont en proportion.*

Soient les quatre nombres 15, 5, 12 et 4 qui forment une égalité des deux produits $15 \times 4 = 5 \times 12$, je dis qu'ils sont en proportion et que l'on a :

$$\frac{15}{5} = \frac{12}{4},$$

ou $$15 \times 4 = 5 \times 12.$$

En effet, si l'on divise ces deux produits égaux par le produit du second et du quatrième nombre, c'est-à-dire par 4×12, les quotients seront évidemment égaux, puisqu'on peut multiplier ou diviser les deux termes d'une fraction par un même nombre, sans en changer la valeur[1]. Donc on a :

$$\frac{15 \times 4}{12 \times 4} = \frac{5 \times 12}{12 \times 4}$$

ou en simplifiant :

$$\frac{15}{12} = \frac{5}{4}$$

C. Q. F. D.

202. Théorème III. *Une même proportion peut s'écrire de huit manières différentes.*

Je dis qu'une même proportion peut s'écrire de huit manières différentes.

En effet, soit la proportion

$$\begin{matrix} \text{Extrême.} \\ \text{Moyen.} \end{matrix} \quad \frac{15}{5} = \frac{12}{4} \quad \begin{matrix} \text{Moyen.} \\ \text{Extrême.} \end{matrix} \qquad (1)$$

Si nous changeons les moyens de place, nous aurons :

$$\frac{15}{12} = \frac{5}{4} \qquad (2)$$

est égal à celui des moyens. — 201. Démontrez en outre que, si quatre nombres forment une égalité de deux produits, ils sont en proportion. — 202. Démontrer qu'une même proportion peut s'écrire de *huit* manières différentes.

---

1. Voir le n° 121 du premier Cours.

En changeant les deux extrêmes, il vient :

$$\frac{4}{5} = \frac{12}{15} \qquad (3)$$

Actuellement, changeons l'ordre des moyens et nous obtenons :

$$\frac{4}{12} = \frac{5}{15} \qquad (4)$$

Il est évident que, dans ces quatre manières d'écrire, les deux rapports égaux $\frac{15}{5} = \frac{12}{4}$, il y a toujours proportion, puisque le produit des extrêmes est constamment égal au produit des moyens.

Enfin, si nous mettons les seconds rapports $\left(\frac{12}{4}, \frac{5}{4}, \frac{12}{15} \text{ et } \frac{5}{15} \right)$ à la place des premiers $\left(\frac{15}{5}, \frac{15}{12}, \frac{4}{5} \text{ et } \frac{4}{12} \right)$, nous obtiendrons quatre nouvelles proportions, qui compléteront les huit manières d'écrire une proportion,

ou $\quad \frac{12}{4} = \frac{15}{5}; \quad \frac{5}{4} = \frac{15}{12}; \quad \frac{12}{15} = \frac{4}{5} \quad$ et $\quad \frac{5}{15} = \frac{4}{12}.$

C. Q. F. D.

Problèmes à étudier. — 100. Calculer un *extrême*, connaissant les trois termes 15, 5 et 12 d'une proportion.

Je désigne par x le terme inconnu, soit $\frac{15}{5} = \frac{12}{x}$. Puisque le produit des extrêmes est égal à celui des moyens, j'en déduis :

$$15 \times x = 5 \times 12$$

d'où $\qquad x = \frac{5 \times 12}{15} = \frac{60}{15} = 4.$

L'extrême demandé est donc 4.

101. Calculer un *moyen,* connaissant les trois autres termes 15, 12 et 4 d'une proportion.

En désignant par x le terme inconnu $\dfrac{15}{x} = \dfrac{12}{4}$, et sachant que le produit des extrêmes est égal à celui des moyens, il vient :

$$15 \times 4 = x \times 12$$

d'où $\qquad x = \dfrac{15 \times 4}{12} = \dfrac{60}{12} = 5.$

Le moyen cherché est donc 5.

Quatrième proportionnelle à trois nombres donnés.

203. On appelle *quatrième proportionnelle* à *trois nombres* donnés, le quatrième terme d'une proportion, dont les trois nombres proposés forment les autres termes.

Exemple : 4 est une quatrième proportionnelle aux trois nombres 15, 5 et 12.

En effet, on a $\dfrac{15}{5} = \dfrac{12}{4}$.

Problème à étudier. — 102. Calculer une quatrième proportionnelle aux trois nombres donnés 15, 5 et 12.

En désignant par x la quatrième proportionnelle aux nombres donnés 15, 5 et 12, on a $\dfrac{15}{5} = \dfrac{12}{x}$. Le produit des extrêmes étant égal à celui des moyens, on obtient :

$$15 \times x = 5 \times 12$$

d'où $\qquad x = \dfrac{5 \times 12}{15} = \dfrac{60}{15} = 4.$

Donc 4 est la quatrième proportionnelle demandée.

Troisième proportionnelle à deux nombres donnés.

204. On appelle *troisième proportionnelle* à deux nombres donnés, le *quatrième* terme d'une proportion

203. Qu'appelle-t-on quatrième proportionnelle à trois nombres

dont le premier terme est l'un des nombres donnés, et dont les deux moyens sont égaux à l'autre nombre donné.

Exemple : 20 est une troisième proportionnelle à 5 et à 10 ; car on a $\dfrac{5}{10} = \dfrac{10}{20}$.

Problème à étudier. — 103. Trouver la troisième proportionnelle aux nombres 4 et 8.

Si nous désignons par x cette troisième proportionnelle, nous aurons :

$$\frac{4}{8} = \frac{8}{x}.$$

Dans toute proportion le produit des extrêmes étant égal à celui des moyens, nous pouvons écrire :

$$4 \times x = 8 \times 8,$$

d'où $\qquad x = \dfrac{8 \times 8}{4} = \dfrac{64}{4} = 16.$

La troisième proportionnelle aux nombres 4 et 8 est donc 16.

Moyenne proportionnelle à deux nombres donnés.

205. On appelle *moyenne proportionnelle* à *deux nombres donnés*, un *troisième* nombre dont le carré est égal au produit des deux premiers.

Exemple : 10 est une moyenne proportionnelle aux deux nombres 5 et 20. En effet $\dfrac{5}{10} = \dfrac{10}{20}$.

206. Règle. *On obtient une moyenne proportionnelle à deux nombres donnée, en extrayant la racine carrée de leur produit.*

104. *Problème à étudier.* — Calculer la moyenne proportionnelle aux deux nombres 5 et 20.

La moyenne proportionnelle à deux nombres donnés étant égale à la racine carrée de leur produit, on aura :

$$5 \times 20 = 100$$

$$\sqrt{100} = 10.$$

donnés? — 204. Qu'appelle-t-on troisième proportionnelle à deux nombres donnés? — 205. Qu'appelle-t-on moyenne proportionnelle à deux nombres donnés? — 206. Comment obtient-on une moyenne

La moyenne proportionnelle demandée sera donc 10.

En effet
$$\frac{5}{10} = \frac{10}{20}.$$

207. *Remarque.* Il est encore d'autres propriétés des proportions dont nous ne donnerons que l'énoncé :

1º Les *puissances* de même degré des termes d'une proportion forment une proportion ;

2º Les *racines* de même degré des termes d'une proportion forment également une proportion.

Problèmes à résoudre sur les Proportions.

348. Calculer un extrême d'une proportion dont on connaît trois
termes 5, 6 et 15.

349. On propose de calculer un moyen d'une proportion, par la
connaissance de trois de ses termes 15, 5 et 4.

350. Calculer le terme inconnu de chacune des proportions sui-
vantes : $\frac{15}{5} = \frac{12}{x}$; $\frac{5}{8} = \frac{x}{24}$; $\frac{x}{8} = \frac{15}{24}$, et $\frac{6}{x} = \frac{18}{27}$.

351. On demande la quatrième proportionnelle aux nombres 8,
9 et 24 ?

352. Quelle est la quatrième proportionnelle aux nombres 6, 8
et 9 ?

353. Trouver une troisième proportionnelle aux deux nombres 4
et 12.

354 Calculer une troisième proportionnelle aux deux nombres
3 et 9.

355. Déterminer la moyenne proportionnelle aux deux nombres
9 et 4.

356. Faire connaître la moyenne proportionnelle aux deux
nombres 4 et 16.

357. Calculer la moyenne proportionnelle aux fractions $\frac{3}{5}$ et $\frac{12}{20}$.

proportionnelle à deux nombres donnés? — 207. Quelle remarque
avez-vous à faire sur les propriétés des proportions?

Problèmes de Récapitulation.

358. 15 ouvriers ont mis 72 jours pour faire un ouvrage. Combien 8 ouvriers auraient-ils mis de jours pour le faire?

359. 12 mq.,25 de menuiserie ont coûté 580 fr.,70. Quel serait le prix de 3 mq.,0025 du même ouvrage?

360. La monnaie de bronze se compose de 95 parties de cuivre de 4 d'étain et de 1 de zinc. Combien faut-il allier de grammes de chacune de ces matières pour obtenir 20 fr.,50?

361. 13 quintaux de marchandises ont coûté 1250 fr.,25. Quel serait le prix de 158 kil.,500?

362. 25 tonneaux ou milliers de farine ont été livrés pour 3 875 fr.,70. Combien en aurait-on de quintaux pour 7 876 fr.,50?

363. 7 mc.,876 de terrassement ont coûté 9 fr.,80. Calculer le prix de 150 mc.,987678.

364. On propose de calculer successivement le poids en *plus* et en *moins* d'une pièce de 50 francs en or.

365. 14 ouvriers, en 13 jours, ont gagné 875 francs. Combien 19 ouvriers, en 15 jours, gagneraient-ils?

366. Dans notre système monétaire, sous le même poids, l'or vaut 15,5 fois plus que l'argent. L'or, contenu dans une bourse, pèse 6 kil.,025. Quelle somme renferme-t-elle?

367. Six pièces de drap, ayant chacune 18 mètres de longueur et 1 m.,20 de largeur. ont coûté 2700 francs. Que coûteront 4 pièces du même drap, qui ont chacune 15 mètres de longueur et 0 m.,90 de largeur?

368. Sous un même poids, l'or vaut 15,5 fois plus que l'argent. Quel est le poids de 18 500 francs en or?

369. Seize maçons, en 25 jours, travaillant 9 heures par jour, ont construit un mur qui a 180 mètres de long, 6 mètres de haut et 0 m.,34 d'épaisseur. Combien faudrait-il de maçons, en 20 jours, travaillant 10 heures par jour, pour faire un autre mur qui aurait 86 789 mètres cubes de volume?

370. Combien y a-t-il d'argent pur dans un lingot au titre de 0,900 et pesant 870 grammes?

371. Un cultivateur a employé 3 chevaux, pendant 5 jours et 9 heures par jour, pour labourer 2 hectares de terre, dont la difficulté de labour est représentée par $\frac{2}{3}$. Combien ce cultivateur, avec 4 chevaux, pendant 8 jours, travaillant 8 heures par jour, cultiverait-il de terre, dont la difficulté de travail serait $\frac{3}{4}$?

372. Une bague en or pèse 28 grammes; elle contient 16 grammes de cuivre. On en demande le titre?

373. 14 terrassiers, en 10 jours, travaillant 9 heures par jour, ont creusé un fossé ayant 250 mètres de long, sur 1 mètre de large dans le fond, 1 m.,45 à la surface du sol et 1 m.,10 de profondeur. Combien faudrait-il de jours à 20 terrassiers, travaillant 8 heures par jour, pour creuser un autre fossé qui aurait 96 m.c.,058 de déblai?

374. Un fermier a emprunté 6 000 francs à 5 0/0 et a payé 1950 francs d'intérêt à l'époque de l'échéance. Pendant combien de temps cet argent est-il resté placé?

375. Calculer le volume d'eau distillée qui pèse autant que 17 fr.,68 en monnaie d'argent; que 4 fr.,62 en monnaie de bronze, et que 875 francs en monnaie d'or.

376. Un propriétaire a prêté, à $5\frac{1}{2}$ 0/0, la somme de 3785 francs et en reçoit 135 fr.,75 d'intérêts à l'époque de l'échéance. On demande le temps pendant lequel cet argent est resté placé?

377. Combien pourrait-on fabriquer de pièces de 1 franc, avec 1 250 grammes d'argent pur?

378. Un billet de 1 800 francs est payable dans 90 jours. Il est escompté au taux de $4\frac{1}{2}$ 0/0. Quelle est la valeur actuelle de ce billet?

379. Un négociant a escompté un billet de 1 200 francs, payable dans 3 mois. La commission est de $\frac{1}{4}$ 0/0. L'escompte, augmenté de la commission, s'élève à 18 francs. A quel taux a-t-on escompté ce billet?

380. Un sac renferme des pièces de 10 et de 5 centimes. Plein, il pèse 125 kilog.,850, et vide, il pèse 0 kilog.,425. On demande la valeur de cette monnaie de bronze exprimée en francs?

381. On propose de calculer l'escompte en dedans de 2 000 francs, payables dans 15 mois et au taux de 6 0/0.

382. Un rentier a placé 2 000 francs, à intérêts composés, pendant 3 ans au taux de 4 0/0. Calculer les intérêts.

383. Quels sont les intérêts composés de 4 500 francs placés à $4\frac{1}{2}$ 0/0, pendant 3 ans 5 mois et 18 jours?

384. Les nouvelles pièces de 0 fr.,50 sont au titre de 0,835 et ont le même poids que les anciennes. On demande combien il faudrait fondre de cuivre avec 334 pièces anciennes, pour avoir un alliage au titre nouveau, et combien, avec cet alliage, on pourrait fabriquer de pièces nouvelles?

385. Un négociant a 4 billets: le premier de 1 000 francs, payable dans 30 jours; le second de 1 450 francs, dans 60 jours; le troisième de 1 800 francs, dans 90 jours, et le quatrième de 2 500 francs,

dans 45 jours. Il désire remplacer ces cinq effets par un autre équivalent. On demande le montant de ce nouveau billet et la date de son
échéance.

386. On place dans une balance 12 000 francs en pièces de 5 francs
en argent. On propose de calculer le volume d'eau pure qu'il faudrait
placer dans l'autre plateau pour faire équilibre.

387. On propose de calculer la moyenne des nombres suivants :
4 m.,25, 0 m.,70, 6 m.,55, 0 m.,94, 3 m.,96 et 10 m.,09.

388. Un lingot, en argent pur, pèse autant que 73 centil.,8 d'eau
pure. Combien faudrait-il ajouter de cuivre, pour en faire un alliage
au titre des monnaies, et quelle serait la valeur de cet alliage?

389. X.... a déposé chez un banquier : 500 fr. le 24 février ; 650
francs le 20 mars, et 1200 francs le 21 avril. Le banquier a payé
pour le compte de son client 350 fr. le 12 mars, 400 francs le
8 avril et 950 francs le 22 mai. On propose d'établir le compte de
X.... au 30 juin, sachant que, d'après le règlement du 31 décembre
précédent, il était créancier de la banque pour une somme de 2500
francs, et que le banquier prend une commission de $\frac{1}{8}$ 0/0 sur la
somme déposée chez lui.

390. Il est placé dans le plateau d'une balance 4 lit.,950 d'eau
distillée. On veut faire équilibre à cette eau avec des pièces de
5 francs en argent. Calculer combien il faudra de ces pièces pour
obtenir cet équilibre.

391. Une personne, ayant acheté 6000 francs de rente 3 0/0, au
cours de 60 fr.,60, les revend plus tard à 62 fr.,50. Quel bénéfice
a-t-elle réalisé?

392. Sachant qu'une pièce de 20 francs en or pèse 6 gr.,451,
combien faudrait-il placer de pièces de 1 franc dans le plateau d'une
balance, pour faire équilibre à 36 pièces de 20 francs?

393. En 1870, une ouvrière a déposé à la caisse d'épargne les
sommes suivantes : 600 francs le premier janvier (montant du dernier compte arrêté au 31 décembre), 50 francs le premier février,
100 francs le 12 mars et 90 francs le 20 juillet. Le taux de l'argent
étant de 3 fr.,75 0/0, on propose de calculer le compte de cette
ouvrière au 31 décembre 1870.

394. Un vase contient 2 décim.c,385 d'eau pure à la température
de 4° centigrades. Quelle serait la valeur des pièces en or, dont le
poids est égal à celui de l'eau que renferme ce vase?

395. Pendant l'année 1870, M. D.... a versé à la caisse d'épargne,
et il lui a été remboursé les sommes suivantes : déposé 250 francs le
1er janvier, 100 francs le 2 mars, 50 francs le 1er juillet, et retiré
200 francs le 1er septembre. L'argent de la caisse d'épargne donne
3 fr.,75 0/0. Établir le compte ou solde de M. D.... au 31 décembre
1870.

396. Un porte-monnaie contient 1875 francs en pièces d'or. A poids égal, l'or vaut 15,5 fois plus que l'argent. Calculer le poids de ces pièces.

397. Un employé, âgé de 50 ans, veut déposer à une compagnie 12500 francs, pour obtenir une rente viagère. Quelle sera l'importance de cette rente, le taux, à 50 ans, étant de 7 fr.,82 0/0?

398. Un épicier a vendu, au prix de 1 fr.,90 le kilogramme, 38 kilogrammes d'huile qu'il a payés à raison de 150 francs le quintal. Quel est son bénéfice?

399. Il a été assuré contre l'incendie, à 1 fr.,50 pour mille, les bâtiments d'une ferme estimés 24000 fr. Quelle somme doit-on payer pour la prime de cette assurance?

400. Un boulanger a acheté 2 sacs de farine : le premier lui a coûté 60 francs, et le second 52 fr.,20. On demande à combien lui reviendrait chaque kilogramme, s'il faisait un mélange des deux sacs, sachant qu'ils pèsent tous deux le même poids, et qu'un kilogramme de la première qualité coûte 0 fr.,05 de plus qu'un kilogramme de la seconde?

401. Trois troupes de maçons ont gagné 6 850 francs, pour un travail fait en commun. La première troupe est composée de 8 maçons ; la seconde de 10, et la troisième de 6. Quelle est la part de chaque troupe?

402. On a acheté pour 609 francs de drap et de toile ; on prend deux fois autant de toile que de drap. Le drap vaut 20 francs le mètre et la toile 4 fr.,50. Combien aura-t-on de mètres de chaque espèce d'étoffe?

403. Un négociant, en faillite, ne peut donner que 24 000 francs à ses créanciers : au premier, il doit 16 000 francs ; au second, 18 500 francs, et au troisième, 20 000 francs. Calculer la part de chaque créancier.

404. Deux personnes partent en même temps de deux villes opposées : la première fait 2 lieues de plus par jour. Après 6 jours de marche, elles se sont rencontrées, et la deuxième avait fait 44 lieues. Calculer la distance qui sépare ces deux villes.

405. Partager 29 500 francs entre quatre personnes, de manière que la seconde ait le double de la première, la troisième, autant que les deux premières, et la quatrième, autant que la seconde et la troisième.

406. Un marchand a acheté en fabrique 18 douzaines de vases à 16 francs la douzaine. En les transportant, il casse 8 vases. A quel prix doit-il revendre chaque vase restant, s'il veut faire un bénéfice de 40 francs?

407. Deux négociants ont mis dans le commerce : le premier, 10 000 francs, et le second, 11 500 francs. Ils ont réalisé 5 400 francs de bénéfice. Calculer la part de chacun.

408. Trois sources alimentent un bassin : la première le remplit

en 4 jours ; la seconde, en 5 jours, et la troisième, en 6 jours. Quelle portion du bassin rempliraient-elles en un jour?

409. Trois personnes se sont associées : la première a apporté 3 000 francs dans la société, et elle les y a laissés 5 mois; la seconde 4 000 francs, pendant 6 mois, et la troisième 2 000 francs, pendant 6 mois. Elles ont 3 710 francs de bénéfices. Quelle est la part de chacune?

410. Deux fontaines coulent ensemble dans un bassin : la première, coulant pendant une heure, ne le mettrait qu'au tiers; la deuxième qu'au quart, pendant le même temps. On demande en combien de temps le bassin serait rempli si les deux fontaines coulaient à la fois?

411. On mélange 30 litres de vin à 0 fr.,80 le litre et 65 litres de vin à 0 fr.,60. Quel est le prix d'un litre de ce mélange?

412. Deux fontaines coulent ensemble dans un même bassin : la première le remplit seule en 10 heures, et la seconde, en 15 heures. En combien d'heures le bassin sera-t-il rempli par les deux fontaines coulant ensemble?

413. Il a été fondu 40 kilogrammes de cuivre à 1 fr.,25 le kilogramme, avec 25 kilogrammes d'étain à 2 fr.,50 le kilogramme. A combien revient le kilogramme de cet alliage?

414. Une fontaine peut remplir un bassin en 6 heures $\frac{1}{2}$; une seconde, en 5 heures $\frac{3}{4}$, et une troisième, en 8 heures $\frac{2}{3}$. En combien d'heures ce bassin serait-il rempli par les trois fontaines coulant ensemble?

415. Un débitant, avec du vin à 0 fr.,90 et à 0 fr.,60 le litre, veut faire un mélange de 250 litres, qu'il puisse vendre 0 fr.,70 le litre sans perte ni gain. Combien doit-il prendre de litres de vin de chaque qualité pour faire ce mélange?

416. Deux conduits réunis remplissent une citerne en 8 heures. Quel temps faudrait-il au plus petit si le plus grand met 12 heures?

417. Combien faut-il allier de grammes de cuivre et de grammes d'un lingot d'argent au titre de 0,910, pour avoir 1 700 grammes d'un lingot au titre de 0,820?

418. Un bassin est alimenté par deux robinets : le premier seul peut le remplir en 6 heures ; le second, en 8 heures. Un troisième robinet peut le vider en deux heures. Le bassin est plein ; on ouvre les trois robinets à la fois. Après combien de temps le bassin sera-t-il vide?

419. Le produit de deux nombres égaux est 7 396. Quels sont ces deux nombres?

420. Une fontaine coule dans un bassin. Un robinet le vide en 12 heures, et la fontaine le remplit en 7 heures. On ouvre à la fois la fontaine et le robinet. Le bassin a 5 m.,75 de profondeur. Après 8 heures, quelle sera la hauteur de l'eau dans ce bassin?

421. On désire clore de murs un terrain carré ayant 6 hecta.,35 ares de superficie. On propose de calculer la longueur totale de ces murs.

422. Trois fontaines coulent dans un bassin : la première le remplit en 1 heure $\frac{2}{3}$; la deuxième, en 2 heures $\frac{1}{2}$, et la troisième, en 4 heures $\frac{3}{5}$. Un robinet le vide en 1 heure $\frac{1}{3}$. En combien de temps le bassin sera-t-il rempli?

423. Une citerne de forme cubique contient 25 m. c.,957 832 d'eau. On demande la longueur d'un de ses côtés.

424. Deux courriers se dirigent l'un vers l'autre. La distance qui les sépare est de 260 kilom. L'un fait 6 kilom. en 2 heures, et l'autre en fait 7 en 3 heures. Après combien d'heures et à quelle distance des deux points de départ aura lieu la rencontre?

425. En fondant un lingot de 870 décim. c. de volume, on veut faire un cube. Exprimer en millimètres la longueur d'un de ses côtés.

426. Deux courriers, suivant la même route et marchant dans le même sens, partent en même temps de deux points éloignés de 70 kilom. Celui qui est en avant fait 8 kilom. en 5 heures; l'autre, 10 kilom. en 6 heures. Après combien d'heures et à quelle distance des deux points de départ aura lieu la rencontre?

427. Calculer la moyenne proportionnelle aux deux nombres 5 et 20.

428. Deux courriers, marchant dans le même sens, partent en même temps d'une ville. L'un fait 9 kilom. en 16 heures; l'autre en fait 12 en 5 heures. Après combien d'heures et à quelle distance des deux points de départ seront-ils éloignés de 270 kilom.?

429. Une pierre a 1 m. c.,975 de volume et 1,140 de densité. Elle est vendue à raison de 4 fr.,50 le quintal. Calculer la valeur de cette pierre.

430. On propose de calculer la valeur de 25 pièces d'or anglaises nommées souverain, sachant qu'elles pèsent chacune 7 gr.,988, et que leur titre est 0,916.

431. Un courrier fait 42 kilom. en 5 heures; un second courrier en fait 54 en 7 heures. On demande celui des deux qui va le plus vite, et de combien de minutes il devancera l'autre à un but distant de 630 kilomètres de leur point de départ commun?

432. Deux lingots d'argent ont été vendus à prime 6 0/0. Le premier lingot, au titre de 0,840, pèse 4 kilogr.,095, et le second, au titre de 0,750, pèse 3 kilogr.,845. Le kilogr. d'argent au pair vaut 218 fr.,89. Quelle somme doit-on recevoir pour cette vente?

433. Trois maçons ont travaillé ensemble à la construction d'un mur en briques. Le premier maçon plaçait 15 briques, tandis que les deux autres ensemble en plaçaient 28. Le second maçon plaçait

50 briques, tandis que le troisième en plaçait 11. Les trois maçons doivent recevoir 741 fr.,75 pour le prix de leur construction. Combien chaque maçon doit-il recevoir?

434. Un négociant de Paris, ayant acheté des marchandises à Madrid, a reçu une facture de 15 870 piastres, qu'il veut solder au moyen d'une traite sur Madrid. Le change vaut 511 (100 piastres). Quelle somme aura-t-il à verser au banquier pour l'achat de sa traite, sachant qu'il exige une commission de $\frac{1}{8}$ 0/0?

435. Un aubergiste a acheté 4 barriques d'eau-de-vie de 130 litres chacune; il en a payé 2 à raison de 200 francs l'une, et l'on ne sait pas ce qu'il a payé les autres; mais on sait qu'en mettant ensemble les deux qualités et en ajoutant la moitié d'une barrique d'eau, il a fait un mélange qu'il a revendu 1 fr.,80 le litre, et qui lui a donné un bénéfice net de 353 francs sur son marché. On veut savoir combien les deux dernières barriques ont coûté et combien le marchand a gagné par litre?

436. Un marchand de Paris doit à un fabricant de Londres une somme de 15 800 francs. Pour le payer, il achète à Paris une lettre de change à vue sur Londres, au cours de 25.15 $\frac{3}{4}$. La livre sterling vaut 20 schillings, et le schilling, 12 pences ou deniers. Quelle doit être la valeur énoncée dans cette lettre de change en monnaie anglaise?

437. Une salle à manger contient 51 m. c.,615 d'air dont la densité est 0,001 299. On demande le poids de l'air contenu dans cette salle, exprimé en décagrammes.

438. Pour un enfant, il faut par heure 6 m. c. d'air; et pour un adulte, 8 m. c. Une famille, composée du père, de la mère et de 4 enfants, prend son repos, de 9 heures du soir à 6 heures du matin, dans deux chambres, dont l'une contient 95 m. c.,950 d'air, et l'autre, 94 m. c.,104. Combien, à leur réveil, trouvera-t-on de mètres cubes d'air vicié dans ces deux chambres réunies, et combien faudrait-il ajouter à la masse d'air de mètres cubes d'air pur, pour que la santé de cette famille ne fût pas en danger?

439. Un ouvrage pourrait être fait en 9 heures par un homme, en 11 heures par une femme et en 17 heures par un enfant. On demande en combien de temps il serait achevé par l'homme, la femme et l'enfant travaillant ensemble?

440. Une personne remplit un verre de vin pur; elle en boit le $\frac{1}{4}$ et remplit le verre avec de l'eau; elle boit le $\frac{1}{3}$ du verre et le remplit avec de l'eau; enfin, elle en boit la moitié. On demande ce qu'elle a bu de vin?

441. Trois ouvriers ont fait, en 12 jours, 72 m. d'ouvrage : le

second fait 11 m.,50 en 6 jours, et son ouvrage est à celui du troisième comme 7 : 6. Combien chacun a-t-il fait de mètres?

442. Un marchand vend 54 mètres de drap, 38 mètres de mérinos, 26 mètres de soie et reçoit 1 784 francs. On sait que 5 mètres de mérinos valent 2 mètres de drap, et que 11 mètres de soie valent 7 mètres de mérinos. On demande combien ce marchand gagne sur un mètre de chaque marchandise, sachant qu'il fait 0 fr.,15 de bénéfice toutes les fois qu'il vend pour 1 franc?

443. On gagne 16 francs pour vendre 4 mètres de drap, 6 mètres de coton et 1 m.,75 de toile. Après avoir vendu 44 mètres de drap, 48 mètres de coton et 232 mètres de toile, on reçoit 500 francs. Combien a-t-on gagné sur chaque mètre de drap, sachant que le bénéfice de 4 mètres de toile égale celui de 9 mètres de coton?

444. Pour 6 000 francs, on a eu 12 000 mouchoirs de trois qualités : pour la première qualité, on a donné 525 francs; pour la deuxième, 2 976 francs, et pour la troisième, le reste. On demande le prix de chaque mouchoir, sachant que 4 de la première qualité en valent 5 de la seconde ou 6 de la troisième.

445. Un bloc de marbre de 454 kilogr. a coûté 142 francs pour la matière brute, et 75 francs pour le polissage. On demande ce qu'on devra payer pour un bloc de 548 kilogr., tant pour la matière brute que pour le polissage?

446. Partager le nombre 15 600 en trois parts, telles que la part du premier soit à celle du second comme 5 : 7, et celle du second soit à celle du troisième comme 9 : 11.

447. Une machine à vapeur, en faisant 135 tours, pendant 12 minutes, met 15 heures pour parcourir 840 kilomètres. En faisant 240 tours, en 18 minutes, combien mettra-t-elle d'heures pour parcourir 1 296 kilomètres?

448. Deux compagnies d'ouvriers se présentent pour faire un ouvrage. La première ferait seule l'ouvrage, en travaillant pendant 6 jours et 8 heures par jour. La deuxième ferait seule ce même ouvrage, en travaillant 4 jours et 9 heures par jour. On demande combien de jours mettraient les deux compagnies, travaillant ensemble 5 heures par jour?

449. Un marchand de vins a acheté 136 litres de vin à 1 fr.,25 le litre; il y ajoute un certain nombre de litres d'eau, et revend chaque litre du mélange 0 fr.,95; il gagne 115 francs sur tout le mélange. Combien de litres d'eau a-t-il mélangés?

450. Deux pièces de toile coûtent 146 francs : la première contient 82 mètres et sa longueur est à celle de la seconde comme 2 : 7; sa largeur est 1 mètre et elle est à celle de la seconde comme 3 : 4. Quel est le prix d'un mètre de la seconde pièce?

451. Une personne doit 1 500 francs pour le 1er janvier. Ce jour-là, elle ne paye que 250 francs; le 15 février suivant, elle paye 100 francs; le 20 avril, 120 francs; le 1er juillet, 400 francs;

le 10 août, 100 francs; le 1ᵉʳ octobre, 150 francs; le 20 octobre, 250 francs; enfin, le 1ᵉʳ novembre, elle se présente pour payer le restant de la somme et les intérêts à 6 0/0 par an. Quel sera le dernier payement?

452. Un chemin de fer prend 0 fr.,097 pour conduire une tonne à 1 kilom. de distance. Combien prendrait-il pour conduire 28 275 hectol. de charbon à 15 myriam. 3 kilom., sachant que l'hecto-litre de charbon pèse 82 kilogr.?

453. Que devient, au bout de 20 ans, un capital de 40 000 francs placés à intérêts composés au taux de 5 0/0 par an?

454. Quel capital faudrait-il placer à intérêts composés, au taux de 6 0/0 par an, pour avoir 5 984 fr.,75 au bout de 7 ans 9 mois?

455. Partager 1 520 francs entre trois personnes, de telle sorte que la deuxième ait 100 francs de plus que la première, et la troi-sième 270 francs de plus que la deuxième.

456. Deux courriers suivent la même route; ils vont dans le même sens. Leurs vitesses sont comme 9 : 7. Le moins rapide des deux a une avance de 18 lieues; il est à peine atteint par le pre-mier au bout de 24 heures. On demande la vitesse de chacun de ces courriers.

457. Un marchand a de la toile qui lui coûte 3 fr.,60; un de ses amis lui propose de la troquer contre de la mousseline, qu'il lui vendra 7 fr.,75 et qui ne lui coûte que 6 fr.,50. On demande sur quel prix il devra compter sa toile, et combien il devra en donner de mètres pour avoir 280 mètres de mousseline sur lesquels il veut profiter de 200 francs?

458. Une personne a acheté 156 mètres de toile pour une cer-taine somme; mais, ne pouvant payer immédiatement, elle fait au marchand un billet de 425 francs, payable dans 15 mois, et l'intérêt étant de 5 0/0 par an. Combien lui aurait coûté chaque mètre de cette toile, si elle l'avait payée immédiatement.

459. On veut répartir un impôt de 8 000 francs sur 700 hectares, dont le $\frac{1}{3}$ de la première classe; les $\frac{2}{5}$ de la seconde classe, et le reste de la troisième classe. Les impôts attribués à chaque hectare, pour les trois classes, doivent être entre eux comme les nombres 8, 7 et 5. Calculer les impôts attachés à chaque classe.

460. Un négociant veut faire une toile pesant 150 kilogrammes, à 8 francs le kilogramme, avec deux espèces de fils, devant servir, l'un de trame et l'autre de chaîne. Les prix de ces fils, sous chaque poids d'un kilogr., doivent être entre eux et au prix d'un kilogr. de toile comme 17 est à 13 est à 15. On demande, pour faire cette toile, combien il lui faudra de kilogrammes de ces deux sortes de fils?

FIN.

Ou trouve à la même librairie

NOTIONS DE PHYSIQUE applicables aux usages de la vie, rédigées d'après les programmes officiels, à l'usage des élèves qui suivent les écoles primaires et normales ou les cours industriels et professionnels, par M. *Honoré Regodt*, douzième édition augmentée de notions de météorologie; 1 vol. in-12, avec gravures dans le texte.

NOTIONS DE CHIMIE, avec applications aux usages de la vie, à l'agriculture et à l'industrie, rédigées d'après les programmes officiels, à l'usage des élèves des écoles professionnelles et des écoles primaires et normales, par M. *Honoré Regodt*, ancien professeur; onzième édition; 1 vol. in-12, avec gravures dans le texte.

NOTIONS D'HISTOIRE NATURELLE applicables aux usages de la vie, rédigées d'après les programmes officiels, à l'usage des élèves qui suivent les écoles primaires et normales ou les cours industriels et professionnels, par M. *Henri Regodt*, ancien professeur; 1 vol. in-12, avec gravures dans le texte.

LEÇONS ÉLÉMENTAIRES D'AGRICULTURE, rédigées d'après les programmes officiels, à l'usage des écoles primaires et professionnelles, par M. *A. Ysabeau*, agronome; cinquième édition; ouvrage approuvé pour les écoles publiques; 1 vol. in-12, avec gravures dans le texte.

LEÇONS ÉLÉMENTAIRES D'HORTICULTURE, rédigées d'après les programmes officiels, à l'usage des écoles primaires et professionnelles, par M. *A. Ysabeau*, agronome; quatrième édition; ouvrage approuvé pour les écoles publiques; 1 vol. in-12, avec gravures dans le texte.

LEÇONS PRIMAIRES D'ARPENTAGE, comprenant la pratique de l'arpentage, le nivellement, la géodésie, le lever et le lavis des plans, à l'usage des écoles primaires et professionnelles, par M. *Gillet-Damitte*, inspecteur de l'instruction primaire; deuxième édition, revue et augmentée; 1 vol. in-12, publié en trois parties, avec planches gravées.

Chaque Partie se vend séparément.

ÉLÉMENTS D'ARITHMÉTIQUE par *Bezout*; nouvelle édition mise en accord avec le système décimal et précédée d'un précis des poids et mesures, par M. *Honoré Regodt*, ancien professeur; 1 vol. in-12, avec gravures dans le texte.

ÉLÉMENTS D'ALGÈBRE, extraits de *Bezout*; nouvelle édition revue et mise en accord avec le système décimal, par M. *Honoré Regodt*, ancien professeur; 1 vol. in-12.

Paris, JULES DELALAIN, Imprimeur de l'Université.

www.ingramcontent.com/pod-product-compliance
Lightning Source LLC
Chambersburg PA
CBHW071628200326
41519CB00012BA/2200